Adobe
InDesign CC
2019 release

Adobe InDesign CC 2019
经典教程

[美] 凯莉·科德斯·安东 (Kelly Kordes Anton) 蒂娜·德贾得 (Tina DeJarld) 著
董俊霞 译

人民邮电出版社
北 京

图书在版编目（ＣＩＰ）数据

Adobe InDesign CC 2019经典教程 / （美）凯莉·科
德斯·安东 (Kelly Kordes Anton) , （美）蒂娜·德贾
得 (Tina DeJarld) 著；董俊霞译. — 北京：人民邮
电出版社，2021.2
　ISBN 978-7-115-53019-6

　Ⅰ．①A… Ⅱ．①凯… ②蒂… ③董… Ⅲ．①电子排
版－应用软件－教材 Ⅳ．①TS803.23

中国版本图书馆CIP数据核字(2019)第300262号

版 权 声 明

◆ 著　　　　〔美〕凯莉·科德斯·安东（Kelly Kordes Anton）
　　　　　　〔美〕蒂娜·德贾得（Tina DeJarld）
　　译　　　　董俊霞
　　责任编辑　胡俊英
　　责任印制　王 郁　焦志炜
◆ 人民邮电出版社出版发行　　北京市丰台区成寿寺路 11 号
　　邮编　100164　　电子邮件　315@ptpress.com.cn
　　网址　https://www.ptpress.com.cn
　　天津千鹤文化传播有限公司印刷
◆ 开本：800×1000　1/16
　　印张：26
　　字数：621 千字　　　　　　　2021 年 2 月第 1 版
　　印数：1 – 2 000 册　　　　　2021 年 2 月天津第 1 次印刷
　　　　著作权合同登记号　图字：01-2019-3813 号

定价：89.00 元
读者服务热线：(010)81055410　印装质量热线：(010)81055316
反盗版热线：(010)81055315
广告经营许可证：京东市监广登字 20170147 号

内容提要

本书由 Adobe 公司的专家编写，是 Adobe InDesign CC 2019 软件的正规学习用书。

本书共 15 课，涵盖了 InDesign 工作区简介、InDesign 基本操作、设置文档和处理页面、使用对象、排文、编辑文本、排版艺术、处理颜色、使用样式、导入和修改图形、制作表格、处理透明度、打印及导出、创建包含表单域的 Adobe PDF 文件、创建版面固定的 EPUB 等内容。

本书语言通俗易懂并配以大量的图示，特别适合 InDesign 新手阅读；有一定使用经验的用户也可从中学到大量高级功能和 InDesign CC 2019 新增的功能。本书也适合各类培训班学员及广大自学人员参考。

作者简介

凯莉·科德斯·安东（Kelly Kordes Anton）参与编写或编辑过几十部介绍出版技术和 InDesign 的图书和培训资料，其中包括本书的前 6 个版本。现为 MillerCoors 公司（美国第二大啤酒公司）的协调沟通专员，工作地点在闻名遐迩的库尔斯宴会啤酒（Coors Banquet）的产地戈尔登（Golden）。她目前居住在美国科罗拉多州利特尔顿（Littleton）。

蒂娜·德贾得（Tina DeJarld）从 InDesign 1.0 推出后，就一直奋战在将计算机屏幕上的设计变成印刷品的前沿阵地；作为印前专家和美工设计师，她处理过数以千计的庞大而复杂的项目，深谙 InDesign 最佳实践和技巧；现在是一名芝加哥广告公司 Prodigious Worldwide 的资深美工设计师。

致谢

倘若没有众多合作者强有力的支持，本书不可能付梓。这里要感谢劳拉·诺曼（Laura Norman）打造了一个强大的团队；感谢技术编辑查德·凯利斯（Chad Chelius）确保每句话都准确无误；感谢坎迪斯·梅尔思（Candyce Mairs）验证了本书介绍的每个操作步骤；感谢文字编辑伊丽莎白·韦尔奇（Elizabeth Welch）和校对斯考特·费斯塔（Scout Festa）找出并改正了所有的拼写错误；感谢排版工程师达尼埃尔·福斯特（Danielle Foster）对所有版面进行润色并准备好用于印刷的文件；感谢培生（Pearson）资深制作编辑特蕾西·克鲁姆（Tracey Croom）监督整个制作过程，确保每个人都熟悉细节并避免偏离轨道。另外，感谢 John Cruise 所做的宝贵贡献，本书处处都留下了他的烙印。

前　言

欢迎使用 Adobe InDesign CC 2019。InDesign 是一个功能强大的版面设计和制作应用程序，提供了精确的控制功能以及同其他 Adobe 专业图形软件的无缝集成。使用 InDesign 可制作出专业品质的彩色文档，用于在高速彩色印刷机印刷或打印到各种输出设备（如桌面打印机和高分辨率排印设备）。使用它还可设计在各种电子设备（如平板电脑、智能手机和阅读器）上查看的出版物，并以多种格式（如 PDF、HTML 和 EPUB）导出 InDesign 文档。

作者、美术师、设计人员和出版商能够通过各种当前的媒介，同广泛的受众交流，InDesign 通过与其他 Creative Cloud（CC）应用程序无缝地集成，为此提供了支持。

关于经典教程

本书是在 Adobe 产品专家的支持下编写的 Adobe 图形和出版软件官方培训系列图书之一。读者可按自己的节奏学习其中的课程。如果读者是新手，将从中学到掌握该软件所需的基本知识；如果读者有一定的使用经验，将发现本书介绍了很多高级功能和最佳实践，其中包括有关如何使用 InDesign 最新版本的提示和技巧。

每个课程都提供了完成项目的具体步骤。读者既可以按顺序从头到尾地阅读本书，也可以根据兴趣和需要选读其中的某些课程。每课末尾都有练习，让你能够进一步探索该课介绍的功能。另外，还有复习题及其答案。

必备知识

要使用本书，读者应能够熟练使用计算机和操作系统，例如熟悉如何使用鼠标、标准菜单和命令以及打开、保存和关闭文件。如果需要复习这方面的内容，请参阅操作系统自带的帮助材料。

 注意：对于随操作系统而异的操作，本书会先介绍 Windows 操作，再介绍 macOS 操作，并在括号内注明操作系统，如按住 Alt（Windows）或 Option（macOS）键并单击。

安装 Adobe InDesign

在使用本书之前，应确保系统设置正确并安装了所需的软件和硬件。

本书没有提供 Adobe InDesign 软件，读者必须单独购买（详情请参阅 Adobe 官网）。除 Adobe

InDesign CC 外，本书有些地方还用到了其他 Adobe 应用程序，你需要通过 Adobe Creative Cloud 按屏幕说明进行安装。

桌面应用程序 Adobe Creative Cloud

除 Adobe InDesign CC 之外，本书还用到了桌面应用程序 Adobe Creative Cloud。它是一个管理中心，能够让你管理数十种 Creative Cloud 应用程序和服务。你可使用它来同步和分享文件、管理字体、访问照片和设计素材库以及展示和搜索创意作品。

Creative Cloud 桌面应用程序会在你下载第一个 Creative Cloud 产品时自动安装。如果你安装了 Adobe Application Manager，它将自动更新为 Creative Cloud 桌面应用程序。

如果你还没有安装 Creative Cloud 桌面应用程序，可前往 Adobe 网站的 Creative Cloud 下载页面或 Adobe Creative Cloud 桌面应用程序页面下载。

本书使用的字体

在本书课程中用到的字体，大多是 Adobe InDesign 自带的，有些不是 Adobe InDesign 自带的，但可通过 Adobe Fonts 获取。Adobe Fonts 是 Adobe 提供的一项字体订阅服务，让你能够访问一个庞大的字体库，以便在桌面应用程序和网站中使用这些字体。

Adobe Fonts 服务集成到了 InDesign 字体选择功能和 Creative Cloud 桌面应用程序中，只要订阅了 Creative Cloud，就订阅了 Adobe Fonts 服务。要访问 Adobe Fonts 服务，则需要联网。

保存和恢复文件 InDesign Defaults

文件 InDesign Defaults 存储了程序的首选项和默认设置，如工具设置和默认度量单位。为确保你的 Adobe InDesign 首选项和默认设置与本书使用的相同，在阅读本书的课程前，请将文件 InDesign Defaults 移到其他文件夹。当阅读完本书后，将保存的文件 InDesign Defaults 移回到原来的文件夹，这将恢复以前使用的首选项和默认设置。

> **Id** **注意**：在进入新课程时，有些面板可能依然打开着，即便你恢复了文件 InDesign Defaults。在这种情况下，可手工关闭这些面板。

移动当前的文件 InDesign Defaults

通过将文件 InDesign Defaults 移走，可让 InDesign 自动创建一个新的 InDesign Defaults 文件，其中所有的首选项和默认设置都为出厂设置。

1. 退出 Adobe InDesign。
2. 找到文件 InDesign Defaults（有关该文件在 Windows 和 macOS 中的位置，请参阅后面的介绍）。

3. 如果你想恢复定制的首选项，可以将文件 InDesign Defaults 拖曳到另一个文件夹，或者直接将其删除。

4. 启动 Adobe InDesign CC。

 注意：如果你从未启动 Adobe InDesign CC 或移走了文件 InDesign Defaults，将找不到它。在首次启动 Adobe InDesign CC 时，将自动创建文件 InDesign Defaults；在你使用 Adobe InDesign CC 的过程中，该文件将根据你执行的操作进行相应的更新。

在 Windows 中查找文件 InDesign Defaults

在 Windows 中，文件 InDesign Defaults 位于如下文件夹：[启动盘]\ 用户 \[用户名]\ AppData\Roaming\Adobe\InDesign\Version 14.0-J\zh_CN。

- 在 Windows 7、Windows 8 和 Windows 10 中，文件夹 AppData 默认被隐藏。要显示这个文件夹，可在控制面板中单击"外观和个性化"，再单击"文件夹选项"（Windows 7 和 Windows 8）或"文件资源管理器选项"（Windows 10）。

- 在"文件夹选项"或"文件资源管理器选项"对话框中，单击"查看"标签，并选中单选按钮"显示隐藏的文件、文件夹和驱动器"，再单击"确定"按钮。

 注意：显示隐藏的文件后，如果还是找不到文件 InDesign Defaults，可使用操作系统提供的文件查找功能来查找 "InDesign Defaults"。

在 macOS 中查找文件 InDesign Defaults

在 macOS 中，文件 InDesign Defaults 位于如下文件夹：[启动盘]/Users/ 用户名 /Library/ Preferences/Adobe InDesign/Version 14.0-J/zh_CN。

- 文件夹名称可能随你安装的语言版本而异。

- 在 macOS 10.9 和更新的版本中，文件夹 Library 被隐藏。要访问这个文件夹，可选择 Finder 菜单"前往" > "前往文件夹"。在"前往文件夹"对话框中，输入 ~/Library，再单击"确定"或"前往"按钮。

恢复保存的文件 InDesign Defaults

如果你将定制的文件 InDesign Defaults 移到了其他地方，可采取如下步骤来恢复它。

1. 退出 Adobe InDesign。

2. 将保存的文件 InDesign Defaults 拖曳到原来的文件夹中，并替换当前的文件 InDesign Defaults。

其他资源

本书并不能代替软件自带的帮助文档，也不是全面介绍 InDesign CC 中每种功能的参考手册。本书只介绍与课程内容相关的命令和选项，有关 InDesign CC 功能的详细信息和教程，请参阅以下资源。

> **Id** **注意**：Adobe 会定期地提供软件更新，你可通过 Creative Cloud 轻松地获取这些更新。

* Adobe InDesign 学习与支持：在这里可以搜索并浏览 Adobe 官网中的帮助和支持内容，可在 InDesign 中选择菜单"帮助" > "InDesign 帮助"来访问该网站。

* Adobe 论坛：可就 Adobe 产品展开对等讨论以及提出和回答问题。

* Adobe InDesign CC 主页：提供有关新增功能的信息，还有创建用于打印或在平板电脑和阅读器中查看的专业版面的直观方式。

* Adobe 增效工具：在这里可查找补充和扩展 Adobe 产品的工具、服务、示例代码等。

* 教员资源：向讲授 Adobe 软件课程的教员提供珍贵的信息，可在这里找到各种级别的教学解决方案（包括介绍 Adobe 软件的免费课程），可用于备考 Adobe 认证工程师考试。

* Adobe 授权的培训中心（AATC）：提供有关 Adobe 产品的课程和培训，由获得 Adobe 认证的教员讲授。

3. 如果你想恢复定制的首选项，可以将文件 InDesign Defaults 拖曳到另一个文件夹，或者直接将其删除。

4. 启动 Adobe InDesign CC。

 注意：如果你从未启动 Adobe InDesign CC 或移走了文件 InDesign Defaults，将找不到它。在首次启动 Adobe InDesign CC 时，将自动创建文件 InDesign Defaults；在你使用 Adobe InDesign CC 的过程中，该文件将根据你执行的操作进行相应的更新。

在 Windows 中查找文件 InDesign Defaults

在 Windows 中，文件 InDesign Defaults 位于如下文件夹：[启动盘]\ 用户 \[用户名]\ AppData\Roaming\Adobe\InDesign\Version 14.0-J\zh_CN。

- 在 Windows 7、Windows 8 和 Windows 10 中，文件夹 AppData 默认被隐藏。要显示这个文件夹，可在控制面板中单击"外观和个性化"，再单击"文件夹选项"（Windows 7 和 Windows 8）或"文件资源管理器选项"（Windows 10）。

- 在"文件夹选项"或"文件资源管理器选项"对话框中，单击"查看"标签，并选中单选按钮"显示隐藏的文件、文件夹和驱动器"，再单击"确定"按钮。

注意：显示隐藏的文件后，如果还是找不到文件 InDesign Defaults，可使用操作系统提供的文件查找功能来查找"InDesign Defaults"。

在 macOS 中查找文件 InDesign Defaults

在 macOS 中，文件 InDesign Defaults 位于如下文件夹：[启动盘]/Users/ 用户名 /Library/ Preferences/Adobe InDesign/Version 14.0-J/zh_CN。

- 文件夹名称可能随你安装的语言版本而异。

- 在 macOS 10.9 和更新的版本中，文件夹 Library 被隐藏。要访问这个文件夹，可选择 Finder 菜单"前往" > "前往文件夹"。在"前往文件夹"对话框中，输入 ~/Library，再单击"确定"或"前往"按钮。

恢复保存的文件 InDesign Defaults

如果你将定制的文件 InDesign Defaults 移到了其他地方，可采取如下步骤来恢复它。

1. 退出 Adobe InDesign。

2. 将保存的文件 InDesign Defaults 拖曳到原来的文件夹中，并替换当前的文件 InDesign Defaults。

其他资源

本书并不能代替软件自带的帮助文档，也不是全面介绍 InDesign CC 中每种功能的参考手册。本书只介绍与课程内容相关的命令和选项，有关 InDesign CC 功能的详细信息和教程，请参阅以下资源。

> **Id** | **注意**：Adobe 会定期地提供软件更新，你可通过 Creative Cloud 轻松地获取这些更新。

- Adobe InDesign 学习与支持：在这里可以搜索并浏览 Adobe 官网中的帮助和支持内容，可在 InDesign 中选择菜单"帮助">"InDesign 帮助"来访问该网站。
- Adobe 论坛：可就 Adobe 产品展开对等讨论以及提出和回答问题。
- Adobe InDesign CC 主页：提供有关新增功能的信息，还有创建用于打印或在平板电脑和阅读器中查看的专业版面的直观方式。
- Adobe 增效工具：在这里可查找补充和扩展 Adobe 产品的工具、服务、示例代码等。
- 教员资源：向讲授 Adobe 软件课程的教员提供珍贵的信息，可在这里找到各种级别的教学解决方案（包括介绍 Adobe 软件的免费课程），可用于备考 Adobe 认证工程师考试。
- Adobe 授权的培训中心（AATC）：提供有关 Adobe 产品的课程和培训，由获得 Adobe 认证的教员讲授。

资源与支持

本书由"数艺设"出品，"数艺设"社区平台（www.shuyishe.com）为您提供后续服务。

资源获取请扫码

"数艺设"社区平台，为艺术设计从业者提供专业的教育产品。

与我们联系

我们的联系邮箱是 szys@ptpress.com.cn。如果您对本书有任何疑问或建议，请您发邮件给我们，并请在邮件标题中注明本书书名及 ISBN，以便我们更高效地做出反馈。

如果您有兴趣出版图书、录制教学课程，或者参与技术审校等工作，可以发邮件给我们；有意出版图书的作者也可以到"数艺设"社区平台在线投稿（直接访问 www.shuyishe.com 即可）。如果学校、培训机构或企业想批量购买本书或"数艺设"出版的其他图书，也可以发邮件联系我们。

如果您在网上发现针对"数艺设"出品图书的各种形式的盗版行为，包括对图书全部或部分内容的非授权传播，请您将怀疑有侵权行为的链接通过邮件发给我们。您的这一举动是对作者权益的保护，也是我们持续为您提供有价值的内容的动力之源。

关于"数艺设"

人民邮电出版社有限公司旗下品牌"数艺设"，专注于专业艺术设计类图书出版，为艺术设计从业者提供专业的图书、U 书、课程等教育产品。出版领域涉及平面、三维、影视、摄影与后期等数字艺术门类，字体设计、品牌设计、色彩设计等设计理论与应用门类，UI 设计、电商设计、新媒体设计、游戏设计、交互设计、原型设计等互联网设计门类，环艺设计手绘、插画设计手绘、工业设计手绘等设计手绘门类。更多服务请访问"数艺设"社区平台 www.shuyishe.com。我们将提供及时、准确、专业的学习服务。

目 录

第 1 课 工作区简介 ·· **0**

1.1 概述 ··· 2

1.2 工作区简介 ··· 3

1.3 使用面板 ·· 11

1.4 定制工作区 ··· 17

1.5 修改文档的缩放比例 ····························· 18

1.6 导览文档 ·· 20

1.7 使用上下文菜单 ··································· 23

1.8 使用面板菜单 ····································· 23

1.9 修改界面首选项 ··································· 24

1.10 练习 ·· 25

1.11 复习题 ·· 27

1.12 复习题答案 ··· 27

第 2 课 InDesign 基本操作 ···························· **28**

2.1 概述 ··· 30

2.2 查看参考线 ··· 31

2.3 在工作时执行印前检查 ························· 32

2.4 添加文本 ·· 33

2.5 使用样式 ·· 37

2.6 处理图形 ·· 40

2.7 处理对象 ·· 42

2.8 应用对象样式 ····································· 45

2.9 在演示文稿模式下查看文档 ·················· 45

2.10 练习 ·· 47

2.11 复习题 ·· 47

2.12 复习题答案 ··· 47

第 3 课　设置文档和处理页面 ·· **48**

3.1　概述 ·· 50

3.2　创建并保存自定义文档设置 ··· 51

3.3　新建文档 ··· 52

3.4　编辑主页 ··· 54

3.5　将主页应用于文档页面 ··· 64

3.6　添加文档页面 ·· 65

3.7　重新排列和删除页面 ·· 66

3.8　修改页面大小 ·· 66

3.9　添加章节以修改页码的编排方式 ·· 67

3.10　覆盖主页对象及置入文本和图形 ··· 70

3.11　打印到纸张边缘：使用出血参考线 ··· 72

3.12　查看完成后的跨页 ··· 73

3.13　练习 ·· 75

3.14　复习题 ··· 77

3.15　复习题答案 ·· 77

第 4 课　使用对象 ··· **78**

4.1　概述 ·· 80

4.2　使用图层 ··· 81

4.3　创建和修改文本框架 ·· 85

4.4　创建和修改图形框架 ·· 91

4.5　给图形框架添加元数据题注 ··· 97

4.6　置入并链接图形框架 ·· 98

4.7　文本绕图 ··· 101

4.8　修改框架的形状 ··· 103

4.9　变换和对齐对象 ··· 105

4.10　选择并修改编组的对象 ·· 109

4.11　绘制直线及修改箭头 ·· 111

4.12　创建二维码 ··· 112

4.13　完成 ·· 113

4.14　练习 ·· 113

4.15　复习题 ··· 115

4.16　复习题答案 ·· 115

第 5 课　排文 ·· 116

5.1　概述 ·· 118
5.2　在既有文本框架中排文 ································· 119
5.3　手动排文 ··· 122
5.4　在排文时创建文本框架 ································· 124
5.5　自动创建串接的文本框架 ······························ 125
5.6　自动排文 ··· 127
5.7　对文本应用段落样式 ···································· 129
5.8　调整分栏 ··· 131
5.9　使用基线网格对齐文本 ································· 132
5.10　添加跳转说明 ·· 135
5.11　练习 ··· 136
5.12　复习题 ·· 137
5.13　复习题答案 ·· 137

第 6 课　编辑文本 ··· 138

6.1　概述 ·· 140
6.2　查找并替换缺失字体 ···································· 141
6.3　输入和导入文本 ·· 143
6.4　查找并修改文本和格式 ································· 144
6.5　拼写检查 ··· 148
6.6　拖曳式文本编辑 ·· 151
6.7　使用文章编辑器 ·· 152
6.8　显示修订 ··· 153
6.9　练习 ·· 154
6.10　复习题 ·· 155
6.11　复习题答案 ·· 155

第 7 课　排版艺术 ··· 156

7.1　概述 ·· 158
7.2　调整垂直间距 ·· 159
7.3　使用字体、样式和字形 ································· 160
7.4　使用分栏 ··· 167
7.5　修改段落的对齐方式 ···································· 169
7.6　创建下沉效果 ·· 171

7.7	调整字符间距和字间距	172
7.8	调整换行位置	174
7.9	设置制表符	177
7.10	段落底纹和段落线	180
7.11	练习	183
7.12	复习题	185
7.13	复习题答案	185

第 8 课 处理颜色 ·· **186**

8.1	概述	188
8.2	色彩管理	189
8.3	确定印刷要求	193
8.4	创建颜色	195
8.5	应用颜色	201
8.6	使用色调色板	205
8.7	使用渐变	206
8.8	使用颜色组	210
8.9	练习	211
8.10	复习题	215
8.11	复习题答案	215

第 9 课 使用样式 ·· **216**

9.1	概述	218
9.2	创建和应用段落样式	220
9.3	创建和应用字符样式	223
9.4	在段落样式中嵌套字符样式	226
9.5	创建和应用对象样式	230
9.6	创建和应用表样式和单元格样式	233
9.7	更新样式	238
9.8	从其他文档中载入样式	240
9.9	练习	242
9.10	复习题	243
9.11	复习题答案	243

第 10 课 导入和修改图形 ·· **244**

| 10.1 | 概述 | 246 |

10.2 添加来自其他程序的图形 ⋯⋯⋯⋯⋯⋯⋯⋯⋯⋯⋯⋯⋯⋯⋯⋯ 247

10.3 比较矢量图和位图 ⋯⋯⋯⋯⋯⋯⋯⋯⋯⋯⋯⋯⋯⋯⋯⋯⋯⋯⋯ 247

10.4 管理到导入文件的链接 ⋯⋯⋯⋯⋯⋯⋯⋯⋯⋯⋯⋯⋯⋯⋯⋯⋯ 248

10.5 更新链接 ⋯⋯⋯⋯⋯⋯⋯⋯⋯⋯⋯⋯⋯⋯⋯⋯⋯⋯⋯⋯⋯⋯ 250

10.6 调整显示质量 ⋯⋯⋯⋯⋯⋯⋯⋯⋯⋯⋯⋯⋯⋯⋯⋯⋯⋯⋯⋯ 253

10.7 导入图形并调整其大小 ⋯⋯⋯⋯⋯⋯⋯⋯⋯⋯⋯⋯⋯⋯⋯⋯⋯ 254

10.8 编辑置入的图片 ⋯⋯⋯⋯⋯⋯⋯⋯⋯⋯⋯⋯⋯⋯⋯⋯⋯⋯⋯ 259

10.9 处理各种背景 ⋯⋯⋯⋯⋯⋯⋯⋯⋯⋯⋯⋯⋯⋯⋯⋯⋯⋯⋯⋯ 260

10.10 置入 Adobe 原生图形文件 ⋯⋯⋯⋯⋯⋯⋯⋯⋯⋯⋯⋯⋯⋯⋯ 264

10.11 使用 InDesign 库管理对象 ⋯⋯⋯⋯⋯⋯⋯⋯⋯⋯⋯⋯⋯⋯ 270

10.12 练习 ⋯⋯⋯⋯⋯⋯⋯⋯⋯⋯⋯⋯⋯⋯⋯⋯⋯⋯⋯⋯⋯⋯⋯ 275

10.13 复习题 ⋯⋯⋯⋯⋯⋯⋯⋯⋯⋯⋯⋯⋯⋯⋯⋯⋯⋯⋯⋯⋯⋯ 277

10.14 复习题答案 ⋯⋯⋯⋯⋯⋯⋯⋯⋯⋯⋯⋯⋯⋯⋯⋯⋯⋯⋯⋯ 277

第 11 课 制作表格 ⋯⋯⋯⋯⋯⋯⋯⋯⋯⋯⋯⋯⋯⋯⋯⋯⋯⋯⋯ 278

11.1 概述 ⋯⋯⋯⋯⋯⋯⋯⋯⋯⋯⋯⋯⋯⋯⋯⋯⋯⋯⋯⋯⋯⋯⋯ 280

11.2 创建表格 ⋯⋯⋯⋯⋯⋯⋯⋯⋯⋯⋯⋯⋯⋯⋯⋯⋯⋯⋯⋯⋯⋯ 280

11.3 将文本转换为表格 ⋯⋯⋯⋯⋯⋯⋯⋯⋯⋯⋯⋯⋯⋯⋯⋯⋯⋯ 281

11.4 修改行和列 ⋯⋯⋯⋯⋯⋯⋯⋯⋯⋯⋯⋯⋯⋯⋯⋯⋯⋯⋯⋯ 284

11.5 设置表格的格式 ⋯⋯⋯⋯⋯⋯⋯⋯⋯⋯⋯⋯⋯⋯⋯⋯⋯⋯ 288

11.6 在单元格中添加图形 ⋯⋯⋯⋯⋯⋯⋯⋯⋯⋯⋯⋯⋯⋯⋯⋯⋯ 291

11.7 创建表头行 ⋯⋯⋯⋯⋯⋯⋯⋯⋯⋯⋯⋯⋯⋯⋯⋯⋯⋯⋯⋯ 296

11.8 创建并应用表样式和单元格样式 ⋯⋯⋯⋯⋯⋯⋯⋯⋯⋯⋯⋯ 297

11.9 练习 ⋯⋯⋯⋯⋯⋯⋯⋯⋯⋯⋯⋯⋯⋯⋯⋯⋯⋯⋯⋯⋯⋯⋯ 300

11.10 复习题 ⋯⋯⋯⋯⋯⋯⋯⋯⋯⋯⋯⋯⋯⋯⋯⋯⋯⋯⋯⋯⋯ 301

11.11 复习题答案 ⋯⋯⋯⋯⋯⋯⋯⋯⋯⋯⋯⋯⋯⋯⋯⋯⋯⋯⋯ 301

第 12 课 处理透明度 ⋯⋯⋯⋯⋯⋯⋯⋯⋯⋯⋯⋯⋯⋯⋯⋯⋯⋯ 302

12.1 概述 ⋯⋯⋯⋯⋯⋯⋯⋯⋯⋯⋯⋯⋯⋯⋯⋯⋯⋯⋯⋯⋯⋯⋯ 304

12.2 导入灰度图像并给它着色 ⋯⋯⋯⋯⋯⋯⋯⋯⋯⋯⋯⋯⋯⋯⋯ 304

12.3 设置透明度 ⋯⋯⋯⋯⋯⋯⋯⋯⋯⋯⋯⋯⋯⋯⋯⋯⋯⋯⋯⋯ 306

12.4 对导入的矢量和位图图形应用透明度效果 ⋯⋯⋯⋯⋯⋯⋯⋯ 310

12.5 导入并调整使用了透明度设置的 Illustrator 文件 ⋯⋯⋯⋯⋯⋯ 312

12.6 设置文本的透明度 ⋯⋯⋯⋯⋯⋯⋯⋯⋯⋯⋯⋯⋯⋯⋯⋯⋯ 314

12.7 使用效果 ⋯⋯⋯⋯⋯⋯⋯⋯⋯⋯⋯⋯⋯⋯⋯⋯⋯⋯⋯⋯⋯ 315

12.8   练习 ……………………………………………… 324

12.9   复习题 ……………………………………………… 325

12.10   复习题答案 ……………………………………… 325

第 13 课   打印及导出 ……………………………………… 326

13.1   概述 ……………………………………………… 328

13.2   印前检查 …………………………………………… 328

13.3   预览分色 …………………………………………… 331

13.4   管理颜色 …………………………………………… 335

13.5   预览透明度效果 …………………………………… 338

13.6   预览页面 …………………………………………… 338

13.7   创建 Adobe PDF 校样 …………………………… 339

13.8   创建可用于印刷的 PDF 并保存 PDF 预设 ……… 341

13.9   打印校样并保存打印预设 ………………………… 343

13.10   将文件打包 ……………………………………… 347

13.11   练习 ……………………………………………… 349

13.12   复习题 …………………………………………… 350

13.13   复习题答案 ……………………………………… 350

第 14 课   创建包含表单域的 Adobe PDF 文件 ………… 352

14.1   概述 ……………………………………………… 354

14.2   定制表单创建工作区 ……………………………… 354

14.3   添加表单域 ………………………………………… 355

14.4   设置表单域的跳位顺序 …………………………… 360

14.5   添加提交表单的按钮 ……………………………… 361

14.6   导出为交互式 Adobe PDF 文件 ………………… 362

14.7   在 Adobe Acrobat Reader 中测试表单 ………… 363

14.8   练习 ……………………………………………… 364

14.9   复习题 …………………………………………… 365

14.10   复习题答案 ……………………………………… 365

第 15 课   创建版面固定的 EPUB …………………………… 366

15.1   概述 ……………………………………………… 368

15.2   新建以固定版面导出的文档 ……………………… 368

15.3   EPBU：可重排和固定版面 ……………………… 369

15.4　添加动画 ··· 370

15.5　按钮 ··· 374

15.6　添加多媒体和交互式元素 ·· 379

15.7　导出为 EPUB 文件 ·· 384

15.8　练习 ··· 387

15.9　复习题 ·· 397

15.10　复习题答案 ·· 397

第1课 工作区简介

课程概述

在本课中，读者将学习以下内容：

- 打开文档；
- 在属性面板中查看信息；
- 选择和使用工具；
- 使用应用程序栏和控制面板；
- 管理文档窗口；
- 使用面板；
- 定制工作区；
- 修改文档的缩放比例；
- 导览文档；
- 使用上下文菜单和面板菜单；
- 修改界面首选项。

 学习本课大约需要 45 分钟。要下载本课的课程文件，请登录异步社区网站，详情请参阅本书前言后的"资源与支持"一节。请将下载的文件放在方便使用的地方。

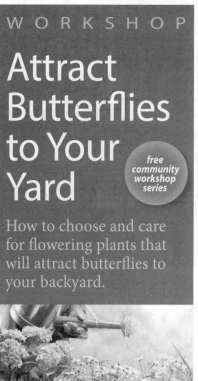

WORKSHOP

Attract Butterflies to Your Yard

free community workshop series

How to choose and care for flowering plants that will attract butterflies to your backyard.

    Adobe InDesign CC 的用户界面非常直观，让用户很容易创建引人注目的排版文件。要充分利用 InDesign 强大的排版和设计功能，必须熟悉其工作区。可定制的工作区由应用程序栏、文档窗口、菜单、粘贴板、工具面板和其他面板（如控制面板）组成。

1.1 概述

在本课中，读者将练习使用工具和面板，并导览一个简单的排版文件。这是文档的最终版本：读者不用修改对象、添加图形或编辑文本，而只使用它来探索 InDesign 的工作区。

> **注意**：如果还没有下载本课的项目文件，现在就去下载，详情请参阅"资源与支持"。

1. 为确保你的 InDesign 首选项和默认设置与本课使用的一样，将文件 InDesign Defaults 移到其他文件夹，详情请参阅"前言"中的"保存和恢复文件 InDesign Defaults"。

2. 启动 InDesign。

3. 在 InDesign 起始屏幕中，单击"学习"，这将显示一系列教程，请花点时间研究这些内容。

4. 单击"打开"按钮，如图 1.1 所示（如果没有出现起始屏幕，就选择菜单"文件">"打开"）。

图1.1

5. 打开硬盘中文件夹 InDesignCIB\Lessons\Lesson01 中的文件 01_Start.indd。

> **注意**：如果你还没有下载本课的项目文件，现在就去下载，详情请参阅"资源与支持"。

6. 如果出现了一个对话框，指出这个文档链接到的资源更新了，请单击"更新链接"。

7. 选择菜单"文件">"存储为"，将文件重命名为 01_Intro.indd，并将其存储到文件夹 Lesson_01 中。

注意：在本书的屏幕截图中，显示的界面都是"中等浅色"的。在你的屏幕上，诸如面板和对话框等界面元素要暗些。本课后面将介绍如何修改这个界面首选项。

8. 为以更高的分辨率显示这个文档，请选择菜单"视图">"显示性能">"高品质显示"。

9. 使用文档窗口中的滚动条向下滚动到这张明信片的第二页，再向上滚动到第一页。

1.2 工作区简介

InDesign 工作区包括用户首次打开或创建文档时看到的一切。默认情况下，InDesign 显示的是"基本功能"工作区中的工具和面板（如图 1.2 所示）：

- 位于屏幕顶部的菜单栏和应用程序栏；
- 停放在屏幕左边的工具面板；
- 停放在屏幕右边的常用面板。

 提示：用户可以根据工作方式定制 InDesign 工作区。例如，可以只显示常用的面板、最小化和重新排列面板组、调整窗口的大小等。

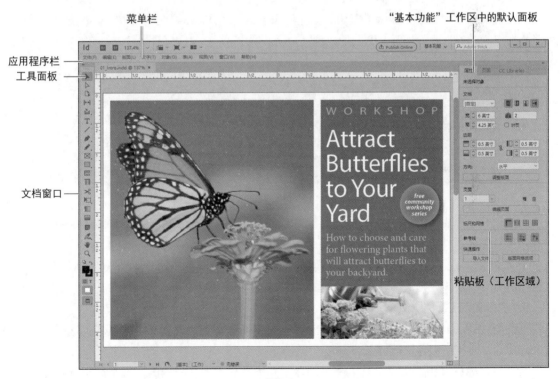

图1.2

1.2.1 选择和使用工具

工具面板包含用于创建和修改页面对象、添加文本和图像及设置其格式、处理颜色的工具。默认情况下，工具面板停靠在工作区的左上角。在本节中，你将选择并尝试使用多个工具。

提示：InDesign 页面的基本构件是对象，这包括框架（用于放置文本和图形）和直线。

1. 使用选择工具

使用选择工具可移动对象以及调整对象的大小，还可选择对象以设置其格式，如设置颜色。这里将通过单击来选中选择工具，后面你将尝试使用其他选择工具的方法。

（1）找到屏幕左上角的工具面板。

（2）将鼠标指针指向工具面板中的每个工具，以了解它们都叫什么。

（3）单击工具面板顶部的选择工具，如图1.3所示。

（4）单击蝴蝶头部附近以选择包含蝴蝶照片的图形框架。

（5）向右上方拖曳，这个框架会随之移动。

图1.3

在右边的属性面板中，显示了框架的位置，如图1.4所示。在属性面板中，除查看信息外，还可调整选定的对象。

图1.4

（6）松开鼠标后按 Ctrl + Z（Windows）或 Command + Z（macOS）组合键撤销移动操作。

（7）在依然选中了选择工具的情况下，单击页面中的其他对象，并将它们拖曳到其他地方。在这个页面中，还有另一幅包含在图形框架的图像；另外，这个页面还包含一个矩形文本框和一个椭圆形文本框架。在每次移动对象后，请立即撤销所做的操作。

2. 使用文字工具

下面将注意力转向文字工具，它让你能够输入和编辑文本并设置文本的格式。这里不通过单击来选择它，而使用键盘快捷键来选择它。

（1）将鼠标指针指向文字工具（T）以显示其工具提示。括号内的字母是用于选择工具的键盘快捷键，这里为 T。

（2）将鼠标指针指向其他工具，看看它们的单字母键盘快捷键都是什么。

注意：插入点位于文本中时，单字母快捷键不管用。

（3）按键盘键 T 选择文字工具，再在明信片右下角的单词 backyard 和句点后面单击，如图 1.5 所示。

How to choose and care for flowering plants that will attract butterflies to your backyard.

图1.5

（4）输入一个空格和几个字符，感受一下文字工具的用法。

（5）按 Ctrl + Z（Windows）或 Command + Z（macOS）组合键撤销对明信片中文本的修改。

（6）在依然选中了文字工具的情况下，在其他单词中单击并进行修改。每次修改后要立即撤销所做的操作。

提示：在学习使用 InDesign 和尝试不同的设计方案时，别忘了可撤销任意数量的修改。

3．使用直线工具和抓手工具

现在将注意力转向直线工具，它让你能够创建水平线、垂直线和斜线。在尝试完直线工具后，可以按键盘快捷键 H 暂时切换到抓手工具。当你松开这个快捷键后，InDesign 将重新选中之前选择的工具。这个快速切换到其他工具的技巧很有用，例如，你可能使用抓手工具移动到页面的另一个区域，再在这个区域绘制一条直线。

图1.6

（1）单击直线工具（■）以选择它，如图 1.6 所示。

（2）在页面的任何地方单击并拖曳，以绘制一条直线。按 Ctrl + Z（Windows）或 Command + Z（macOS）组合键撤销绘制直线的操作。

（3）在依然选中了直线工具的情况下按住 H 键，这时将选中抓手工具（■）。

（4）拖曳鼠标以查看页面的其他区域，如图 1.7 所示。当你松开 H 键后，将重新选择直线工具。

4．使用矩形框架工具和椭圆框架工具

至此，你使用了 3 种方式来选择工具面板中显示的工具：单击、按键盘快捷键以及按住键盘快捷键（这将暂时切换到相应的工具）。下面来选择没有显示在工具面板中的工具。如果工具图标

的右下角有三角形，就说明它隐藏了其他工具。

在这个练习中，你将选择并使用矩形框架工具，再选择并使用椭圆框架工具。这些工具能够让你创建框架，用于放置导入的图形和文本。

图1.7

（1）选择菜单"视图">"屏幕模式">"正常"，以便能够看到包含图形和文本的框架。

（2）按 F 键选择矩形框架工具（）。

（3）向左滚动以便能够看到文档周围的粘贴板（参见本课后面的 1.2.4 节）。单击并拖曳以创建一个矩形图形框架，如图 1.8 所示。

图1.8

> **Id** **提示**：使用矩形框架工具或椭圆框架工具拖曳时，按住 Shift 键可创建方形或圆形框架。

（4）按 Ctrl + Z（Windows）或 Command + Z（macOS）组合键可以撤销框架创建操作。

（5）要显示椭圆框架工具，可以在矩形框架工具上单击并按住鼠标，这将显示隐藏在它后面的工具。

（6）选中椭圆框架工具（ ），如图 1.9 所示。注意到在工具面板中显示的是椭圆框架工具，而不再是矩形框架工具。

（7）在页面的任何地方单击并拖曳，以创建一个椭圆图形框架。

（8）注意到在属性面板的"变换"部分，显示了这个椭圆图形框架的位置信息，如图 1.10 所示。根据需要按 Ctrl + Z（Windows）或 Command + Z（macOS）组合键多次，以撤销所有的框架创建操作。

> **Id** **提示**：可按住 Alt（Windows）或 Option（macOS）键并单击工具面板中的工具，这将在这个工具和它隐藏的工具之间切换。

图1.9

图1.10

（9）单击椭圆框架工具并按住鼠标以显示这组工具中的所有工具，再选择矩形框架工具，矩形框架是默认显示的工具。

（10）研究其他隐藏的工具：单击每个带三角形的工具并按住鼠标，以查看它隐藏的其他工具。隐藏了的其他工具包括文字工具、钢笔工具、铅笔工具、矩形框架工具、矩形工具、自由变换工具、颜色主题工具。

1.2.2　控制面板

除默认的"基本功能"工作区中的面板外，InDesign还提供了很多其他的面板。在这个练习中，你将切换到"高级"工作区以显示控制面板。控制面板位于菜单栏下方，能够让你快速访问与当前选定对象相关的选项。

（1）选择菜单"视图">"屏幕模式">"正常"，以便能够看到包含图形和文本的框架。

（2）为确保你看到的面板和菜单命令与这里介绍的一致，请选择菜单"窗口">"工作区">"[高级]"，再选择菜单"窗口">"工作区">"重置'高级'"。

（3）在工具面板中，选择选择工具。

（4）单击蝴蝶图像，注意到控制面板中有很多选项，可用于控制选定对象（一个图形框架）的位置、大小和其他属性，如图 1.11 所示。

图1.11

> **Id**　提示：要自定义控制面板中显示的选项，可单击该面板最右端的齿轮图标。

（5）在控制面板中，单击 X、Y、W 和 H 旁边的箭头，以调整选定框架的位置和大小。

（6）根据需要，按 Ctrl + Z（Windows）或 Command + Z（macOS）组合键多次以撤销所有的修改。

提示：要调整对象的位置和大小，也可在这些字段中输入值，还可使用鼠标拖曳对象。

（7）在工具面板中，选择文字工具（T.）。

（8）单击单词"Butterflies"，将发现控制面板发生了变化，其中包含能够让你控制段落和字符格式的选项。

（9）通过双击选择单词 Butterflies，再单击字段"字体大小"中的下箭头，以减小字体大小，如图 1.12 所示。

图1.12

（10）按 Ctrl + Z（Windows）或 Command + Z（macOS）组合键撤销所做的修改。

（11）单击粘贴板（页面外面的空白区域）以取消选择文本。

1.2.3　应用程序栏

默认工作区的顶部是应用程序栏，通过它可快速实现最常用的排版功能，这包括修改文档的缩放比例、显示和隐藏参考线以及管理多个文档窗口。应用程序栏还允许你访问 Adobe 资源，如 Adobe Stock 作品。

要熟悉应用程序栏中的控件，可将鼠标指针指向它以显示工具提示，如图 1.13 所示。

图1.13

InDesign 将应用程序栏、文档窗口和面板组合成一个整体，这被称为应用程序框架。

提示：在 macOS 中，可将它们分开（即禁用应用程序框架），为此可选择菜单"窗口"＞"应用程序框架"。禁用应用程序框架后，可隐藏应用程序栏，为此可选择菜单"窗口"＞"应用程序栏"。在 macOS 中隐藏应用程序栏后，视图缩放控件将显示在文档窗口的左下角。

1.2.4　文档窗口和粘贴板

工作区由文档窗口和粘贴板组成，它们具有如下特征：

用于显示文档的不同页面的控件位于文档窗口左下角。每个页面或跨页周围都有粘贴板。可将粘贴板用作工作区域或存储区域，例如，在其中放置还未包含在页面中的设计元素。

下面来看看粘贴板以及文档窗口提供的功能。

（1）为查看该文档的所有页面以及粘贴板，从应用程序栏的"缩放级别"下拉列表中选择50%，如图1.14所示。

图1.14

在缩放比例为50%的情况下，你将看到第一页左边的粘贴板中有一个圆形文本框架。

（2）在工具面板中，选中选择工具。

（3）单击包含字符串"free community workshop series"的文本框架，将这个框架拖曳到文档页面，如图1.15所示。由此可见，将粘贴板用作存储区域有多容易。

图1.15

（4）按 Ctrl + Z（Windows）或 Command + Z（macOS）组合键撤销所做的修改。

（5）选择菜单"视图">"使跨页适合窗口"。

（6）在文档窗口的左下角，单击页码框右边的箭头，这将打开一个包含文档页面和主页的列表。

（7）从下拉列表中选择2（如图1.16所示），在文档窗口中显示第2页。

（8）单击页码框左边的箭头，重新显示第1页。

（9）选择菜单"视图" > "屏幕" > "预览"将框架参考线隐藏起来。

图1.16

1.2.5　使用多个文档窗口

当你打开了多个文档时，每个文档都显示在主文档窗口的独立选项卡中。还可打开单个文档的多个窗口，这样可查看版面的不同部分。下面来打开另一个窗口，以便能够看到对标题的修改将如何影响整个页面。这里使用的文档排列方法适用于同一个文档的不同视图，也适用于多个文档。

（1）选择菜单"窗口" > "排列" > "新建'01_Intro.indd'窗口"。

此时会出现一个名为01_Intro.indd:2的新窗口，而原来的窗口名为01_Intro.indd:1。

> **Id** 　提示：应用程序栏能够让你快速访问窗口管理选项。要查看所有这样的选项，请单击"排列文档"按钮。

（2）在工具面板中选中缩放工具（🔍）。

（3）在第二个窗口（01_Intro.indd:2）中，在单词"WORKSHOP"上单击3次以放大它。注意到另一个窗口的缩放比例没变。

（4）按键盘上的T键选择文字工具。

（5）在第二个窗口中，在单词"WORKSHOP"后面单击，再输入S，使其变成复数"WORKSHOPS"。

你会注意到两个窗口中的文本都变了，如图1.17所示。

图1.17

（6）按Ctrl + Z（Windows）或Command + Z（macOS）组合键恢复单词"WORKSHOP"。

（7）选择菜单"窗口" > "排列" > "新建'01_Intro.indd'窗口"两次，再新建两个窗口。单击应用程序栏中的"排列文档"按钮，看看可以用哪些不同的方式排列窗口，如图1.18所示。

图1.18

（8）选择菜单"窗口">"排列">"合并所有窗口"（如图 1.19 所示），这将为每个窗口创建一个选项卡。

图1.19

（9）单击左上角（控制面板下方）的选项卡可选择要显示哪个文档窗口，如图 1.20 所示。

图1.20

> **Id** 注意：在计算机屏幕上，窗口的排列顺序可能与这里显示的不同，但这不影响你执行这些步骤。

（10）单击选项卡中的关闭窗口按钮（X）将窗口关闭，这样做 3 次，以便只留下一个窗口。具体留下哪个无关紧要。

（11）选择菜单"视图">"使跨页适合窗口"。

1.3 使用面板

InDesign 提供了很多面板，让你能够迅速使用常用的工具和功能。默认情况下，面板停靠在屏幕右边（可将停靠区视为一组粘贴在一起的面板）。默认显示的面板随当前使用的工作区而定，每个工作区都存储其面板配置。

用户可以采取各种方式重新组织面板，下面将练习打开、折叠和关闭"高级"工作区中的默认面板。

> **Id** 提示：当你熟悉了 InDesign 后，可尝试根据需要来配置面板和工作区。你很快就会发现，哪些面板用得最多、喜欢将它们放在什么地方以及什么样的尺寸最合适。

1.3.1 打开和关闭面板

要显示隐藏的面板，可在菜单"窗口"（或其子菜单）中选择相应的面板名。如果面板名前有钩号，就说明该面板已打开，且位于所属面板组中其他所有面板的前面。在这个练习中，你将打开、使用并关闭信息面板，这个面板提供了有关文档中选定对象的反馈信息。

（1）选择菜单"窗口">"信息"打开信息面板。

（2）在工具面板中，选中选择工具。

（3）将鼠标指针指向页面中的各个对象并单击，以查看它们的详细信息，如图 1.21 所示。

（4）再次选择菜单"窗口">"信息"将信息面板关闭。

图1.21

> **Id** 提示：当面板处于浮动状态时，可单击关闭按钮（ ✖ ）将其关闭。

1.3.2 展开和折叠面板

在本节中，读者将学习展开或折叠面板、隐藏面板名以及展开停靠区中的所有面板。

（1）在文档窗口右边的默认停靠区中，单击页面面板的图标以展开该面板，如图 1.22 所示。

在需要打开面板，并在较短的时间内使用它后再关闭时，这种方法很方便。

（2）在使用完页面面板后要折叠它时，可单击面板名右边的双箭头（ ▶▶ ），也可再次单击面板图标。

（3）要缩小面板停放区的宽度，可将面板停放区的左边缘向右拖曳，直到面板名被隐藏，如图 1.23 所示。

图1.22

> **Id** 提示：单击双箭头按钮可展开或折叠面板。

向右拖曳面板停放区的左边缘，将面板停放区缩小到只显示图标，单击"展开面板"按钮可展开或折叠面板。

（4）要展开停放区中的所有面板，可单击停放区右上角的双箭头，如图1.23所示。

图1.23

为方便完成下一个练习，请让面板展开。

1.3.3　重新排列和定制面板

在这个小节中，你将把一个面板拖出停放区使其变成浮动面板，然后将另一个面板拖进该面板，以创建一个自定义面板组。还将学习取消面板编组、将面板堆叠并将其折叠成图标。

> **注意**：如果有必要，请双击停放区右上角的双箭头，将所有面板都展开。

（1）在右边的默认面板停放区底部，找到段落样式面板。把这个面板拖出停放区，使其变成浮动的。

（2）拖曳段落样式面板的标签，将其拖离停放区，从而将其从停放区中删除，如图1.24所示。

图1.24

接下来，把字符样式面板添加到浮动的段落样式面板中，从而创建一个面板组。

（3）在面板停放区底部附近找到字符样式面板，通过拖曳其标签将其移动到段落样式标签右边的灰色区域。

（4）当段落样式面板周围出现蓝线后松开鼠标，如图 1.25 所示。

> **Id** **提示**：在设置文本格式时，将字符样式面板和段落样式面板编组会很有帮助。你可以将这个面板组放在方便操作的地方，并将其他面板折叠起来以腾出空间。

图1.25

（5）要取消面板编组，可通过拖曳其中一个面板的标签，将面板拖离面板组来实现，如图 1.26 所示。

图1.26

还可将浮动面板以垂直方式堆叠起来，下面就来尝试这样做。

（6）通过拖曳标签将字符样式面板拖曳到段落样式面板的底部，在出现蓝线后松开鼠标，如图 1.27 所示。

图1.27

提示：从停放区分离出来的面板被称为浮动面板。对于浮动面板，单击标题栏中的双箭头可以展开或最小化它。

现在，两个面板将堆叠而不是编组。堆叠的面板垂直相连，可通过拖曳最上面的面板的标题栏，将它们作为一个整体进行移动。下面来尝试调整堆叠面板的大小。

（7）拖曳任何一个面板的右下角以调整大小，如图1.28所示。

提示：对于浮动面板，可拖曳右下角或左下角来调整宽度和高度，可拖曳下边缘来调整高度，可拖曳左边缘或右边缘来调整宽度。对于停放在停放区的面板，可拖曳左下角来调整宽度和高度，可拖曳左边缘来调整宽度，可拖曳下边缘来调整高度。

图1.28

（8）将字符样式面板的标签拖曳到段落样式面板标签的旁边，将这两个面板重新编组，如图1.29所示。

（9）双击面板标签旁边的灰色区域，将面板组最小化，如图1.29所示。再次双击该区域可展开面板组。

图1.29

保留面板的当前状态，以供在后面的练习中存储工作区。

1.3.4 移动工具面板和控制面板

一般而言，你会让工具面板和控制面板始终打开。然而，像其他面板一样，你也可根据自己的工作风格将它们移到最合适的位置。在这里，你将尝试移动这两个面板。

（1）为让工具面板浮动在工作区中，通过拖曳其虚线栏，将这个面板拖曳到粘贴板中，如图1.30所示。

图1.30

当工具面板变成浮动的之后，可使其显示为垂直两栏、垂直一栏或水平一行。要水平显示工具面板，它必须处于浮动状态（未停放在停放区）。

（2）在工具面板处于浮动状态的情况下，单击其顶部的双箭头。

工具面板将变成水平一行的，如图1.31所示。

图1.31

（3）单击工具面板中的双箭头，将其变成垂直两栏的，再次单击双箭头将变成默认布局。

（4）要再次停放工具面板，可通过拖曳顶部的虚线栏将工具面板拖曳到屏幕最左边。

（5）在工作区左边缘出现蓝线时松开鼠标，如图1.32所示。

如果你不想让控制面板停放在文档窗口顶部，可将其移到其他地方。

（6）在控制面板中，拖曳左端的垂直虚线栏，将控制面板拖曳到文档窗口中。当松开鼠标后，控制面板将变成浮动的。

（7）要重新停放这个面板，可单击其右端的面板菜单按钮，并选择"停放于顶部"，如图1.33所示。

图1.32　　　　　　　　　　图1.33

1.4 定制工作区

工作区是面板和菜单的配置（工作区不会保存文档窗口的配置）。InDesign 提供了多种专用工作区，如数字出版、印刷和校样、排版规则。用户不能修改这些工作区，但可保存自定义工作区。在这个练习中，你将保存前面所做的面板定制，还将定制界面的外观。

> 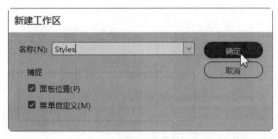 提示：要进一步定制工作区，可控制特定的命令使其出现在 InDesign 菜单中，为此可选择菜单"编辑"＞"菜单"。例如，在屏幕较小的笔记本电脑上，你可能希望菜单更短；而对于新用户，你可能希望菜单包含的命令更少。在存储工作区时，可存储对菜单所做的定制。

（1）选择菜单"窗口"＞"工作区"＞"新建工作区"。

（2）在"新建工作区"对话框中，在文本框"名称"中输入"Styles"。如果有必要，选中复选框"面板位置"和"菜单自定义"，如图 1.34 所示。

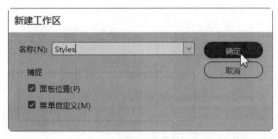

图1.34

（3）单击"确定"按钮。如果出现一个对话框，指出存在同名的工作区，请单击"确定"按钮替换原来的工作区。

（4）打开菜单"窗口"＞"工作区"，将发现当前选择了这个自定义工作区。

（5）在应用程序栏右端的下拉列表中，显示的也是当前选定的工作区。单击这个下拉列表可选择其他工作区，如图 1.35 所示。

（6）在子菜单"窗口"＞"工作区"或应用程序栏中的"工作区"下拉列表中选择每个工作区，看看它们的面板和菜单配置有何不同。

（7）选择菜单"窗口"＞"工作区"＞"Styles"以查看你保存的工作区。

（8）为恢复到之前的工作区，选择菜单"窗口"＞"工作区"＞"[高级]"，再选择菜单"窗口"＞"工作区"＞"重置'高级'"。

图1.35

1.5 修改文档的缩放比例

InDesign 中的控件让用户能够以 5% ~ 4000% 的比例查看文档。当文档打开后，当前的缩放比例显示在应用程序栏下拉列表"缩放级别"中，它还可以显示在窗口标题栏或文档标签中文件名的后面，如图 1.36 所示。

× *01_Intro.indd @ 258%　——　在文档的标题栏中，文件名后面的百分比指出了缩放比例。

图1.36

![Id] **提示:**使用键盘快捷键，可快速将缩放比例设置为 200%、400% 和 50%。在 Windows 中，将缩放比例设置为这些值的快捷键分别为 Ctrl + 2、Ctrl + 4 和 Ctrl + 5；在 macOS，快捷键分别为 Command + 2、Command + 4 和 Command + 5。

1.5.1 使用"视图"命令

可以采取下述方式轻松地缩放文档视图。

* 在"缩放级别"框中单击鼠标，再输入所需的缩放比例并按回车键。
* 选择菜单"视图">"放大"将缩放比例增大到上一个预设值。
* 选择菜单"视图"<"缩小"将缩放比例缩小到下一个预设值。
* 选择菜单"视图">"使页面适合窗口"在文档窗口中显示整个目标页。
* 选择菜单"视图">"使跨页适合窗口"在文档窗口中显示整个目标跨页。

* 选择菜单"视图">"实际尺寸"以 100% 的比例显示文档。
* 从应用程序栏的下拉列表"缩放级别"中选择一个百分比，按预设值缩放文档。

图1.37

* 单击"缩放级别"框，输入所需的缩放比例，再按回车键，如图 1.37 所示。
* 按 Ctrl + =（Windows）或 Command + =（macOS）组合键将缩放比例增大到上一个预设值。
* 按 Ctrl + −（Windows）或 Command + −（macOS）组合键将缩放比例缩小到下一个预设值。

1.5.2 使用缩放工具

除使用"视图"菜单中的命令外，还可使用缩放工具来缩放文档视图。下面来练习使用缩放工具。

（1）选择菜单"视图">"实际尺寸"，将文档的缩放比例设置为 100%。

（2）选择工具面板中的缩放工具（），将鼠标指针指向第一页左边的蝴蝶翅膀附近。注意到缩放工具中央有个加号，如图 1.38 所示。

图1.38

（3）单击鼠标 3 次。每次单击时都将放大到下一个预设比例，且单击的位置位于窗口中央。

> **Id** 提示：单击缩放工具来放大图像时，务必单击要查看的目标对象，并确保它位于窗口中央。

下面我们来缩小视图。

（4）将鼠标指针指向蝴蝶图像并按住 Alt（Windows）或 Option（macOS）键，缩放工具中央将出现一个减号。

（5）在按住 Alt/Option 键的情况下单击鼠标 3 次，视图将缩小。

可使用缩放工具拖曳出一个环绕特定区域的矩形框，以放大该区域。放大比例取决于矩形框的尺寸：矩形框越小，放大比例越大。

> **Id** 注意：如果你使用的是 Mac，并安装了兼容的图形处理单元（GPU）卡，缩放工具将支持动画缩放，详情请参阅后面的内容。

（6）根据需要滚动鼠标，以便能够看到包含字符串 "free community workshop series" 的浅紫色椭圆文本框架。

（7）在依然选择了缩放工具的情况下，按住鼠标按钮并拖曳出一个环绕该文本框架的矩形框，再松开鼠标，如图 1.39 所示。

（8）选择菜单"视图">"使页面适合窗口"。

（9）在设计和编辑过程中，经常需要使用缩放工具，你可以使用键盘临时选择缩放工具，而不取消对当前工具的选择。下面来介绍具体操作。

图1.39

单击工具面板中的选择工具，再将鼠标指针指向文档窗口内。

按住 Ctrl + 空格键（Windows）或 Command + 空格键（macOS）组合键，等鼠标从选择工具图标变成缩放工具图标后，单击蝴蝶以放大视图。重复上述操作，但同时按住 Alt（Windows）或 Option（macOS）键，以缩小视图。

当松开按键后，鼠标将恢复为选择工具图标。

注意： Windows 或 macOS 系统首选项可能会覆盖一些 InDesign 键盘快捷键。如果键盘快捷键不管用，请检查系统首选项。

（10）选择菜单"视图" > "使页面适合窗口"使页面居中。

使用动画缩放

如果你使用的是 Mac，并安装了兼容的图形处理单元（GPU）卡，就可使用 InDesign 改进的视图功能。在这种情况下，"视图"菜单中的"显示性能"默认被设置为"高品质显示"，你可以启用动画缩放（通过选择菜单"InDesign CC" > "首选项" > "GPU 性能"）。

当你使用缩放工具时，动画缩放提供了平滑的动画显示。

- 单击并按住鼠标：从外逐渐放大到中央。
- 在按住Option（masOS）键的情况下单击并按住鼠标：从中央开始往外缩小。
- 按住鼠标并向右拖曳：放大。
- 按住鼠标并向左拖曳：缩小。
- 按住Shift键并拖曳：可使用标准的矩形框放大。

1.6 导览文档

在 InDesign 文档中导览的方式有多种，其中包括使用页面面板、使用抓手工具、使用"转到页面"对话框以及使用文档窗口中的控件。在使用 InDesign 的过程中，你可能发现自己更喜欢某些方法。找到喜欢的方法后，记住其快捷键将让这种方法使用起来更容易。例如，如果你喜欢在"转到页面"对话框中输入页码，请记住打开这个对话框的快捷键。

图1.40

1.6.1　翻页

　　可使用页面面板、文档窗口底部的页面按钮、滚动条或其他方法来翻页。页面面板包含当前文档中每个页面的图标，双击页面图标或页码可切换到相应的页面或跨页。下面来练习翻页。

　　（1）单击页面面板图标以展开页面面板。

　　（2）双击第 2 页的页面图标（如图 1.40 所示），在文档窗口中显示这一页。

> **提示**：要翻页，也可使用"版面"菜单中的命令："第一页""上一页""下一页""最后一页""下一跨页"和"上一跨页"。

　　（3）双击第 1 页的页面图标，在文档窗口中居中显示第 1 页。

　　（4）要返回到文档的第 2 页，可使用文档窗口左下角的下拉列表。单击向下的箭头，并选择 2。下面使用文档窗口底部的按钮来切换页面。

　　（5）不断单击页码框左边的"上一页"按钮（向左的箭头），直到显示第 1 页。

　　（6）不断单击页码框右边的"下一页"按钮（向右的箭头，如图 1.41 所示），直到显示第 2 页。

图1.41

> **注意**：如果选择了菜单"视图">"使跨页适合窗口"，文档窗口底部的导航控件将是针对跨页（而不是页面）的。

　　（7）选择菜单"版面">"转到页面"。

　　（8）在"转到页面"对话框中输入或选择 1，再单击"确定"按钮，如图 1.42 所示。

> **提示**：菜单"版面">"转到页面"的键盘组合键为 Ctrl + J（Windows）或 Command + J（macOS）。

图1.42

1.6.2 使用抓手工具

使用工具面板中的抓手工具可移动文档的页面，直到找到要查看的内容。下面来练习使用抓手工具。

（1）在应用程序栏中的"缩放级别"下拉列表中选择400%。

（2）选择抓手工具（🖐）。

> **Id** 提示：当使用选择工具时，可按空格键暂时切换到抓手工具。当使用文字工具时，可按Alt（Windows）或Option（macOS）键暂时切换到抓手工具。

（3）在文档窗口中按住鼠标并沿任何方向拖曳，再向上拖曳以便在文档窗口中显示第2页。

（4）在依然选择了抓手工具的情况下，在页面上单击并按住鼠标，这将显示视图矩形，如图1.43所示。

- 拖曳该矩形以查看页面的其他区域或其他页面。
- 松开鼠标以显示视图矩形包含的区域。
- 在显示视图矩形时，按键盘上的箭头键可调整该矩形的大小。

图1.43

（5）双击工具面板中的抓手工具使页面适合窗口。

1.7 使用上下文菜单

除屏幕顶部的菜单外，用户还可使用下上文菜单列出与活动工具或选定对象相关联的命令。要显示上下文菜单，将鼠标指针指向文档窗口中的选定对象或任何位置，再单击鼠标右键（Windows）或按住 Control 键并单击（macOS）。

 提示：在使用文字工具编辑文本时，也可显示上下文菜单，该菜单让用户能够插入特殊字符、检查拼写以及执行其他与文本相关的任务。

（1）使用选择工具单击页面中的任何对象，如包含回信地址（即以"Urban Oasis Gardens"打头的文本）的文本框架。

（2）在这个文本框架上单击鼠标右键（Windows）或按住 Control 键并单击（macOS），并观察有哪些菜单项，如图 1.44 所示。

（3）选择页面中其他类型的对象并打开上下文菜单，以查看可用的命令。

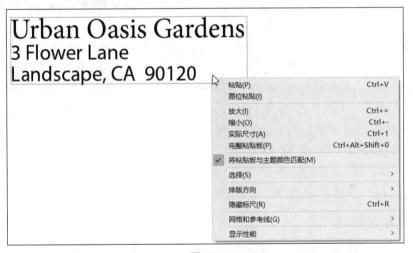

图1.44

1.8 使用面板菜单

大多数面板都有其特有的选项，要使用这些选项，可单击面板菜单按钮打开面板菜单，其中包含适用于当前面板的命令和选项。

下面修改色板面板的显示方式。

（1）在停放区中找到色板面板；如果有必要，请选择菜单"窗口">"颜色">"色板"以显示它。将这个面板拖出停放区，使其变成浮动的。

（2）单击色板面板右上角的面板菜单按钮（▤）打开面板菜单。

可使用色板面板的面板菜单来新建色板、加载其他文档中的色板等。

（3）从色板面板菜单中选择"大缩览图"，如图 1.45 所示。

图1.45

1.9 修改界面首选项

可通过首选项来修改整体颜色、各种工具的工作方式以及面板的配置，从而定制 InDesign 的界面。"首选项"对话框中的有些设置影响应用程序（InDesign 本身），而其他的只影响活动文档。如果在没有打开任何文档的情况下修改与文档相关的首选项，将影响所有新文档（而不影响既有文档）。下面来看看界面首选项，它会影响应用程序。

（1）选择菜单"编辑" > "首选项" > "界面"（Windows）或"首选项" > "界面"（macOS），

以定制 InDesign 的外观。

（2）在"外观"部分，单击最右端的"浅色"框，如图 1.46 所示。

图1.46

（3）尝试其他选项，再重新选择你喜欢的设置（或默认设置"中等深色"）。

（4）单击"首选项"对话框中的各个面板，看看其他 InDesign 定制选项。例如，首选项"显示性能"让你能够指定在 InDesign 文档中如何显示图像（"快速""典型"或"高品质"）。

（5）研究完"首选项"对话框后，请单击"确定"按钮。

> **提示**：如果你的计算机安装了兼容的 GPU 卡，InDesign 将自动使用 GPU 来显示文档，并将显示性能设置为"高品质"。

1.10 练习

在了解了工作区后，使用文档 01_Intro.indd 或自己的文档尝试完成下面的任务。

- 选择菜单"窗口">"实用程序">"工具提示"，以显示有关选定工具的信息，如图 1.47 所示。选择各个工具，以更深入地了解它们。
- 选择菜单"窗口">"评论">"附注"打开相应的面板组。这个面板组包含任务面板、附注面板和修订面板，用于协同编辑和设计文档。
- 查看"键盘快捷键"对话框（可通过选择菜单"编辑">"键盘快捷键"打开它），更深入地了解现有的键盘快捷键及如何修改它们。
- 了解菜单配置以及如何在"菜单自定义"对话框（选择菜单"编辑">"菜单"可打开它）中编辑它们。
- 根据需要组织面板，并选择菜单"窗口">"工作区">"新建工作区"来创建自定义工作区。

图1.47

1.11 复习题

1. 有哪些修改文档缩放比例的方式？

2. 在 InDesign 中如何选择工具？

3. 有哪 3 种显示面板的方式？

4. 如何创建面板组？

1.12 复习题答案

1. 可从菜单"视图"中选择命令以放大、缩小、使页面适合窗口等；也可从工具面板中选择缩放工具，再在文档上单击或拖曳鼠标以缩放视图。另外，可使用键盘快捷键来缩放文档视图；还可使用应用程序栏中的"缩放级别"框。

2. 要选择工具，可在工具面板中单击，也可按其键盘快捷键（条件是当前选择的不是文字工具）。例如，可以按 V 键来选择选择工具，按住相应的键盘快捷键暂时切换到选择工具；要选择隐藏的工具，可将鼠标指针指向工具面板中的工具并按住鼠标，在隐藏的工具出现后选择它。

3. 要显示面板，可单击其面板图标或面板标签，也可在菜单"窗口"中选择其名称，如选择菜单"窗口">"对象和版面">"对齐"。还可通过菜单"文字"访问与文字相关的面板，例如，选择菜单"文字">"字形"。

4. 将面板图标拖出停放区使面板变成自由浮动的。将其他面板的标签拖曳到自由浮动的面板的标题栏中，可将面板组作为一个整体进行移动和调整大小。

第2课 InDesign基本操作

课程概述

本课介绍如下内容：

- 查看版面辅助工具；
- 使用印前检查面板检查潜在的制作问题；
- 输入文本及对文本应用样式；
- 导入文本及串接文本框架；
- 导入图形；
- 对象的移动、旋转、描边和填充；
- 使用段落样式、字符样式和对象样式自动设置格式；
- 在演示文稿模式下预览文档。

 　　学习本课需要大约 60 分钟。要下载本课的课程文件，请登录异步社区网站，详情请参阅本书前言后的"资源与支持"一节。请将下载的文件放在方便使用的地方。

edible
blossoms
Bistro & Bar

Relax in our elegant dining room or charming patio and enjoy the creations of our bartender, chef and gardener! Our irresistible appetizers, seasonal entrées and home-made desserts feature fruits, flowers and herbs grown right here in our stunning Urban Oasis Gardens.

Starters & Small Plates

Sip a *rose martini*, try *zucchini blossom fritters* or *braised dandelion greens* for appetizers, and share small plates such as *orange ginger seared scallops* or *chive flower flatbread*.

Entrées & Desserts

Indulge in our chef's daily creations, such as *lavender honey grilled chicken or fresh basil pesto* and be sure to leave room for scrumptious *violet macarons or candied pansies*.

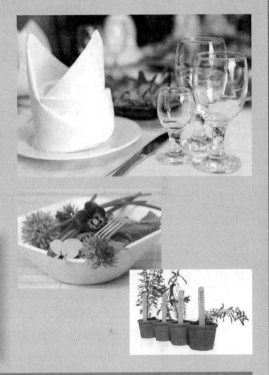

InDesign 版面的组成部分是对象、文本和图形。版面辅助工具（如参考线）有助于调整对象大小和放置对象，而样式能够让你自动设置页面元素的格式。

2.1 概述

本课使用的文档是一张标准尺寸的明信片，是为印刷并邮寄而设计的。另外，也可将这张明信片导出为 PDF，用于电子邮件营销。正如读者将在本课中看到的，不管输出媒介是什么，InDesign 文档的组成部分都相同。在本课中，你将添加文本和图像，再做必要的格式设置。

> **Id** **注意**：如果还没有下载本课的项目文件，现在就去下载，详情请参阅"资源与支持"。

（1）为确保你的 Adobe InDesign 首选项和默认设置与本课使用的一样，将文件 InDesign Defaults 移到其他文件夹，详情请参阅"前言"中的"存储和恢复文件 InDesign Defaults"。

（2）启动 Adobe InDesign。

（3）在出现的 InDesign 起点屏幕中，单击左边的"打开"按钮（如果没有出现起点屏幕，就选择菜单"文件">"打开"）。

（4）打开硬盘中文件夹 InDesignCIB\Lessons\Lesson02 中的文件 02_Start.indd。

（5）为确保面板和菜单命令与本课使用的一致，请选择菜单"窗口">"工作区">"[高级]"，再选择菜单"窗口">"工作区">"重置'高级'"。

（6）为以更高的分辨率显示这个文档，请选择菜单"视图">"显示性能">"高品质显示"。

（7）选择菜单"文件">"存储为"，将文件重命名为 02_Postcard.indd，并将其存储到文件夹 Lesson02 中。

> **Id** **注意**：为提高对比度，本书的屏幕截图显示的界面都是"中等浅色"的。在你的计算机屏幕上，诸如面板和对话框等界面元素要暗些。

（8）如果要看看这个文档完成后是什么样的，请打开文件 02_End.indd，如图 2.1 所示。你可以打开这个文档，供工作时参考。

图2.1

（9）为处理文档做好准备后，单击文档窗口左上角的标签 02_Postcard.indd 切换到这个文档。

2.2 查看参考线

图2.2

像本课这样修订既有文档，是入门级 InDesign 用户的典型工作。当前，这个明信片文档是在预览模式下显示的：在标准窗口中显示作品，并隐藏参考线、网格、框架边缘和隐藏字符等非打印元素。要处理这个文档，需要能够看到参考线和隐藏字符（如空格和制表符）。当你熟悉 InDesign 后，你将知道哪种视图模式最合适。

（1）单击并按住工具面板底部的"屏幕模式"按钮，再从菜单中选择"正常"，如图 2.2 所示。

> **提示**：其他视图模式包括出血（用于审核出血区域，这些区域可容纳超出页面边界的对象）、辅助信息区（显示出血区域外面的区域，这种区域可包含印刷说明、作业签署信息等）和演示文稿（满屏显示，非常适合用来向客户展示设计理念）。

这将显示启用了的版面辅助元素。例如，使用淡蓝色的非打印线条标识既有文本框架和对象，因为显示了框架边缘（即选择了菜单"视图">"其他">"显示框架边缘"）。下面来显示其他版面辅助元素。

（2）在应用程序栏中，单击"视图选项"按钮（　）并选择"参考线"，如图 2.3 所示。务必确保"参考线"左边有钩号。

图2.3

当显示参考线后，很容易精确地放置对象，包括自动对齐到参考线。参考线不会打印出来，也不会限制将打印或导出的区域。

（3）在前述"视图选项"下拉列表中，选择"隐藏字符"。务必确保"隐藏字符"左边有钩号。

通过显示非打印的隐藏字符，如制表符、空格、换行符，有助于精确地选择文本并设置其样式。一般而言，在编辑文本或设置其格式时，最好将隐藏字符显示出来。

> **提示**：应用程序栏中的命令也可在主菜单中找到，这包括"视图">"网格和参考线">"显示参考线"以及"文字">"显示隐藏字符"。

（4）在处理这个文档时，请在必要时使用你在第 1 课中学到的技能来移动面板、重新排列面板以及滚动和缩放。

2.3　在工作时执行印前检查

每当你着手处理文档时（无论是从空白创建文档还是修订既有文档），都必须知道文档要以什么方式输出（打印或显示）并关注输出问题。例如，文档中所有的线条都足够粗，能够打印出来吗？颜色能够正确地显示和打印吗？在本书的课程中，你将更深入地学习这些问题。

在出版过程中，对文档进行评估，找出潜在输出问题的过程被称为印前检查。InDesign 提供了实时印前检查功能，让用户能够在创建文档时对其进行监视，以防发生输出问题。要定制实时印前检查，可创建或导入制作规则（这称为配置文件），让 InDesign 根据它们来检查文档。InDesign 提供的默认配置文件会指出一些潜在的问题，如缺失字体（系统上没有安装的字体）和溢流文本（文本框架中容纳不下的文本）。

（1）选择菜单"窗口" > "输出" > "印前检查"打开印前检查面板。

如图 2.4 所示，使用"[基本]（工作）"印前检查配置文件时，InDesign 发现了一个错误，印前检查面板和文档窗口左下角的红色印前检查图标指出了这一点。根据印前检查面板中列出的错误可知，问题为"文本"类型。

> **提示**：请注意文档窗口的左下角，看看是否有印前错误出现。你可双击字样"错误"来打开印前检查面板，以了解错误的详细情况。

（2）要查看错误，在印前检查面板中单击"文本"旁边的箭头。

（3）单击"溢流文本"旁边的箭头，再单击"文本框架"。

（4）要了解这个错误的详情，可以单击印前检查面板底部的字样"信息"旁边的箭头，如图 2.4 所示。

（5）双击"文本框架"定位到页面中有问题的文本框架并选择它，你也可以单击右边的"页面"栏中的页码链接。

这将选择包含标题、子标题和正文的文本框架。这个框架的出口（位于框架右下角上方的小方框）中有个红色加号，表明有溢流文本。

（6）使用选择工具向下拖曳文本框架底部的手柄，让高度大约为 2.1 英寸，如图 2.5 所示。

（7）单击粘贴板以取消选择文本框架。

图2.4

图2.5

（8）选择菜单"视图">"使页面适合窗口"。

现在 InDesign 将在文档窗口和印前检查面板的左下角指出无错误，如图 2.6 所示。

图2.6

（9）关闭印前检查面板，再选择菜单"文件">"存储"保存所做的工作。

2.4 添加文本

在 InDesign 中，大多数文本都包含在文本框架内（文本也可包含在表格单元格内或沿路径排列）。可直接将文本输入文本框架内，也可从字处理程序中导入文本文件。在导入文本文件时，可将文本添加到现有的框架中，也可在导入时创建框架。如果文本在当前文本框架内容纳不下，可连接到其他文本框架中。

2.4.1 输入文本及对文本应用样式

现在可以开始处理这张未完成的明信片了。首先，你将编辑标题下方的文本并对其应用样式。

（1）选择文字工具（**T**）并在单词"Cafe"后面单击。

（2）按 Backspace（Windows）或 Delete（macOS）键 4 次，可以将单词 Cafe 删除，如图 2.7 所示。

图2.7

（3）在文本框架中输入 Bistro，将旅馆名从 Cafe & Bar 改为 Bistro & Bar，如图 2.8 所示。

图2.8

（4）在插入点依然位于文本中的情况下单击 3 次，以选择 Bistro & Bar。

（5）如果必要，在控制面板中单击"字符格式控制"图标（字）。从"字体样式"下拉列表中选择 Bold，如图 2.9 所示。

 注意：如果有必要，可以使用选择工具拖曳文本框架的下边缘，以便能够容纳所有文本。

图2.9

（6）选择菜单"文件"＞"存储"保存所做的工作。

设置文本样式和指定文本位置的选项

InDesign提供了设置字符和段落格式的选项，还提供了在框架中定位文本的选项。下面是一些常用的选项。

- 字符格式：字体、字体样式、字体大小、行距、全部字母大写。
- 段落格式：诸如居中等对齐方式以及缩进、段前/后间距。
- 文本框架选项：列数、内边距、垂直对齐。

控制面板、段落面板（"文字"＞"段落"）和字符面板（"文字"＞"字符"）提供了设置文本样式所需的所有选项。要在框架中定位文本，可选择菜单"对象"＞"文本框架选项"，这个菜单项打开的对话框中的很多选项也包含在控制面板中。

 提示：属性面板能够让你快速设置最常见的文本格式选项，要打开这个面板，可选择菜单"窗口"＞"属性"。

2.4.2 置入文本和排文

在大多数出版流程中，作者和编辑都使用字处理程序。文本基本完成后，他们将文件发送给图形设计人员。为完成这张明信片，下面使用"置入"命令将一个 Microsoft Word 文件导入到页面底部的一个文本框架中，再将第一个文本框架和第二个文本框架串接起来。

（1）使用选择工具单击粘贴板的空白区域，确保没有选择任何对象。

（2）选择菜单"文件">"置入"。在"置入"对话框中，确保没有选中复选框"显示导入选项"。

（3）切换到文件夹 Lessons\Lesson02 并双击文件 Edibles.docx。

鼠标将变成载入文本图标（ ）。下面将这些文本添加到明信片左下角的文本框架中（文本框架由淡蓝色非打印线标识）。

 提示：鼠标变成载入文本图标后，有多种选择。可拖曳鼠标创建新的文本框架、在既有文本框架中单击或单击鼠标在页面的栏参考线内新建文本框架。

（4）将鼠标指针指向左下角的文本框架并单击，如图 2.10 所示。

Starters & Small Plates
Sip a rose martini, try
zucchini blossom fritters or
braised dandelion greens for
appetizers, and share small
plates such as orange
gi

Starters & Small Plates¶

Sip a rose martini, try zucchini blossom fritters or braised dandelion greens for appetizers, and share small plates such as

文本框架的出口；红色加号表明存在溢流文本

图2.10

Word 文件中的文本出现在这个文本框架中，但这个文本框架装不下。文本框架出口中的红色加号（+）表明有溢流文本。下面将两个文本框架串接起来，以便文本排入其他文本框架中。

（5）使用选择工具选择包含置入文本的文本框架。

（6）单击该文本框架的出口以选择它。再次单击出口，鼠标将变成载入文本图标。在右边的本框架中单击，如图 2.11 所示。

图2.11

当前，还存在溢流文本（如图 2.12 所示），本课后面将通过设置文本的样式解决这个问题。

图2.12

（7）选择菜单"文件"＞"存储"。

2.5 使用样式

InDesign 提供了段落样式、字符样式和对象样式，让你能够快速而一致地设置文本和对象的格式，更重要的是，只需编辑样式就可完成全局修改。样式的工作原理如下。

- 段落样式包含应用于段落中所有文本的格式属性，如字体、字体大小和对齐方式。只需在段落中单击便可选择该段落，还可选择其中的任何一部分。
- 字符样式只包含字符属性，如字体样式（粗体或斜体）和字体颜色，它们只应用于段落中选定的文本。字符样式通常用于突出段落中特定的文本。
- 对象样式让你能够设置选定对象的格式，如填色和描边颜色、描边效果和角效果、透明度、投影、羽化、文本框架选项和文本绕排。

 提示：段落样式可包含用于段落开头和段落文本行的嵌入样式。这能够让你自动设置常见的段落格式，如首字母大写并下沉，且第一行的字母都大写。

2.5.1 应用段落样式

这张明信片差不多完成了，笔者创建好了你所需的所有段落样式。下面首先对两个串接的文本框架中的所有文本应用"Body Copy"样式，再对标题应用"Subhead"样式。

 提示：在很多出版环境（包括市场营销和广告宣传领域）中，文本都被称为文字，这就是作者和编辑被称为文字撰写人或文字编辑的原因。

（1）选择文字工具，再在包含新导入文本的两个文本框架之一中单击。

（2）选择菜单"编辑" > "全选"，这将选择这两个文本框架中的所有文本。

（3）选择菜单"文字" > "段落样式"打开段落样式面板。

（4）在段落样式面板中，单击"Body Copy"样式，将其应用于整篇文章，如图 2.13 所示。

图2.13

 注意：如果应用的样式（Body Copy）后面有加号，就说明文本的格式与样式指定的格式不完全一致。要解决这种问题，可单击段落样式面板底部的"清除优先选项"按钮。第 9 课将更详细地介绍样式。

（5）使用文字工具，在文章第一行文本（Starters & Small Plates）中单击。

从该行末尾的隐藏字符（回车）可知，这行实际上是一个段落，因此可使用段落样式设置其格式。

（6）在段落样式面板中单击"Subhead"样式。

（7）对 Entrées & Desserts 也应用段落样式"Subhead"，如图 2.14 所示。

图2.14

（8）选择菜单"文件">"存储"。

2.5.2　设置文本格式以便基于它创建字符样式

突出段落中的一些关键字可吸引读者的注意力。对于这张明信片中的文字，我们将设置一些单词的格式使其更突出，再基于这些单词创建字符样式，最后快速将该字符样式应用于其他选定的单词。

提示： 别忘了，在处理文档时，可根据需要将面板从停放区拖出、调整大小以及移动它们。从很大程度上说，采用什么样的面板布局取决于屏幕有多大。有些 InDesign 用户使用双显示器，并将其中一个显示器专门用于管理面板。

（1）使用缩放工具放大明信片左下角的第一个文本框架，该文本框架包含标题"Starters & Small Plates"。

（2）使用文字工具选择第一段中的单词"rose martini"及其后面的逗号。

（3）如果有必要，请在控制面板中，单击"字符格式控制"按钮（字）。

（4）从控制面板左端的"字体样式"下拉列表中选择"Italic"，但保留字体为"Myriad Pro"。

（5）在控制面板中，单击"填色"下拉列表旁边的箭头。

（6）选择红色色板"Red-Bright"，将文本设置为这种颜色，如图 2.15 所示。

图2.15

（7）在粘贴板中单击以取消选择文本，并查看修改结果。

（8）选择菜单"文件" > "存储"。

2.5.3　创建并应用字符样式

设置文本的格式后，便可使用这些格式创建字符样式了。

（1）使用文字工具重新选择单词"rose martini"及其后面的逗号。

（2）如果有必要，请选择菜单"文字" > "字符样式"打开字符样式面板。

（3）按住 Alt（Windows）或 Option（macOS）键并单击字符样式面板底部的"创建新样式"按钮，如图 2.16 所示。

 注意：按住 Alt（Windows）或 Option（macOS）键并单击"创建新样式"按钮，将打开"新建字符样式"对话框，让你能够立即给样式命名。这也适用于段落样式面板和对象样式面板。

图2.16

在打开的"新建字符样式"对话框中，样式名默认为"字符样式 1"。该新样式包含选定文本的特征，如"新建字符样式"对话框中的"样式设置"部分所示。

 注意：如果没有出现"新建字符样式"对话框，可双击字符样式面板中的"字符样式 1"。

（4）在文本框"样式名称"中输入"Red Italic"。

（5）选中"新建字符样式"对话框底部的复选框"将样式应用于选区"。

（6）取消选择左下角的复选框"添加到 CC 库"，如图 2.17 所示，再单击"确定"。

（7）使用文字工具选择第一个文本框架中的文本"zucchini blossom fritters or braised dandelion greens"。

（8）在字符样式面板中，单击"Red Italic"样式。

由于应用的是字符样式而非段落样式，因此该样式只影响选定文本（而不是整个段落）的格式。

图2.17

（9）使用文字工具选择文本"orange ginger seared scallops or chive flower flatbread"及其后面的句点。

（10）在字符样式面板中，单击"Red Italic"样式。

（11）重复上述过程，将字符样式"Red Italic"应用于第二个文本框架中的文本"lavender honey grilled chicken or fresh basil pesto 和 violet macarons or candied pansies"，如图 2.18 所示。

图2.18

（12）选择菜单"文件"＞"存储"。

2.6 处理图形

为了在明信片中添加最后一个设计元素，下面导入一个图形并调整其大小和位置。InDesign 文档使用的图形都在框架中，可使用选择工具调整框架的大小以及图形在框架中的位置。第 10 课将更详细地介绍如何处理图形。

（1）选择菜单"视图">"使页面适合窗口"。

下面在明信片的右上角添加一个图形。

Id　**提示**：可将图形置入既有框架中，也可在置入图形时新建一个框架，还可将图形文件从桌面拖曳到 InDesign 页面或粘贴板中。

（2）选择菜单"编辑">"全部取消选择"确保没有选中任何对象。

（3）选择菜单"文件">"置入"。在"置入"对话框中，确保没有选中复选框"显示导入选项"。

（4）切换到文件夹 Lessons\Lesson02，再双击文件 DiningRoom.jpg。

鼠标将变成载入图形图标（ ），其中显示了该图形的预览。如果在页面上单击，InDesign 将创建一个图形框架并将图形以实际大小置入其中。但这里将创建一个图形框架来放置图形，因此图形将缩放到与图形框架一样大。

（5）将载入图形图标指向明信片右上角的淡蓝色和粉红色参考线的交点，如图 2.19 所示。

Id　**注意**：请参阅最终的课程文档 02_End.indd，确定要将这个图形放在什么地方。

图2.19

（6）向右下方拖曳鼠标（如图 2.20 所示），直到到达页面右边的参考线。

图2.20

当你松开鼠标后，图形将添加到页面中，还将自动创建一个图形框架，其高度取决于该图形的长宽比。

Id　**提示**：在页面中置入图形时，如果你新建了一个框架，图形将自动缩放以适合该框架。也可使用控制面板中的缩放控件精确调整图形的大小，这将在第 10 课更详细地介绍。

（7）使用选择工具向上拖曳图形框架底部中间的手柄，你可拖曳 8 个大小调整手柄中的任何一个来裁剪图形，如图 2.21 所示。

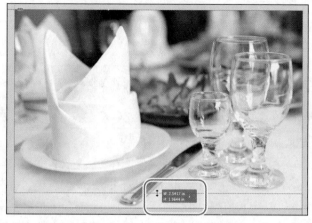

使用选择工具缩小框架，
以裁剪其中的图形

图2.21

（8）按 Ctrl + Z（Windows）或 Command + Z（macOS）组合键撤销裁剪。

（9）在依然选中了选择工具的情况下，将鼠标指针指向图形，图形中央将出现内容抓取工具。

（10）单击内容抓取工具选择该图形，再通过拖曳在图形框架内随便移动它，如图 2.22 所示。

图2.22

提示： 在调整图形的位置时，要更严格地控制，可在拖曳时按住 Shift 键，这样将只能水平、垂直或沿 45 度角的方向移动。在使用选择工具调整框架大小或在框架内移动图形前，如果你单击并暂停一会儿，在框架外面将出现被裁剪掉的图形部分的幻影。

（11）按 Ctrl + Z（Windows）或 Command + Z（macOS）组合键撤销移动图形的操作。图形的最终位置应为第 6 步指定的位置。

（12）选择菜单"文件">"存储"。

2.7 处理对象

InDesign 页面的组成部分是对象——文本框架、图形框架、线条等。一般而言，可使用选择工具移动对象的位置及调整其大小。对象有填充（背景）颜色以及描边（轮廓或边框）颜色，你可以通过指定宽度和样式来定制它们。可自由移动对象、将其与其他对象对齐或根据参考线或数值准确地放置它们。另外，还可调整对象大小和缩放对象，以及指定文本如何沿它们绕排。要了解有关对象的更多内容，请参阅第4课。下面来尝试一些与对象相关的功能。

2.7.1 移动和旋转对象

在页面左边的粘贴板中，有一个花朵图形，这是通过选择菜单"文字">"创建轮廓"将Zapf Dingbats花朵字符转换为轮廓得到的。你将把这个图形移到饭店名"edible blossoms"的右边，再旋转它并调整其位置。

（1）选择菜单"视图">"使页面适合窗口"，让页面在文档窗口中居中。如果有必要，请向左滚动，以便能够看到粘贴板上的白色图形。

（2）使用选择工具选择单击这个花朵图形。

（3）将这个图形拖曳到标题"edible blossoms"的右边，如图2.23所示。趁着还没有取消选择这个对象，咱们来微调其位置。

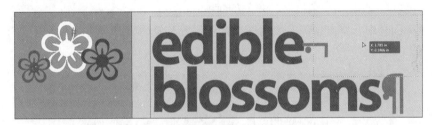

图2.23

（4）为旋转这个图形，在文本框"旋转角度"中输入 –10 并按回车键让修改生效。

（5）为指定这个图形的位置，在控制面板中输入如下值（如图2.24所示）并按回车键。

X：**1.85 in**；

Y：**0.05 in**。

图2.24

注意：当你在控制面板中的文本框 X 和 Y 中输入值时，对象将根据参考点自动调整位置。要修改参考点，可单击文本框 X 和 Y 左边的参考点图标（⚙）中相应的方框。

（6）选择菜单"文件" > "存储"。

2.7.2 修改对象的描边和填色

在选择了对象的情况下，可修改其描边（轮廓或边框）的粗细和颜色，还可设置填充（背景）色。

（1）为了能够更加专注于对象，选择菜单"文字" > "不显示隐藏字符"。

（2）选择菜单"编辑" > "全部取消选择"，确保没有选择任何对象。

（3）单击工具面板中的直接选择工具，再单击图形中的白色花朵以选择它。

注意：这个花朵图形是一个对象组，而直接选择工具让你能够选择对象组中的单个对象。

（4）选择菜单"窗口" > "色板"打开色板面板。

（5）在色板面板中，单击顶部的填色框指定要设置对象的填色，再单击色板"Green-Dark"，如图 2.25 所示。

图2.25

（6）按 V 键切换到选择工具，再单击页面底部的黑线以选择它。

（7）在色板面板中，单击顶部的描边框，确保将设置的是描边颜色而不是填色。描边框是两个重叠框中位于右下方的那个。

（8）将色板面板中的色板"Green-Medium"拖曳到黑线上，再松开鼠标以应用该颜色，如图 2.26 所示。

（9）在粘贴板上单击以取消选择所有对象。

（10）选择菜单"文件" > "存储"。

图2.26

2.8 应用对象样式

与段落样式和字符样式一样，通过将属性存储为样式，可快速而一致地设置对象的格式。在这个练习中，你将把既有的对象样式应用于两个包含正文的文本框架。

（1）选择菜单"视图">"使页面适合窗口"。

（2）选择菜单"窗口">"样式">"对象样式"打开对象样式面板。

（3）使用选择工具单击包含子标题"Starters & Small Plates"的文本框架。

（4）在对象样式面板中，单击"Green Stroke And Drop Shadow"样式，如图2.27所示。

（5）单击包含子标题"Entrées & Desserts"的文本框架。

（6）在对象样式面板中，单击"Green Stroke And Drop Shadow"样式。

（7）选择菜单"文件">"存储"。

图2.27

2.9 在演示文稿模式下查看文档

在演示文稿模式下，InDesign界面将完全隐藏，文档会占据整个屏幕，这种模式非常适合用来向客户展示设计理念。

提示：在演示文稿模式下，不能编辑文档，但在其他模式下可以。

（1）在工具面板底部的"屏幕模式"按钮上单击并按住鼠标，再选择"演示文稿"。

（2）查看文档后，按 Esc 键退出演示文稿模式，这将在之前的模式（正常）下显示文档。

（3）选择菜单"视图" > "屏幕模式" > "预览"，在不显示版面辅助元素的情况下查看文档。

（4）选择菜单"视图" > "实际尺寸"以实际输出尺寸显示文档。

（5）选择菜单"文件" > "存储"。

祝贺你完成了 InDesign 之旅！

InDesign最佳实践

在明信片制作的过程中，你尝试使用了文档的基本构件，并遵循了文档创建最佳实践。通过遵循最佳实践，可确保创建的文档易于格式化、修订和复制。下面列出了一些最佳实践。

- 首先执行印前检查：收到要处理的文档后，搞清楚将如何使用它（打印或显示），并使用实时印前检查功能确认文档能正确地输出。例如，如果文档缺失字体，就先安装缺失的字体，再接着往下处理文档。

- 不要堆叠对象：使用单个而不是多个对象来实现所需的格式。例如，在本课中，对包含正文的两个文本框架应用了文本外边距、描边粗细、描边颜色、投影等设置。InDesign新手可能通过堆叠多个框架来实现这样的外观，但需要移动并对齐对象或设置格式，这将导致你必须做更多的工作。

- 将文本框架串接起来：InDesign新手喜欢将文本置入或粘贴到不同的文本框架中，但在这样做时，需要分别选择框架中的文本并设置其格式。如果将文本排入串接的框架中，它们将作为一个整体，被称为文章。相比于独立的文本框架，文章的优点之一是，可选择文章中的所有文本并设置其格式，同时可将其作为一个整体进行查找/修改和拼写检查。创建的文档很长（如书籍）时，将文本框架串接起来至关重要，这有助于控制文本的位置。

- 始终使用样式来设置格式：InDesign提供了样式，可用于设置对象、段落、文本行、字符、表格和表格单元格的格式。通过使用样式，可快速而一致地设置文档内容的格式。另外，当你需要修改格式时，只需更新样式，就可将修改应用于整个文档。例如，对于本章的明信片，如果你要修改正文的字体，只需编辑段落"Body Copy"样式的字符格式即可。你可以轻松地更新样式，以反映新的格式设置，你还可以在文档之间共享样式。

我们将在后面更深入地学习这些最佳实践。

2.10 练习

要学习更多的 InDesign 知识，请在这个明信片文档中尝试下述操作：

- 使用控制面板中的选项修改文本的格式；
- 对文本应用不同的段落样式和字符样式，将不同的对象样式应用于对象；
- 移动对象和图形的位置以及调整其大小；
- 双击一个段落样式、字符样式或对象样式，并修改其格式设置，注意到这将影响应用了该样式的文本或对象。

2.11 复习题

1. 如何确定版面是否存在将导致输出问题的情况？
2. 可使用哪个工具创建文本框架？
3. 哪种工具能够让你将文本框架串接起来？
4. 哪种符号表明文本框架有容纳不下的文本（即溢文）？
5. 哪种工具可用于同时移动框架及其中的图形？
6. 哪个面板包含可用于修改选定框架、图形或文本的选项？

2.12 复习题答案

1. 如果版面不符合选定印前检查配置文件的要求，印前检查面板将报告错误。例如，如果文本框架包含溢流文本（即无法容纳所有的文本），将报告错误。文档窗口的左下角也会列出印前检查错误。
2. 使用文字工具创建文本框架。
3. 要串接文本框架，可使用选择工具。
4. 文本框架右下角的红色加号表明有溢文。
5. 使用选择工具拖曳可移动图形框架及其包含的图形，还可在框架内移动图形。
6. 控制面板提供了对当前选定内容进行修改的选项，这些内容可以是字符、段落、图形、框架和表格等。

第3课 设置文档和处理页面

课程概述

本课介绍如下内容：

- 将自定义文档设置存储为预设；

- 新建文档并设置文档默认值；

- 编辑主页；

- 创建新主页；

- 将主页应用于文档页面；

- 在文档中添加页面；

- 重新排列和删除页面；

- 修改页面大小；

- 创建章节标记并指定页码编排方式；

- 编辑文档页面；

- 打印到纸张边缘；

- 旋转文档页面。

 学习本课大约需要 90 分钟。要下载本课的课程文件，请登录异步社区网站，详情请参阅本书前言后的"资源与支持"一节。请将下载的文件放在方便使用的地方。

通过使用设置文档的工具，可确保版面一致、
简化制作工作、最大限度地提高工作的效率和速度。

3.1 概述

在本课中，读者将新建一篇 8 页的新闻稿（其中包含一个插页），并在其中一个跨页中置入文本和图形。

> **Id** **注意**：如果还没有下载本课的项目文件，现在就去下载，详情请参阅"资源与支持"。

（1）为确保你的 Adobe InDesign CC 首选项和默认设置与本课使用的一样，须将文件 InDesign Defaults 移到其他文件夹，详情请参阅"前言"中的"保存和恢复文件 InDesign Defaults"。

（2）启动 Adobe InDesign。为确保面板和菜单命令与本课使用的相同，选择菜单"窗口">"工作区">"[高级]"，再选择菜单"窗口">"工作区">"重置'高级'"。开始工作之前，你需要学习如何新建文档。

（3）为查看完成后的文档，打开硬盘中文件夹 InDesignCIB\Lessons\Lesson03 中的文件 03_End.indd，如图 3.1 所示。如果出现"缺失字体"对话框，请单击"同步字体"按钮，这将通过 Adobe Typekit 访问所有缺失的字体。同步字体后，单击"关闭"按钮。

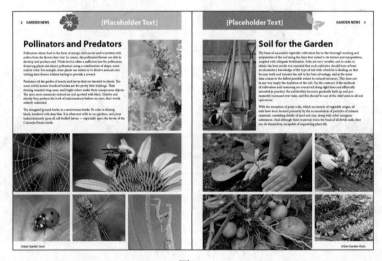

图3.1

> **Id** **注意**：如果出现一个警告对话框，指出文档链接的源文件已修改，请单击"更新链接"按钮。

（4）在文档中滚动以查看其他页面。选择菜单"视图">"屏幕模式">"正常"，以便能够看到参考线和页面中的占位框架。导览到你在本课中将完成的唯一一个跨页——页面 2 ~ 3。你还将创建两个主页。

（5）查看完毕后关闭文件 03_End.indd，也可以让其打开以便参考。

[Placeholder Text]

Pollinators and Predators

Pollinators obtain food in the form of energy-rich nectar and/or protein-rich pollen from the flowers they visit. In return, the pollinated flowers are able to develop and produce seed. While food is often a sufficient lure for pollinators, flowering plants also attract pollinators using a combination of shape, scent, and/or color. For example, some plants use mimicry to deceive animals into visiting their flowers without having to provide a reward.

Predators rid the garden of insects and larvae that are harmful to plants. The most widely known beneficial beetles are the pretty little ladybugs. Their shining rounded wing-cases, and bright colors make them conspicuous objects. The ones most commonly noticed are red, spotted with black. Quietly and silently they perform the work of extermination before our eyes, their worth entirely unheeded.

The elongated ground-beetle, is a carnivorous beetle. Its color is shining black, bordered with deep blue. It is often met with in our gardens, and preys indiscriminately upon all soft-bodied larvae — especially upon the larvae of the Colorado Potato-beetle.

Urban Garden Oasis

[Placeholder Text]

Soil for the Garden

The basis of successful vegetable cultivation lies in the thorough working and preparation of the soil along the lines best suited to its texture and composition, coupled with adequate fertilization. Soils are very variable, and in order to obtain the best results it is essential that each cultivator should have at least an elementary knowledge of the type of soil with which he is dealing, so that he may work and manure the soil to the best advantage, and at the same time realize to the fullest possible extent its natural resources. This does not in any way imply the depletion of the soil. On the contrary, if the methods of cultivation and manuring are conceived along right lines and efficiently executed in practice, the soil fertility becomes gradually built up and permanently increased over time, and this should be one of the chief aims in all soil operations.

With the exception of peaty soils, which are mainly of vegetable origin, all soils have been formed primarily by the accumulation of particles of mineral materials, consisting chiefly of sand and clay, along with other inorganic substances. And although these materials form the basis of all fertile soils, they are, by themselves, incapable of supporting plant life.

Urban Garden Oasis

通过使用设置文档的工具，可确保版面一致、简化制作工作、最大限度地提高工作的效率和速度。

3.1 概述

在本课中，读者将新建一篇8页的新闻稿（其中包含一个插页），并在其中一个跨页中置入文本和图形。

（1）为确保你的 Adobe InDesign CC 首选项和默认设置与本课使用的一样，须将文件 InDesign Defaults 移到其他文件夹，详情请参阅"前言"中的"保存和恢复文件 InDesign Defaults"。

（2）启动 Adobe InDesign。为确保面板和菜单命令与本课使用的相同，选择菜单"窗口"＞"工作区"＞"[高级]"，再选择菜单"窗口"＞"工作区"＞"重置'高级'"。开始工作之前，你需要学习如何新建文档。

（3）为查看完成后的文档，打开硬盘中文件夹 InDesignCIB\Lessons\Lesson03 中的文件 03_End.indd，如图 3.1 所示。如果出现"缺失字体"对话框，请单击"同步字体"按钮，这将通过 Adobe Typekit 访问所有缺失的字体。同步字体后，单击"关闭"按钮。

图3.1

（4）在文档中滚动以查看其他页面。选择菜单"视图"＞"屏幕模式"＞"正常"，以便能够看到参考线和页面中的占位框架。导览到你在本课中将完成的唯一一个跨页——页面 2 ～ 3。你还将创建两个主页。

（5）查看完毕后关闭文件 03_End.indd，也可以让其打开以便参考。

3.2　创建并保存自定义文档设置

在 InDesign 中，可保存常用的文档设置，这包括页数、页面大小、分栏和边距。在创建文档时，通过选择保存的文档参数（文档预设），可以节省时间，还可以确保一致性。

（1）选择菜单"编辑">"首选项">"单位和增量"（Windows）或"InDesign CC">"首选项">"单位和增量"（macOS），将"水平"和"垂直"设置都改为"英寸"，以便能够按本课的步骤做。

（2）选择菜单"文件">"文档预设">"定义"。

（3）在"文档预设"对话框中，单击"新建"按钮。

（4）在"新建文档预设"对话框中，做如下设置（如图 3.2 所示）。

- 在文本框"文档预设"中输入"Newsletter"。
- 在文本框"页数"中输入 8。
- 确保选择了复选框"对页"。
- 从"页面大小"下拉列表中选择 Letter。
- 在"分栏"部分，将栏数设置为 3；对于栏间距，单击下箭头一次，将其设置为 0.125 英寸。
- 在"边距"部分，确保没有选中图标"将所有设置设为相同"，以便能够分别设置不同的边距。将"上"设置为 1.3125 英寸，将"下"设置为 0.375 英寸，将"内"设置为 0.5 英寸，将"外"设置为 0.25 英寸。

图3.2

Id　**注意**：在所有对话框和面板中，都能使用任何可支持的度量单位。要使用非默认单位，只需在值后面输入要使用的单位指示符，如 p（皮卡）、pt（点）、cm（厘米）、mm（毫米）或 in（英寸）。

（5）单击"出血和辅助信息区"左边的箭头，以显示更多选项。选中或删除"出血"部分的文本框"上"中的内容，再输入 0p9（皮卡度量单位系统）。确保选中了图标"将所有设置设为相同"，从而将"下""内"和"外"设置为同样的值。在"下"文本框中单击，注意到 InDesign 自动将其他度量单位（这里是皮卡和点）转换为默认度量单位（这里是英寸；默认出血值为 0p9，即 1/8 英寸），如图 3.3 所示。

图3.3

Id　**提示**：出血值指定了页面周围可打印的区域，用于打印延伸到纸张边缘外面的设计元素，如图片或彩色背景。在制作完成后，出血区域将被裁剪并丢弃掉。

（6）在两个对话框中都单击"确定"按钮，以保存该文档预设。

3.3　新建文档

在新建文档时，你可以在"新建文档"对话框中选择作为起点的文档预设，也可以指定多种文档设置，这包括页数、页面大小、栏数等。在本节中，你将使用前面刚创建的文档预设Newsletter。

（1）选择菜单"文件">"新建">"文档"。

（2）在"新建文档"对话框中，选择预设 Newsletter，为此你得先单击对话框顶部的标签"已保存"，如图 3.4 所示。

图3.4

（3）单击"边距和分栏"按钮，再在打开的对话框中单击"确定"按钮。

InDesign 将使用选定文档预设指定的设置（包括页面大小、页边距、栏数和页数）创建一个新文档。

> 提示：要基于文档预设新建文档，也可选择菜单"文件">"文档预设">"[预设名]"。在选择该菜单时如果按住 Shift 键，将跳过"新建文档"对话框，直接打开一个使用该预设新建的文档。

（4）单击页面面板图标或选择菜单"窗口">"页面"，以打开页面面板。如果有必要，请向下拖曳页面面板的右下角，直到所有文档页面图标都可见。

在页面面板中，第 1 页的图标呈高亮显示，而该图标下面的页码显示在一个高亮的矩形中，这表明当前在文档窗口中显示的是第 1 页。

页码编排方式简介

在所有的多页出版物中，都有两种页码编排方式，一种是生成物理页面的物理折纸结构，而是放在页面上的编号。另一种是使用章节，其中每个章节都重新编排页码，并可采用很多不同的配置。这里只介绍物理折纸结构。

所有印刷材料（如杂志和书籍）都有书脊，其结构是由折纸方式决定的。最简单的折纸方式是，在纸张中间折叠一次，生成两个矩形页面。如果将两张对折的纸张嵌套，并在对折的地方（书脊）进行装订，将得到一个8页的小册子。这个小册子的第一页位于书脊的右边。翻过第一页后，你将看到一个位于书脊左边的页面（第2页）和一个位于书脊右边的页面（第3页），如图3.5所示。

当你创建由对页组成的文档时，InDesign将在页面面板中呈现这种结构。第1页位于表示书脊的中心线右边，第2页在中心线左边。推而广之，所有奇数页都位于中心线右边，而所有偶数页都位于中心线左边。要让文档的第一页位于书脊左边，必须在"文档设置"对话框中将起始页面设置为偶数。

图3.5

一条水平线将页面面板分成了两部分，如图 3.6 所示，上半部分显示了主页的缩览图。主页类似于背景模板，可将其应用于文档中的任何页面；主页包含所有文档页面中都有的元素，如页眉、页脚和页码（你将在本课后面处理主页）。下半部分显示了文档页面的图标。在这个文档中，主页（默认名为 A- 主页）是由两个对页组成的跨页。

图3.6

（5）选择菜单"文件" > "存储为"，将文件命名为 03_Setup.indd 并切换到文件夹 Lesson03，再单击"保存"按钮。

3.4　编辑主页

在文档中添加图形框架和文本框架前，需要设置主页，它用作文档页面的背景。加入到主页中的所有对象，都将出现在该主页应用到的文档页面中。

在这个文档中，你将创建两个主页跨页，它们包含页面、页脚，以及用于放置文本和图形的占位框架等元素。通过创建多个主页，可让文档中的页面不同，同时确保设计的一致性。

> **提示**：页眉是放在页面顶部的文本，与正文是分开的。页眉可包含诸如页码、出版物名称、发行日期等信息。当放在页面底部时，这样的文本被称为页脚。

3.4.1　在主页中添加参考线

参考线是非打印线，可帮助用户准确地排列元素。加入到主页中的参考线将出现在该主页应用到的所有文档页面中。就这个文档而言，读者将加入一系列的参考线和栏参考线，用于帮助定位图形框架、文本框架和其他对象的网格。

（1）在页面面板的上半部分，双击"A- 主页"。该主页跨页的左页面和右页面将出现在文档窗口中。

> **提示**：如果该主页的两个页面没有在屏幕上居中，请双击工具面板中的抓手工具让它们居中。

（2）选择菜单"版面">"创建参考线"。

（3）选中复选框"预览"，以便能够在修改时看到其效果。

（4）在"创建参考线"对话框的"行"部分，在文本框"行数"中输入 4，在文本框"行间距"中输入 0.125 英寸。

（5）在"栏"部分，在文本框"栏数"中输入 2，在文本框"栏间距"中输入 0。

> **注意**：栏间距指的是相邻栏之间的距离。

（6）对于"参考线适合"，选择单选按钮"页面"（如图 3.7 所示）。请注意，除创建预设 Newsletter 时指定的边距参考线和栏参考线外，主页中还出现了水平参考线和垂直参考线。

选择单选按钮"边距"而不是"页面"时，将在版心内而不是页面内创建参考线。当处理文档页面时，可使用这些参考线来定位和对齐对象。

（7）单击"确定"按钮。

> **提示**：也可分别在各个文档页面中添加参考线，而不是在主页中添加，使用的命令与这里相同。

图3.7

3.4.2 从标尺拖曳出参考线

可从水平（顶部）和垂直（左边）标尺中拖曳出参考线，从而在各个页面中添加更多帮助对齐的参考线。如果拖曳水平参考线时按住 Ctrl（Windows）或 Command（macOS）键，参考线将应用于整个跨页。在拖曳时，如果按住 Alt（Windows）或 Option（macOS）键，水平参考线将变成垂直参考线，而垂直参考线将变成水平参考线。

在本课中，我们将在页面的上边距和下边距中分别添加页眉和页脚。为准确地放置页眉和页脚，你将添加两条水平参考线和两条垂直参考线。

（1）打开变换面板（选择菜单"窗口">"对象和版面">"变换"）。在文档窗口中移动鼠标（但不要单击），并注意水平和垂直标尺。标尺中的细线指出了当前的鼠标位置，另外控制面板和变换面板中呈灰色的 X 和 Y 值也指出了鼠标的位置。

（2）按住 Ctrl（Windows）或 Command（macOS）键，再单击水平标尺并向下拖曳到 0.375 英寸处，如图 3.8 所示。在拖曳时，Y 值显示在鼠标右边，它还显示在控制面板和变换面板中的"Y"文本框中。创建参考线时，按住 Ctrl（Windows）或 Command（macOS）键，将导致参考线横跨该跨页的两个页面及两边的粘贴板。如果没有按住 Ctrl（Windows）或 Command（macOS）键，参考线将仅横跨松开鼠标时所在的页面。

图3.8

提示：你也可以在拖曳参考线时，不按 Ctrl 键或 Command 键，并在粘贴板上松开鼠标。这样，参考线将横跨跨页的所有页面和粘贴板。

注意：变换面板中的控件与控制面板中的控件类似。可使用这两个面板之一完成众多常见的修改，如调整位置、大小、缩放比例和旋转角度。

（3）按住 Ctrl（Windows）或 Command（macOS）键，从水平标尺再拖曳出一条参考线，并将其放在 10.75 英寸处。

（4）按住 Ctrl（Windows）或 Command（macOS）键并从垂直标尺上拖曳出一条参考线至 0.5 英寸处（如图 3.9 所示），拖曳时注意控制面板中的 X 值。如果拖曳时显示的 X 值不是 0.5 英寸，请让 X 尽可能接近这个值，再选择这条参考线，在控制面板或变换面板中选择 X 的值，再输入 0.5 英寸并按回车键。

图3.9

（5）按住 Ctrl（Windows）或 Command（macOS）键，再从垂直标尺拖曳出一条参考线至 16.5 英寸处。

（6）关闭变换面板或将其拖入面板停放区，再选择菜单"文件" > "存储"。

3.4.3　多重复制、粘贴和删除参考线

对于 InDesign 参考线，必须明白的一个重要概念是，它们的行为与其他对象类似，很多处理对象的技巧也适用于参考线，其中一个重要的技巧是多重复制。

在本节中，你将多重复制参考线、复制并粘贴参考线、删除参考线。

（1）在页面面板中，双击第 6 页的图标，以切换到这个页面。从垂直标尺拖曳出一条参考线，并将其放在 1 英寸处。

注意：如果你不小心取消选择了这条参考线，请使用选择工具拖曳出一个环绕该参考线的方框，以选择它。选中的参考线的颜色更深。

（2）选择菜单"编辑" > "多重复制"，打开"多重复制"对话框。在文本框"计数"中

输入 3，并将水平位移设置为 0.25 英寸。单击复选框"预览"以查看复制结果。按住 Shift 键，并单击与水平位移对应的上箭头 2 次，将水平位移设置为 0.75 英寸（也可直接输入 0.75）。如果不按住 Shift 键，每次单击将增加 1/16（即 0.0625 英寸）。单击"确定"按钮，如图 3.10 所示。

图3.10

（3）使用选择工具拖曳出一个环绕这 4 条参考线的方框，以选择这些参考线，再选择菜单"编辑">"复制"。

（4）在页面面板中，双击页面 8 的图标。选择菜单"编辑">"原位粘贴"，这些参考线将出现在第 8 页中，且位置与第 6 页的位置完全相同。在需要复制设计，但又不值得为此创建主页时，这种技巧很有用。你还可以在文档之间复制并粘贴参考线。

（5）如果你要修改版面，删除不再需要的参考线很有帮助。使用选择工具拖曳来选择刚粘贴到第 8 页的 4 条参考线，再选择菜单"编辑">"清除"或按 Delete 键。

3.4.4　在主页中创建文本框架

在主页中加入的所有文本或图形，都将出现在该主页应用到的所有文档页面中。为创建页眉，你将添加出版物名称（Garden News），并在左主页和右主页的顶部添加页码标记。

（1）切换到左主页并确保能够看到其顶端。如果有必要，请放大视图并使用滚动条或抓手工具滚动文档。

（2）从工具面板中选择文字工具，单击左主页第 1 栏上方的标尺参考线交点处并拖曳，以创建一个文本框架，如图 3.11 所示。后面我们将精确地设置其位置和尺寸。

图3.11

Id　　注意：主页中的对象是用虚线标识的，以便将其与文档页面中的对象区分开来。

（3）在插入点位于新文本框架中的情况下，选择菜单"文字"＞"插入特殊字符"＞"标志符"＞"当前页码"。

文本框架中将出现字母 A。在基于该主页的文档页面中，将显示正确的页面，如在第 2 页中将显示 2。

（4）为在页码后插入一个全角空格，在文本框架中单击鼠标右键（Windows）或按住 Control 键并单击鼠标左键（macOS）以打开上下文菜单，再选择"插入空格"＞"全角空格"。也可从"文字"菜单中选择该命令。

 提示：全角空格的宽度与当前字体大小相等。例如，在字号为 12 点的文本中，全角空格的宽度为 12 点。术语"全角空格"源自金属活字印刷时代，指的是大写字母 M 的宽度。

（5）在全角空格后输入 Garden News，如图 3.12 所示。

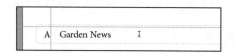

图3.12

（6）按 Esc 键切换到选择工具并确保依然选择了文本框架。选择文字工具，在控制面板中单击字符格式控制图标，再选择字体"Myriad Pro"，并从"字体样式"下拉列表中选择"Bold"。然后选择菜单"文字"＞"更改大小写"＞"大写"。

 注意：要设置文本属性，可选择文本框架（而不使用鼠标选择文本），这很有用。例如，你可以选择多个文本框架，进而同时设置它们的文本属性。

（7）在依然选择了框架的情况下，选择菜单"对象"＞"文本框架选项"。在"内边距"部分，取消选择按钮"将所有设置设为相同"，并将左内边距和右内边距都设置为 0.125 英寸。在"垂直对齐"部分，从下拉列表中选择"居中"。

图3.13

（8）为调整这个文本框架的大小和位置，单击选择工具，在控制面板中将参考点设置为左边缘的中心，再将 X、Y、W 和 H 分别设置为 0.25 英寸、0.5 英寸、7.75 英寸和 0.3125 英寸，如图 3.13 所示。

下面来复制左主页中的页眉，将其拷贝并放到右主页中，并调整文本，让两个主页的页眉互为镜像。

（1）选择菜单"视图"＞"使跨页适合窗口"，以便能够同时看到这两个主页。

（2）使用选择工具选择左主页的页面文本框架，按住 Alt（Windows）或 Option（macOS）键并将这个文本框架拖曳到右主页中，使其同右主页中的边距参考线对齐（显示的 X 值为 9 英寸），如图 3.14 所示。

图3.14

（3）选择文字工具，单击控制面板中的"段落格式控制"按钮（段），再单击"右对齐"按钮，如图 3.15 所示。

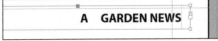

单击控制面板左下角的"段落格式控制"按钮以显示对齐选项

图3.15

现在，右主页的页面文本框架中的文本是右对齐的。下面修改右主页的页眉，将页码放在文本 Garden News 的右边，这样页码将打印在页面的外边缘上，而不是书脊附近。

（4）删除右主页页眉开头的全角空格和页码。

（5）通过单击将插入点放在文本 Garden News 后面，再选择菜单"文字">"插入空格">"全角空格"。请注意，在你执行下一步，添加当前页码前，是看不出页眉有什么变化的。

（6）选择菜单"文字">"插入特殊字符">"标志符">"当前页码"，在全角空格后面插入"当前页码"字符，结果如图 3.16 所示。

左页眉和右页眉

图3.16

（7）为创建页脚，请使用选择工具选择左、右主页的页眉，再选择菜单"视图">"使跨页适合窗口，以同时显示这两个主页。按住 Alt（Windows）或 Option（macOS）键，将页眉拖曳到页面底部的参考线处，这将创建这两个文本框架的拷贝。

（8）在依然选择了复制的文本框架的情况下，选择文字工具，将字体样式从"Bold"改为"Regular"，将字号改为 10 点，再选择菜单"文字">"更改大小写">"标题大小写"。切换到选择工具，并在控制面板的对齐区域单击"下对齐"按钮，如图 3.17 所示。

图3.17

（9）切换到文字工具后，在左主页页眉中单击，再单击 3 次选择所有的文本，然后输入 "Urban Garden Oasis" 以替换原来的文本。复制刚才输入的文本，选择右主页页眉中所有的文本，执行粘贴操作，再单击 "右对齐" 按钮。结果如图 3.18 所示。

左页脚和右页脚

图3.18

（10）选择菜单 "编辑" > "全部取消选择"，再选择菜单 "文件" > "存储"。

3.4.5　重命名主页

当文档包含多个主页时，可能需要给每个主页指定含义更明确的名称，使其更容易区分，下面将该主页重命名为 3-column Layout。

（1）如果页面面板没有打开，请选择菜单 "窗口" > "页面" 打开它。确保 A- 主页被选定，单击页面面板右上角的面板菜单按钮，并选择 "'A- 主页' 的主页选项"。

（2）在文本框 "名称" 中输入 "3-column Layout"，再单击 "确定" 按钮，如图 3.19 所示。

图3.19

> **Id** 提示：在 "主页选项" 对话框中，除主页的名称外，还可修改主页的其他属性，如前缀、页数以及是否基于其他主页。

3.4.6　添加占位文本框架

这篇新闻稿的每个页面都将包含文本和图形。每个页面的主文本框架和主图形框架都相同，因此下面在主页 3-column Layout 的左页面和右页面中添加一个占位文本框架和一个占位图形框架。

> **Id** 提示：要在主页跨页的左页面和右页面中使用不同的边距和分栏设置，可双击各个页面，再选择菜单 "版面" > "边距和分栏" 修改选定页面的设置。

（1）在页面面板中，双击主页 3-column Layout 的左页面图标（如图 3.20 所示），使左页面位于文档窗口中央。

（2）选择文字工具，单击页面左上角的上边距参考线和你绘制的 0.5 英寸处的垂直参考线的交点，再通过拖曳创建一个文本框架。该文本框架在水平方向横跨两栏，在垂直方向覆盖半个页面，如图 3.21 所示。

图3.20   图3.21

（3）在页面面板中，双击主页 3-column Layout 的右页面图标，使右页面位于文档窗口中央。

（4）使用选择工具单击你刚创建的文本框架，再按住 Alt（Windows）或 Option（macOS）键，将其拖曳到右页面，让复制的文本框架从第二栏开始，其左边缘的位置大约为 11.625 英寸。

（5）单击页面或粘贴板的空白区域，或者选择菜单"编辑"＞"全部取消选择"。

（6）选择菜单"文件"＞"存储"。

3.4.7　添加占位图形框架

创建用于放置每个页面中主文本的文本框架后，接下来在主页 3-column Layout 中添加两个图形框架。与刚才创建的文本框架类似，这些图形框架也用于放置要在文档页面中添加的图形，以确保设计的一致性。

> **Id**   **注意**：并非在每个文档中都需要创建占位框架。例如，对于海报、名片和广告等单页文档，创建主页和占位框架可能没有任何好处。

虽然矩形工具（▢）和矩形框架工具（☒）有一定的可替代性，但矩形框架工具（包含一个非打印的 X）因而更常用于创建图形占位。

（1）从工具面板中选择矩形框架工具（☒）。

（2）将十字线鼠标指针指向右页面的上边距参考线和左边距参考线的交点。

单击并向右下方拖曳以创建一个框架。在水平方向上，该框架的宽度为一栏，并沿垂直方向延伸到 5.4375 英寸处的标尺参考线。这个框架宽 2.5 英寸，高 4.125 英寸。

（3）在左页面中创建一个该图形框架互为镜像的占位图形框架，如图 3.22 所示。为此，可在空白处创建它，也可复制刚才创建的图形框架。

（4）使用选择工具单击页面或粘贴板的空白区域，也可选择菜单"编辑"＞"全部取消选择"。

图3.22

（5）选择菜单"文件" > "存储"。

3.4.8　再创建一个主页

在同一个文档中可创建多个主页。可独立地创建每个主页，也可从一个主页派生出另一个主页。如果从一个主页派生出其他主页，对父主页所做的任何修改都将自动在子主页中反映出来。

> **提示**：对于新闻稿和杂志等对页中包含出版日期的出版物来说，创建父-子主页是不错的选择。这样每次制作新出版物时，可首先修改父主页中的日期，进而自动修改所有子主页中的日期。

例如，主页 A-3-column Layout 可应用于该新闻稿的大部分页面，还可从中派生出另一组主页，这些主页共享一些重要的版面元素，如页边距和当前页码字符。

为满足不同的设计要求，下面我们创建另一个主页跨页，将其改为两栏并对版面进行修改。

（1）从页面面板菜单中选择"新建主页"。

（2）在文本框"名称"中输入"2-column Layout"。

（3）从下拉列表"基于主页"中选择 A-3-column Layout，再单击"确定"按钮。

在页面面板顶部，注意到主页 B-2-column Layout 的每个页面图标中都有字母 A（如图 3.23 所示），这表明主页 B-2-column Layout 是从主页 A-3-column Layout 派生而来的。如果修改主页 A-3-column Layout，所做的修改都将在 B-2-column Layout 反映出来。读者可能还注意到了，很难选择来自父主页的对象（如页脚）。本课后面将介绍如何选择并覆盖主页中的对象。

图3.23

（4）选择菜单"版面" > "边距和分栏"。

（5）在"边距和分栏"对话框中，将栏数改为2，再单击"确定"按钮。

3.4.9 覆盖父主页对象

使用两栏版面的文档页面不需要占位框架，这意味着只需要从 A-3-column Layout 继承而来的页脚框架和标尺参考线。下面来删除主页 B-2-column Layout 中的占位框架。

（1）使用选择工具单击主页 B-2-column Layout 的左页面中的图形框架，什么都没有发生。这是因为这个框架是从父主页那里继承而来的，无法通过简单的单击选择它。

（2）按住 Shift + Ctrl（Windows）或 Shift + Command（macOS）组合键，再单击该图形框架。框架被选中了，它不再被视为主页对象。按 Backspace 或 Delete 键，将这个框架删除。

（3）使用同样的方法删除右页面的占位图形框架以及左、右页面的占位文本框架。

（4）选择菜单"文件" > "存储"。

3.4.10 修改父主页

为给这篇新闻稿创建好主页，你将在主页 A-3-column Layout 的顶部添加多个页眉元素，然后查看主页 B-2-column Layout，并发现这些新对象被自动添加到这个主页中。

这里不手工添加页眉和页脚框架，而导入片段。片段是包含 InDesign 对象（包括它们在页面或跨页中的相对位置）的文件，可像图形文件那样，使用菜单"文件" > "置入"将片段导入到版面中。InDesign 让用户能够将选定对象导出为片段文件以及将片段置入到文档中。本课后面将再次使用片段，有关片段的更多内容，请参阅第 10 课。

提示：要创建片段，请在页面或跨页中选择一个或多个对象。选择菜单"文件" > "导出"，在"保存类型"（Windows）或"格式"（macOS）下拉列表中选择"InDesign 片段"，再选择文件的存储位置、指定文件名并单击"保存"按钮。

（1）在页面面板中，双击主页名 A-3-column Layout，以显示这个跨页。

（2）选择菜单"文件" > "置入"。切换到文件夹 InDesign CIB\Lessons\Lesson03\Links，单击文件 Snippet1.idms，再单击"打开"按钮。

（3）将载入片段图标（⬚）指向该跨页左上角（红色出血参考线相交的地方），再单击鼠标置入该片段。

这个片段在每个页面顶部放置一个页眉。每个页眉都包含一个空的蓝色图形框架、一些矢量对象以及一个包含白色占位文本的文本框架，如图 3.24 所示。

图3.24

（4）在页面面板中，双击主页名 B-2-column Layout。

你会注意到刚才在主页 A-3-column Layout 中添加的新元素，也自动添加到了这个子主页中。

（5）切换到主页 A-3-column Layout。单击左边的蓝色图形框架以选择它，打开色板面板，选择填色框，再单击色板 Green-Brightest。现在切换到主页 B-2-column Layout，你将发现左边的页眉框也变成了绿色的，如图 3.25 所示。

图3.25

（6）选择菜单"文件" > "存储"。

Id 提示：父子主页结构能够让你快速修改共用元素，而无须对多个对象做同样的修改。

3.5 将主页应用于文档页面

当创建好所有主页后，该将它们应用于文档页面了。默认情况下，所有文档页面都采用主页 A-3-column Layout 的格式。下面将主页 B-2-column Layout 应用于该新闻稿的几个页面，并将主页"无"应用于封面，因为封面不需要包含页眉和页脚。

要将主页应用于文档页面，可在页面面板中将主页图标拖曳到文档页面图标上，也可使用页面面板菜单中的命令。

Id 提示：对于大型文档，在页面面板中水平排列页面图标可能更方便，为此可从页面面板菜单中选择"查看页面" > "水平"。

（1）在页面面板中，双击主页名 B-2-column Layout，并确保所有的主页图标和文档页面图标都可见。

（2）将主页名 B-2-column Layout 或其图标拖曳到第 4 页的页面图标上，等该文档页面图标出现黑色边框（这表明选定主页将应用于该页面）后，松开鼠标，如图 3.26 所示。

（3）将主页名 B-2-column Layout 或其图标拖曳到第 5 页的页面图标上，再将其拖曳到第 8 页的页面图标上。

（4）双击页面面板中的页码 4 ~ 5 以显示这个跨页。注意到第 4 页采用了主页 B-2-column Layout 的两栏布局，还包含你在父主页 A-3-column Layout 中添加的页眉和页脚元素。另外，注意到在这两个页面中都显示了正确的页码，这是因为你在主页 A-3-column Layout 中添加了"当前页码"字符。

（5）双击第 1 页的页面图标。这个文档页面基于主页 A-3-column Layout，因此包含页眉和页脚元素，但这个新闻稿封面不需要这些元素。

（6）从页面面板菜单中选择"将主页应用于页面"。在"应用主页"对话框中，从下拉列表"应用主页"中选择"[无]"，在文本框"于页面"中输入 1，再单击"确定"按钮，如图 3.27 所示。

（7）选择菜单"文件" > "存储"。

图3.26

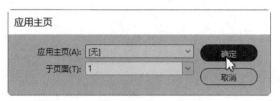

图3.27

3.6　添加文档页面

可在既有文档中添加新页面。下面在这篇新闻稿中添加 6 个页面，在本课后面，你将把其中 4 个页面作为"特殊部分"，并使用不同的页面尺寸和页码编排方式。

（1）从页面面板菜单中选择"插入页面"。

（2）在"插入页面"对话框中，在文本框"页数"中输入 6，从下拉列表"插入"中选择"页面后"，在相应的文本框（哪个页面后）中输入 4，再从下拉列表"主页"中选择"[无]"，如图 3.28 所示。

图3.28

（3）单击"确定"按钮，将在文档中间添加了 6 个页面。增加页面面板的高度，以便能够看到所有文档页面。

3.7 重新排列和删除页面

在页面面板中，可重新排列页面，还可删除多余的页面。

（1）在页面面板中，单击第 12 页以选择它。注意到它是基于主页 A-3-column Layout 的。将该页面的图标拖曳到第 11 页的页面图标上，后者是基于主页 B-2-column Layout。等手形图标旁边的箭头指向右边（这表示将把第 11 页向右推）时，松开鼠标，如图 3.29 所示。

注意到现在的第 11 页是基于主页 A-3-column Layout 的，而原来的第 11 页变成了第 12 页，但第 13 ~ 14 页未受影响。

（2）单击第 5 页，再按住 Shift 键并单击第 6 页。

（3）单击页面面板底部的"删除选中页面"按钮，将这两页从文档中删除，这样文档只剩下 12 页。

（4）选择菜单"文件"＞"存储"。

图3.29

3.8 修改页面大小

下面修改本课前面创建的"特殊部分"的页面大小，这部分将更窄、更矮些。

（1）从工具面板中选择页面工具（）。在页面面板中，单击第 5 页，再按住 Shift 键并单击第 8 页。第 5 ~ 8 页的页面图标将呈高亮显示（如图 3.30 所示），你将修改这些页面的大小。

（2）在控制面板中，在"W"文本框中输入 7.5，在"H"文本框中输入 10.5。

（3）在页面面板中，双击第 4 页，再选择菜单"窗口"＞"使跨页适合窗口"。注意到这个跨页包含的两个页面大小不同，如图 3.31 所示。

图3.30

图3.31

使用度量工具

（1）我们注意到在较窄的页面中，外边距与较宽的页面相同。InDesign 自动调整了内边距和栏，要搞明白这种调整，我们将使用度量工具来比较栏宽。

（2）在页面面板中，双击第 8 页，再选择菜单"视图">"使跨页适合窗口"。这个跨页中的两个页面都包含 3 栏。按键盘上的 K 键选择度量工具，再按住 Shift 键并从第 8 页中一栏的左边拖曳到右边（按住 Shift 键可确保拖曳方向是绝对水平的），此时将弹出信息面板，请注意其中的宽度值。接着测量第 9 页的栏宽，如图 3.32 所示。从该图可知，InDesign 缩小了第 8 页的栏宽，但保持外边距不变。

> **Id** 注意：当你拖曳度量工具时，按住 Shift 键可将拖曳方向限定为水平、垂直或 45 度角。

图3.32

（3）选择菜单"文件">"存储"。

> **Id** 注意：也可从工具面板中选择度量工具，它与颜色主题工具和吸管工具编在一组。要选择度量工具，可在颜色主题工具上单击并按住鼠标，再从弹出的列表中选择度量工具。

3.9 添加章节以修改页码的编排方式

你刚创建的特殊部分将使用独立的页码编排方式。通过添加章节，可使用不同的页码编排方式。你将从特殊部分的第 1 页开始一个新章节，并调整这部分后面的页面编码，确保它们的页码正确。

（1）选择选择工具。在页面面板中，双击第 5 页的图标以选择并显示这个页面。

（2）从页面面板菜单中选择"页码和章节选项"，或者选择菜单"版面">"页码和章节选项"。在"新建章节"对话框中，确保选中了复选框"开始新章节"和单选按钮"起始页码"，并将起始页码设置为 1。

（3）在"新建章节"对话框的"编排页码"部分，从下拉列表"样式"中选择"i, ii, iii, iv"，再单击"确定"按钮，如图 3.33 所示。

（4）查看页面面板中的页面图标，你将发现从第 5 页开始，页码为罗马数字，如图 3.34 所示。在包含页脚的页面中，页码也为罗马数字。

图3.33

图3.34

下面指定这个特殊部分后面的页面使用阿拉伯数字作为页码，并使其页码与这部分前面那页（第 4 页）的页码相连。

（5）在页面面板中，单击第 v 页的页面图标以选择它。

注意：单击页面图标将把页面指定为目标页面，以便对其进行编辑，但不会在文档窗口中显示它。要导航到某个页面，请在页面面板中双击其页面图标。

（6）从页面面板菜单中选择"页码和章节选项"。

（7）在"新建章节"对话框中，确保选中了复选框"开始新章节"。

（8）选中单选按钮"起始页码"并输入 5，将该章节的起始页码设置为 5，从而接着特殊部分前面的页面往下编排页码。

（9）从下拉列表"样式"中选择"1, 2, 3, 4"，再单击"确定"按钮，结果如图 3.35 所示。

图3.35

现在，页面被正确地重新编排页码。在页面面板中，注意到在页码为1、i和5的页面图标上方有黑色三角形，这表明从这些地方开始了新章节。在这个文档中，页面5接着第一章节往下编排页码，但完全可采用另一种页码编排方式。这里的重点是，不管文档使用的页码编排方式如何，在页面面板中，页面上方的三角形都表明开始了一个新章节。

（10）选择菜单"文件">"存储"。

调整版面

调整版面是InDesign CC 2019新增的一项功能。当文档尺寸发生变化时，这项功能让InDesign能够自动地缩放和重新对齐元素。

例如，你可能需要发布到世界的不同地区，而这些地区使用的标准页面尺寸不同。在很多地区，标准尺寸是A4，这比美国使用的标准尺寸Letter要高而窄。这项功能可找到用武之地的其他情形包括：创建好很多页面后项目规范有变；需要创建杂志广告的海报版。在很多情况下，使用这项功能都可节省大量的时间。

在"文档设置"对话框和"边距和分栏"对话框（"版面">"边距和分栏"）中，都提供了版面调整功能。

（1）切换到文档03_End.indd或打开它。

（2）选择菜单"文件">"文档设置"。在"文档设置"对话框中，单击"调整版面"按钮，并查看打开的对话框中的选项。尝试将页面大小改为A4（如图3.36所示），并看看这个文档中的对象有何变化。

图3.36

（3）再次选择菜单"文件">"文档设置"。在"文档设置"对话框中，单击"调整版面"按钮，但这次做翻天覆地地修改：从"页面大小"下拉列表中选择"Tabloid"，并选中复选框"调整字体大小"。单击"确定"按钮并查看结果。

（4）选择菜单"编辑">"还原"或关闭这个文档而不保存所做的修改。

3.10 覆盖主页对象及置入文本和图形

设置好这个 12 页出版物（8 页的主要部分和 4 页的狭窄部分）的基本骨架后，便可给文档页面添加内容了。为了解前面创建的主页将如何影响文档页面，你将在包含第 2 页和第 3 页的跨页中添加文本和图形。第 4 课将更详细地介绍如何创建和修改对象，因此这里将简化排版过程，以最大限度地减少你的工作量。

（1）选择菜单"文件">"存储为"，将文件重命名为 03_Newsletter.indd，切换到文件夹 Lesson03，并单击"保存"按钮。

（2）在页面面板中，双击第 2 页（不是第 ii 页）的页面图标，再选择菜单"视图">"使跨页适合窗口"。

由于对第 2 ~ 3 页应用了主页 A-3-column Layout，因此它们包含主页 A-3-column Layout 中的参考线、页眉、页脚和占位框架。

为导入使用其他应用程序创建的文本和图形（如使用 Adobe Photoshop 创建的图像或使用 Microsoft Word 创建的文本），你将使用"置入"命令。

（3）选择菜单"文件">"置入"；如果有必要，请切换到文件夹 InDesignCIB\Lessons\Lesson03\Links；单击文件 Article1.docx，再按住 Ctrl（Windows）或 Command（macOS）并单击文件 Article2.docx、Graphic_1_HoneyBee-1.jpg 和 Graphic_2_GardenTools.jpg，以选中这 4 个文件，然后单击"打开"按钮。

图3.37

鼠标将变成载入文本图标（ ），并显示你要置入的文本文件 Article1.docx 的前几行，如图 3.37 所示。

（4）将鼠标指针指向第 2 页的占位文本框架（不要指向参考线）。注意到载入文本图标变成了带括号的文字块，且后面有字样（4），这表明有 4 项可置入的内容。单击鼠标左键将 Article.txt 置入到这个框架中。

> **Id** **注意**：在导入文本或图形时，如果 InDesign 发现鼠标下面有现成框架，它将显示括号。如果你在现成的框架中单击鼠标左键，InDesign 将使用该框架，而不创建新框架。

（5）为置入余下的 3 个文件，请单击第 3 页的文本框架，以置入文件 Article2.docx，再单击第

2 页的图形框架，以置入文件 Graphic_1_HoneyBee-1.jpg；最后单击第 3 页的图形框架，以置入文件 Graphic_2_GardenTools.jpg。结果如图 3.38 所示。

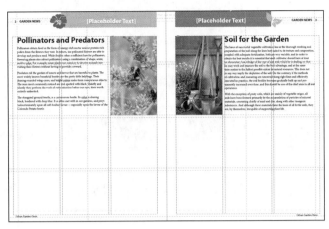

图3.38

（6）选择菜单"编辑">"全部取消选择"。

下面导入一个片段，以完成这个跨页的排版工作。

（7）选择菜单"文件">"置入"，单击文件 Snippet2.idms，再单击"打开"按钮。

（8）将载入片段图标（ ）指向该跨页左上角（红色出血参考线相交的地方），再单击鼠标置入该片段，结果如图 3.39 所示。

图3.39

（9）选择菜单"编辑">"全部取消选择"或单击页面或粘贴板的空白区域，以取消选择所有对象。

（10）选择菜单"文件">"存储"。

接下来，你将覆盖这个跨页中的两个主页对象——两个包含页眉文本的文本框架，再替换占位文本。

替换占位文本

图形设计人员经常使用占位文本来呈现文档的外观，等有了实际要用的文本后再进行替换。下面你就来这样做。

（1）选择文字工具。按住 Shift + Ctrl（Windows）或 Shift + Command（macOS）组合键，并单击第 2 页中包含"Placeholder Text"的占位文本框架，再将占位文本替换为"Bees and Bugs"。

（2）重复第 1 步，将第 3 页的页眉文本改为 Gardening Tips（见图 3.40）。

图3.40

（3）注意到这些框架的边界不再是虚线，这表明它们不再是主页对象。选择菜单"编辑">"全部取消选择"。

（4）选择菜单"文件">"存储"。

3.11 打印到纸张边缘：使用出血参考线

在设置文档时，必须牢记的一个重要概念是，是否有元素将打印到纸张边缘。如果是这样的，就需要考虑这在商业印刷中是如何做到的。我们在新闻稿模板中设置的出血参考线让你能够做到这一点。

在商业印刷中，页面被印刷到很大的纸张上，而不是像办公用打印机那样打印将每页都打印到一张纸上。例如，小型数字印刷机一次印刷两个页面，而大型胶印机一次印刷 8 个页面。在印制过程中，考虑了细微的偏移，为此采用的方式之一是出血。

印刷出来的材料堆成堆并进行切割，即便刀片非常锋利，也无法保证每次都在图像边缘切割。在成堆地切割纸张时，为确保边缘完美，要打印到边缘的元素都必须延伸到切割线外面，如图 3.41 所示。

印刷纸张时，粉红的线条表示切割线，蓝色表示出血区域。
可以注意到出血区域是切割线外面的部分

图3.41

当文档包含将打印到纸张边缘的照片或其他元素时，必须让这些元素延伸到切割线外面。这样切割的将是印刷出来的图像，而不是空白纸张，从而确保边缘是整洁的。在制作文档时，必须尽早核实这一点，因为其中的照片或其他元素可能不够大，没有延伸的页面边缘。下面来学习如何核实元素是否延伸到了页面边缘，并在没有延伸到边缘时修复问题。

> **Id** 提示：一种最佳的做法是，在设计和制作开始前就考虑出血需求。可能有照片需要放大或背景将延伸到切割线外面，这些问题最好尽早进行处理。

（1）使用选择工具双击页面面板中第 2 页的图标，以显示它。

（2）选择菜单"视图">"屏幕模式">"正常"，并注意红色出血参考线。

（3）先来看左下角和右下角的照片。注意到左下角的蜘蛛网和瓢虫照片延伸到了红色出血参考线，这意味着切割纸张时，边缘将会是整洁的。

（4）接着看右下角的草莓照片，注意到它只延伸到页面边缘。这张照片必须至少延伸到红色出血参考线。为此，使用选择工具单击这张照片，将右边的手柄向右拉，让照片框大到到达或超过红色出血参考线，如图 3.42 所示。

放大的草莓图像，该图像只延伸到页面　　　扩大图像使其越过出血参考线
边缘，而没有延伸到出血参考线

图3.42

（5）现在来看看这个跨页的顶部。注意到左边的绿色图形框架比右边的蓝色图形框架低。尝试使用选择工具单击它，你会发现无法选择它，因为它是主页中的对象。在页面面板中双击主页 A-3-column 以显示它，现在可以选择绿色图形框架了。选择后向上拖曳上边缘中央的手柄，使其到达或超过红色出血参考线后松开鼠标。

（6）切换到第 2 页，现在绿色图形框架大到超过了出血参考线。现在，每个使用这个主页的文档页面都是正确的，无须分别修复它们。

（7）选择菜单"文件">"存储"。

3.12　查看完成后的跨页

现在，可以隐藏参考线和框架，看看完成后的跨页什么样。

（1）选择"视图">"使跨页适合窗口"，并在必要时隐藏所有面板。

（2）选择菜单"视图" > "屏幕模式" > "预览"，以隐藏粘贴板以及所有的参考线、网格、隐藏字符和框架边缘，如图 3.43 所示。预览模式最适合用来查看页面印刷并裁切出来后是什么样的。

图3.43

至此，读者通过处理一个 12 页的文档，知道了如何将对象加入到主页，以确保整个文档的设计一致。

（3）选择"文件" > "存储"。

祝贺你学完了本课。

旋转跨页

在有些情况下，可能需要旋转页面或跨页，以方便查看和编辑。例如，采用标准尺寸的杂志可能包含纵向页面和一个横向的日历页面。为获得这样的横向页面，可将所有对象旋转90度，但在修改版面和编辑文本时，将需要转头或旋转显示器。为方便编辑，可旋转和取消旋转跨页。为查看这样的示例，请打开文件夹Lesson03中的文件03_End.indd。

（1）在页面面板中，双击第4页在文档窗口中显示它。

（2）选择菜单"视图" > "使跨页适合窗口"，让页面位于文档窗口中央。

（3）选择菜单"视图" > "旋转跨页" > "顺时针90度"，如图3.44所示。

顺时针旋转跨页后，将更容易处理页面中的对象。例如，编辑或添加文本将更容易得多。

（4）选择菜单"视图" > "旋转跨页" > "清除旋转"。

（5）关闭文档而不保存所做的修改。

图3.44

3.13 练习

一种不错的巩固所学技能的方法是实践它们。请试着完成下面的练习，它们给你提供了练习使用 InDesign 技巧的机会。

> **Id** 提示：练习前选择菜单"视图">"屏幕模式">"正常"，以切换到正常模式。

（1）再创建一个主页。让该主页继承主页 A-3-column Layout，并将其命名为"C-4-column Layout"，然后进行修改，使其包含 4 栏而不是 3 栏。最后，将该主页应用于文档中任何不包含对象的全尺寸页面（第 1 页或第 5 ~ 8 页）。

（2）并非所有的印刷材料都像本课的新闻稿那样有书脊。另一种常见的印刷材料是三折式（6 页），它将三片折叠呈一片的尺寸，如图 3.45 所示。折叠到封面后面的那片要窄一些，这样才能折起来后才能平整。这很好地证明了有时在同一个 InDesign 文件中需要使用不同的页面大小。

图3.45

在本课的素材中，有一个三折式文件。请打开文件夹 InDesignCIB\Lessons\Lesson03 中的文件 03_Trifold_Template.indd，如图 3.46 所示。使用页面工具单击各个页面，注意哪些页面要窄些。另外，请查看页面面板，它以 3 个并排的方式显示页面，还显示了页码，如图 3.47 所示。在这个文件的文档设置中，取消选择了复选框"对页"。

（3）尝试为新闻稿的特殊部分创建一个主页。这个主页是独立的，因为特殊部分的外观不同于其他部分。将这个主页的大小设置为 7.5 英寸 ×10.5 英寸，即与特殊部分的页面大小相同，如图 3.48 所示。再添加可能需要的元素（如页脚），将这个主页应用于新闻稿的第 i-iv 页。

图3.46　　　　　　　　　　图3.47

　　将主页应用于页面时，InDesign 可能会发出有关主页大小的警告，如图 3.49 所示。在这里，特殊部分的大小与这里创建的新主页相同，因此这不是问题。你可以根据实际情况单击按钮"使用主页大小"或"保持当前的页面大小"。

图3.48　　　　　　　　　　图3.49

图 3.50 显示了可在新主页中添加的页脚。

图3.50

3.14 复习题

1. 将对象放在主页中有何优点？

2. 如何修改文档的页码编排方案？

3. 在文档页面中如何选择主页对象？

4. 让主页继承另一个主页有何优点？

5. 如何覆盖主页对象？

6. 如何处理将打印到纸张边缘的元素？

3.15 复习题答案

1. 通过在主页中添加诸如参考线、页脚和占位框架等对象，可确保主页应用到的页面的版面是一致的。

2. 在页面面板中选择要重新编排页码的页面对应的页面图标，再从页面面板菜单中选择"页码和章节选项"（或选择菜单"版面">"页码和章节选项"），并指定新的页码编排方案。

3. 按住 Shift + Ctrl（Windows）或 Shift + Command（macOS）组合键，并单击主页对象以选择它。然后便可对其进行编辑、删除或其他操作。

4. 通过继承既有主页，可在新主页和既有主页之间建立父子关系。这样，对父主页所做的任何修改都将在子主页中反映出来。

5. 按住 Shift + Ctrl（Windows）或 Shift + Command（macOS）组合键，再单击要修改的对象。

6. 要打印到纸张边缘的元素必须延伸到粘贴板区域。出血参考线指出了这些元素必须至少延伸到什么位置。

第4课　使用对象

课程概述

本课介绍如下内容：

- 使用图层；
- 创建和编辑文本框架和图形框架；
- 将图形导入到图形框架中；
- 裁剪、移动和缩放图形；
- 调整框架之间的间距；
- 在图形框架中添加题注；
- 置入和链接图形框架；
- 修改框架的形状；
- 沿对象或图形绕排文本；
- 创建复杂的框架形状；
- 转换框架的形状
- 修改和对齐对象；
- 选择和修改多个对象；
- 给直线添加箭头；
- 创建二维码。

学习本课需要大约 90 分钟。要下载本课的课程文件，请登录异步社区网站，详情请参阅本书前言后的“资源与支持”一节。请将下载的文件放在方便使用的地方。

InDesign 框架可包含文本、图形或填充色。当你使用框架时会发现，Adobe InDesign 提供了极大的灵活性，让你能够充分控制设计方案。

4.1 概述

在本课中，你将处理一篇包含 4 页的新闻稿，它由两个跨页组成。你将添加文本和图像，并对这两个跨页中的对象做多项修改。

（1）为确保 InDesign 首选项和默认设置与本课使用的一样，将文件 InDesign Defaults 移到其他文件夹，详情请参阅"前言"中的"保存和恢复文件 InDesign Defaults"。

（2）启动 InDesign。为确保面板和菜单命令与本课使用的相同，选择菜单"窗口">"工作区">"高级"，再选择菜单"窗口">"工作区">"重置'高级'"。为开始工作，将打开一个已部分完成的 InDesign 文档。

（3）选择"文件">"打开"，打开硬盘中文件夹 InDesignCIB\Lessons\Lesson04 中的文件 04_Start.indd。如果出现"更新链接"消息，请单击"更新链接"按钮。

（4）选择"文件">"存储为"，将文件重命名为 04_Objects.indd，并存储到文件夹 Lesson04 中。

（5）为查看完成后的文档，打开文件夹 Lesson04 中的文件 04_b_End.indd，如图 4.1 所示。可让该文档打开以便工作时参考。查看完毕后，选择菜单"窗口">"04_Objects.indd"或单击文档窗口顶部相应的标签，切换到本课要处理的文档。

本课将处理的新闻稿包含两个跨页：左边的跨页包含第 4 页（封底）和第 1 页（封面），右边的跨页包含第 2 ~ 3 页（内部跨页）。在页面之间导航时，别忘了这种页面布局。这里显示的是完成后的新闻稿。

 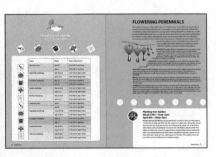

图4.1

4.2 使用图层

在创建和修改对象之前，你应该了解 InDesign 中图层的工作原理。默认情况下，每个新 InDesign 文档只包含一个图层（图层 1）。在处理文档时，可随时修改图层的名称以及添加图层。通过将对象放在不同的图层中，可方便地选择和编辑它们。通过图层面板可选择、显示、编辑和打印单个图层、图层组或全部图层。

 提示：请通过图层面板菜单启用"粘贴时记住图层"，这样将对象复制并粘贴到其他页面或文档时，图层结构将保持不变，而不是将所有对象都粘贴到最上面的那个图层中。

文档 04_Objects.indd 包含两个图层。你将通过这些图层了解到，图层的堆叠顺序以及对象在图层中的位置将影响文档的设计效果，你还将添加新图层。

图层简介

可将图层视为堆叠在一起的透明胶片。在创建对象时，可将其放在选定的图层中，还可在图层之间移动图像。每个图层都包含一组对象。

图层面板（"窗口">"图层"）显示了一组文档图层，让用户能够创建、管理和删除图层。图层面板让用户能够显示图层中所有对象的名称以及显示、隐藏或锁定各个对象。单击图层名称左边的三角形，可显示/隐藏该图层中所有对象的名称。

在图层面板中，图层的排列顺序就是它们的堆叠顺序：在图层面板中，位于最上面的图层在文件中也位于最上面。每个图层中的对象也遵循这样的逻辑。要将一个对象移到另一个对象的前面（上面）或后面（下面），只需在图层面板中上下移动它。

通过使用多个图层，可创建和编辑文档的特定区域和特定类型的内容，而不影响其他区域或其他类型的内容。例如，可选择并移动一个图层中的内容（如文本框），而不影响

图4.2

其他内容（如背景）。另外，如果文档因包含很多大型图形而打印速度缓慢，可将文档中的文本放在一个独立的图层中（如图4.2所示），这样，在需要对文本进行校对时，就可隐藏所有其他的图层，从而只将文本图层快速打印出来。还可使用图层为同一个版面显示不同的设计思路或为不同地区提供不同的广告版本。

（1）单击图层面板图标或选择菜单"窗口">"图层"，以打开图层面板。

（2）在图层面板中，如果没有选中图层"Text"，可以通过单击它来选中它。呈高亮显示表明图层被选中。注意到其图层名的右边有一个钢笔图标（ ），这表明该图层是目标图层，你导入或创建的任何东西都将放到该图层中。

（3）单击图层名"Text"左边的小箭头（〉），将在该图层名下面显示该图层中的所有组和对象。使用该面板的滚动条查看列表中的名称，然后再次单击该箭头（〉）隐藏它们。

（4）单击图层名"Text"左边的眼睛图标（ ），该图层中的所有对象都将隐藏，只有 Graphics 图层中的对象可见（因为这个文件只有两个图层）。眼睛图标让你能够显示/隐藏图层。当隐藏图层后，眼睛图标将消失，单击 Text 图层的空框重新显示该图层的内容。现在单击 Graphics 图层的眼睛图标，该图层中的所有对象都将隐藏，如图 4.3 所示。再单击该图层的空框，可以重新显示这个图层。

单击以隐藏图层内容

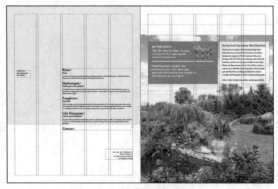

隐藏图层Graphics后的跨页

图4.3

（5）使用缩放工具（ ）放大封面（第 1 页）中的蓝色框架。

（6）切换到选择工具，并在粉红色花朵照片中移动鼠标。注意到该框架周围出现了蓝色边框，这表明它属于 Text 图层，因为该图层被指定为蓝色。

这个框架中央还有一个透明的圆环（被称为内容抓取工具）。在这个圆环内移动时，鼠标指针将变成手形，如图 4.4 所示。

Id | 提示：要给图层指定颜色，可以从图层面板菜单中选择"图层"选项。

当鼠标显示为箭头时，单击鼠标左键将 　　当鼠标指针显示为手形时，单击鼠标左
选择框架以及其中的图形 　　键将选择框架中的图形

图4.4

（7）将鼠标指针指向粉红色花朵下方的圆形图形框架，注意到这个框架的边框为红色——给
图层 Graphics 指定的颜色。

> **Id** 提示：框架也被称为容器，而框架内的图形也被称为内容。选择容器后，就可选择其内容，
> 反之亦然（为此，可使用菜单"对象">"选择"）。

（8）将鼠标重新指向包含粉红色花朵的框架，确保显示的是箭头，再在图形框架内单击以选
择它。

注意到在图层面板中，图层 Text 被选中且其图层名右边有一个蓝色方块，这表明被选中的对
象属于该图层。在图层面板中，可通过拖曳该方块将对象从一个图层移到另一个图层。

（9）在图层面板中，将蓝色方块从图层 Text 拖曳到图层 Graphics。现在，粉红色花朵属于图
层 Graphics 且位于最上面；另外，你会注意到图层面板中的方块变成了红色——图层 Graphics 的
颜色，如图 4.5 所示。

选择粉红色图像并在图层面板中将蓝色方块拖曳 　　现在粉红色图形位于Graphics图层中，且框架的
到Graphics图层 　　边框变成了红色

图4.5

> **Id** 提示：要查看粉红色花朵在图层 Graphics 中相对于其他对象的位置，可单击图层名
> "Graphics"左边的箭头（›）展开这个图层。在展开的列表中，最前面的对象位于最上面。

（10）请注意，菜单"对象">"排列"中的命令在图层内（而不是图层间）起作用。为证明这一点，
请选择菜单"对象">"排列">"置为底层"，粉红色花朵并没有像你期望的那样移到蓝色背景后

面。这是因为粉红色花朵位于图层"Graphics"中,而这个图层位于蓝色框所在图层"Text"的上方。现在,在图层面板中,将红色方框移到图层"Text",再选择菜单"对象">"排列">"置为底层",这将把粉红色花朵移到蓝色框后面,因为它们位于同一个图层中。为将粉红色花朵移回到 Graphics 图层,选择菜单"编辑">"还原"两次。

> **Id** 提示:菜单"对象">"排列"中的命令向上(前)或向下(后)移动对象。

4.2.1 创建图层及重新排列图层

(1)单击图层"Graphics"左边的图层锁定框将该图层锁定,如图 4.6 所示。

(2)选择菜单"视图">"使跨页适合窗口"。

下面新建一个图层,并将现有内容移到其中。

(3)单击图层面板底部的"创建新图层"按钮( ),如图 4.7 所示。由于当前选择的图层是"Graphics",因此创建的新图层位于图层"Graphics"上面。

图4.6   图4.7

(4)双击新图层的名称("图层 3")打开"图层选项"对话框,将名称改为"Background",并单击"确定"按钮。

> **Id** 提示:要重命名图层,也可以这样做,在图层面板中选择它,再单击其名称。

(5)在图层面板中,将图层"Background"拖曳到图层栈的最下面。拖曳到图层"Text"下方时将出现一条水平线,指出松开鼠标后该图层将移到这个位置,如图 4.8 所示。

图4.8

4.2.2　将对象移到图层 Background 中

下面将背景对象移到图层 Background 中，并锁定这个图层。这样处理图层 Text 和 Graphics 中的对象时，不会无意间选择或移动背景。

（1）选择菜单"视图" > "使跨页适合窗口"。使用选择工具单击左边页面的淡绿色背景，再按住 Shift 键并单击封面上的大型照片。

（2）在图层面板中，将蓝色方框从图层 Text 拖曳到图层 Background 中。

（3）单击文档窗口左下角的"下一跨页"箭头（如图 4.9 所示），切换到下一个跨页（第 2 ~ 3 页）。

（4）拖曳出一个小型方框，它从跨页上方的粘贴板开始，到左边的蓝色框和右边的紫色框相交的地方结束（如图 4.10 所示），这将选择这两个框架。这是一种快速选择多个对象，同时避免选择其他对象的方式。

图4.9　　　　　　　　图4.10

（5）在图层面板中，将蓝色方框向下拖曳到图层 Background 中，从而将前面选择的两个对象都移到图层 Background 中。

（6）单击图层 Background 左边的锁定框。

（7）选择菜单"文件" > "存储"。

4.3　创建和修改文本框架

在大多数情况下，文本都放在框架内［也可使用路径文字工具（✒）沿路径排文］。文本框架的大小和位置决定了文本出现在页面中的位置。文本框架可使用文字工具来创建，并可使用各种工具进行编辑，在本节中就会这样做。

4.3.1　创建文本框架并调整其大小

下面创建一个文本框架并调整其大小，再调整另一个框架的大小。

（1）在页面面板中，双击第 4 页的页面图标在文档窗口中居中显示这个页面。

（2）在图层面板中，单击图层"Text"以选中它，这样创建的所有内容都将放到图层"Text"中。

（3）从工具面板中选择文字工具（T），将鼠标边距参考线的交点（水平和垂直位置都为 0.5 英寸），单击鼠标并拖曳以创建一个与第 2 栏的右边缘对齐且高度大约为 1 英寸的框架，如图 4.11 所示。

（4）使用缩放工具（🔍）放大该文本框架，再选择文字工具。

（5）在新建的文本框架中输入"Feature"，按 Shift 键和回车键换行（这样不会创建新段落），再输入 Blossoms。单击文本的任何地方可以选择这个段落。

图4.11

下面对该文本应用段落样式。

（6）单击段落样式面板图标或选择菜单"文字" > "段落样式"，可以打开这个面板。单击样式"Right Flush Title"将其应用于选定段落，如图 4.12 所示。

有关样式的更详细信息，请参阅第 9 课。

（7）使用选择工具双击选定文本框架底部中央的手柄，使文本框架的高度适合文本，如图 4.13 所示。

（8）选择菜单"视图" > "使跨页适合窗口"，再按 Z 键暂时切换到缩放工具并放大封面（第 1 页）最右边的那栏。使用选择工具选择包含标题"Botanical Gardens Worldwide"的文本框架。

该文本框架右下角的红色加号（⊞）表明该文本框架中有溢流文本，溢流文本是因文本框架太小而无法显示出来的文本。下面通过修改这个文本框架的大小和形状来解决这个问题。

图4.12

通过双击使文本框架高度适合文本

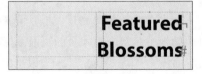

结果

图4.13

（9）拖曳选定文本框架下边缘中央的手柄，以调整文本框架的高度直到其下边缘与 6.5 英寸处的参考线对齐。当鼠标接近标尺参考线时，箭头将从黑色变成白色，指出文本框架将与该参考线对齐，如图 4.14 所示。

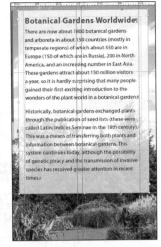

拖曳下边缘中央的手柄以调整文本框架的大小　　　　　　结果

图4.14

（10）选择菜单"编辑">"全部取消选择"，再选择菜单"文件">"存储"。

4.3.2　调整文本框架的形状

在本课前面，你使用选择工具拖曳手柄来调整文本框架的大小。下面使用直接选择工具通过拖曳锚点来调整框架的形状，再使用钢笔工具调整锚点来修改框架的形状。

> **提示**：这里介绍的方法也适用于图形框架。

（1）在工具面板中单击直接选择工具（ ），再在刚才调整了大小的文本框架内单击，该文本框架的角上将出现4个非常小的锚点。这些锚点是空心的，表明没有被选中。

（2）选择文本框架右下角的锚点（如图4.15所示），等鼠标图标变成黑色后向左上方（大约45度的角度）拖曳，直到到达上一条参考线，再松开鼠标。当拖曳鼠标时，文本将重新排文以便你能够实时预览。松开鼠标后，你会注意到溢流文本标识（红色加号）又出现了，如图4.16所示。

未选中的锚点　　　　　　　　选中的锚点

图4.15

注意：确保拖曳的是锚点——如果拖曳锚点的上方或右方，将同时移动文本框架的其他角。如果不小心移动了框架，可选择菜单"编辑" > "还原移动"，再重新操作。

（3）在工具面板中，选择隐藏在钢笔工具后面的转换方向点工具，在刚才移动过的锚点上单击鼠标并向右上方拖曳再松开鼠标，这个锚点将从角点转换为带方向手柄的平滑点。

（4）按 A 键切换到直接选择工具，再选择这个锚点并向右下方拖曳，直到不再有溢流文本，如图 4.16 所示。

图4.16

（5）按 V 键切换到选择工具，注意到定界框和路径不再是重叠的，如图 4.17 所示。

图4.17

（6）取消选择所有对象，再选择菜单"文件" > "存储"。

提示：如果要同时调整文本框架和其中的文本字符的大小，可选择文本框架，再双击"缩放工具"（🔲）——该工具在工具面板中与自由变换、旋转和切变工具位于一组，然后在"缩放"对话框中指定值。也可在使用选择工具拖曳文本框架手柄时按住 Shift + Ctrl（Windows）或 Shift + Command（macOS）组合键。按住 Shift 键可保持文本和框架的长宽比不变。

使用智能参考线

使用智能参考线让用户能够精确地创建对象和指定其位置。有了智能参考线后，用户可让对象与其他对象的中心和边缘对齐，将其放在页面的垂直和水平方向的中央以及让对象与分栏和栏间距的中点对齐。另外，在你工作时，智能参考线会动态地出现，以提供即时的视觉反馈。

在首选项"参考线和粘贴板"中，可启用4个智能参考线选项。要进入该首选项，可选择菜单"编辑">"首选项">"参考线和粘贴板"（Windows）或"InDesign">"首选项">"参考线和粘贴板"（macOS）。

- 对齐对象中心：当用户创建或移动对象时，这将导致对象边缘与页面或跨页中的其他对象的中心对齐。

- 对齐对象边缘：当用户创建或移动对象时，这将导致对象边缘与页面或跨页中的其他对象的边缘对齐。

- 智能尺寸：当用户创建对象、对其进行旋转或调整大小时，这将导致对象的宽度、高度或旋转角度与页面或跨页中其他对象的尺寸对齐。

- 智能间距：让用户能够快速排列对象，使其间距相等。

要启用/禁用智能参考线，可以使用命令"智能参考线"（"视图">"网格和参考线">"智能参考线"）；你也可以使用应用程序栏的下拉列表"视图选项"来启用/禁用智能参考线。智能参考线默认被启用。

为熟悉智能参考线，创建一个包含多栏的单页文档：在"新建文档"对话框中，将"栏数"设置为大于1的值。

（1）从工具面板中选择矩形框架工具（▣）。单击左边距参考线并向右拖曳，当鼠标位于分栏中央、栏间距中央或页面水平方向的中央时，都将出现一条智能参考线。在参考线出现时松开鼠标。

（2）在仍选择了矩形框架工具的情况下，单击上边距参考线并向下拖曳。注意到当鼠标位于你所创建的第一个矩形框架的上边缘、中心、下边缘或页面垂直方向的中央时，都将出现智能参考线。

（3）使用矩形框架工具在页面的空白区域再创建一个对象。缓慢地拖曳鼠标并仔细观察，每当鼠标到达其他任何对象的边缘或中心时，都将出现智能参考线。另外，当新对象的高度或宽度与其他对象相等时，正在创建的对象以及高度或宽度匹配的对象旁边都将出现水平或垂直参考线（或两者），且参考线两端都有箭头。

（4）关闭这个文档，但不保存所做的修改。

4.3.3 创建多栏文本框架

下面将一个现有文本框架转换为多栏的。

（1）选择菜单"视图">"使跨页适合窗口"，再使用缩放工具（🔍）放大封底（第 4 页）右边的中间部分。使用选择工具选择以文本"Rose"打头的文本框架。

图4.18

（2）选择菜单"对象">"文本框架选项"。在"文本框架选项"对话框中，在"栏数"文本框中输入 3，在"栏间距"文本框中输入 0.125 英寸（如果必要的话），如图 4.18 所示。栏间距指定了两栏之间的距离，单击"确定"按钮。

（3）选择菜单"文字">"显示隐含的字符"以便能够看到分隔符（如果菜单"文字"末尾显示的是"不显示隐藏字符"，而不是"显示隐含的字符"，就说明显示了隐藏字符）。

> **Id** 提示：也可以这样显示隐含的字符：从应用程序栏的"视图选项"下拉列表中选择"隐藏字符"。

（4）为让每栏都以标题开始，选择文字工具（T），将光标放在 Foxglove 的前面，并选择菜单"文字">"插入分隔符">"分栏符"，这将导致 Foxglove 进入第 2 栏开头。在姓名 Crocus 前面也插入一个分栏符，如图 4.19 所示。

红色圆圈内的蓝色箭头就是分栏符

图4.19

（5）选择菜单"文字">"不显示隐藏字符"。

（6）在图层面板中，单击图层 Graphics 的锁定图标将这个图层解锁，因为接下来你将在这个图层中工作。

4.3.4 调整文本框内边距和垂直对齐

接下来处理封面上的红色标题栏，使其适合文本框架的大小。通过调整文本框和文本之间的内边距，可提高文本的可读性。

（1）选择菜单"视图">"使跨页适合窗口"，使用缩放工具（🔍）放大封面（第1页）顶部包含白色文本"Urban Oasis Garden Spring 2019."的红色文本框架，再使用选择工具选择它。

（2）选择菜单"对象">"文本框架选项"。如果必要，将对话框拖到一边，以便在设置选项时能够看到选定的文本框架。

（3）在"文本框架选项"对话框中，确保选中了复选框"预览"；然后，单击"内边距"部分的"将所有设置设为相同"按钮（🖊）禁用它，以便能够独立地修改左内边距。将"左"值改为2英寸，这将文本框架的左内边距右移2英寸，然后将"右"值改为0.625英寸。

（4）在"文本框架选项"对话框的"垂直对齐"部分，从"对齐"下拉列表中选择"居中"（如图4.20所示），再单击"确定"按钮。

图4.20

（5）选择文字工具（T），再单击Spring 2019的左边放置一个插入点。为移动这些文本，使其与前面指定的右内边距对齐，选择菜单"文字">"插入特殊字符">"其他">"右对齐制表符"，结果如图4.21所示。

图4.21

（6）选择菜单"编辑">"全部取消选择"，再选择菜单"文件">"存储"。

4.4　创建和修改图形框架

现在可以将徽标和其他图像加入到跨页中了。本节重点介绍各种创建和修改图形框架及其内容的方法。

由于要处理的是图形而不是文本，因此必须确保图形位于图层"Graphics"而不是"Text"中。通过将内容放在不同的图层中，可使查找和编辑设计元素更容易。

4.4.1　新建图形框架

下面首先在封面（第一个跨页的右对页）中创建一个用于放置徽标的框架。

（1）如果图层面板不可见，单击其图标或选择菜单"窗口">"图层"。

（2）在图层面板中，单击Graphics图层左边的锁定图标以解除对该图层的锁定（如果还没有解除锁定的话）；单击图层"Text"左边的空框，以锁定该图层；单击图层名"Graphics"以选定该图层，以便将新元素加入到该图层，如图4.22所示。

（3）选择菜单"视图">"使跨页适合窗口"，再使用缩放工具（🔍）放大封面（第1页）的左上角。

（4）选择工具面板中的矩形框架工具（▣），将鼠标指针指向页面左上角（与左页边距参考线对齐），单击并向下拖曳到进入红色文本框架一点点，再向右拖曳到第一栏的右边缘，如图4.23所示。

图4.22

拖曳以创建一个图形框架

图4.23

（5）切换到选择工具，并确保依然选择了新建的图形框架。

4.4.2　在既有框架中置入图形

下面将徽标置入到选定框架中。

（1）选择菜单"文件">"置入"，再双击文件夹 Lesson04\Links 中的 urban-oasis-logo.ai，该图像将出现图形框架中。

> **Id** **注意**：如果置入图像时没有选定图形框架，鼠标将变成载入图形图标（▨）。在这种情况下，可在图形框架内单击来置入图像。

（2）为确保以最高分辨率显示该图像，选择菜单"对象">"显示性能">"高品质显示"，结果如图4.24所示。

4.4.3　调整图形框架的大小

创建的图形框架不够宽，则无法显示整个徽标，下面加宽该框架以显示隐藏的部分。

（1）使用选择工具拖曳框架右边缘中央的手柄以显示整个徽标。如果你在拖曳手柄时暂停一会儿，将能够看到被裁剪掉的图像部分（这种功能被称为动态预览），从而能够轻松地判断框架边缘是否越过了徽标边缘，如图4.25所示。

图4.24

（2）选择菜单"编辑">"全部取消选择"，再选择菜单"文件">"存储"。

> **Id** **提示**：要让整个徽标都显示出来，也可以选择菜单"对象">"适合">"使框架适合内容"。

4.4.4 在没有图形框架的情况下置入图形

该新闻稿使用了该徽标的两个版本，分别在封面和封底。下面再次导入该徽标图形，但不先创建图形框架。

图4.25

（1）选择菜单"视图" > "使跨页适合窗口"，再使用缩放工具（🔍）放大封底（第4页）的右下角。

（2）选择菜单"文件" > "置入"，再双击文件夹 Lesson04\Links 中的 urban-oasis-logo.ai，鼠标将变成载入图形图标，并包含选定图形的缩览图（鼠标图标随选定图形的格式而异）。

（3）将载入图形图标指向最右边一栏的左边缘，且位于经过旋转的包含寄信人地址的文本框架下方。拖曳鼠标到该栏的右边缘，再松开鼠标。注意到在拖曳鼠标时会显示一个矩形，该矩形的长宽比与徽标图像相同，如图 4.26 所示。

> **Id** 提示：如果在页面的空白区域单击，而不是单击并拖曳，图像将以 100% 的比例放置到单击的地方，且图像的左上角位于单击的地方。

图4.26

不需要像前面那样调整该框架的大小，因为该框架显示了整幅图像。该图形还需要旋转，但你将在本课后面这样做。

（4）选择菜单"编辑" > "全部取消选择"，再选择菜单"文件" > "存储"。

4.4.5 在框架网格中置入多个图形

该新闻稿的封底还应包含 6 张照片。你可以分别置入这些照片，再分别调整每张照片的位置，但由于这些照片将排列在一个网格内，因此可同时置入它们并将其排列在网格内。

（1）选择菜单"视图" > "使跨页适合窗口"。

（2）选择菜单"文件" > "置入"，切换到文件夹 Lesson04\Links，单击图形文件 01Rose.jpg 以选择它，再按住 Shift 键并单击文件 06CallaLily.jpg 以选择全部 6 张照片，再单击"打开"按钮。

（3）将载入图形图标（🖐）指向页面上半部分的水平标尺参考线和第3栏左边缘的交点。

（4）向右下方拖曳鼠标，拖曳时按上箭头键一次并按右箭头键两次。在按箭头键时，代理图像将变成矩形网格，这指出了图像的网格布局，如图4.27所示。

图4.27

> **Id** 提示：使用任何框架创建工具（矩形框架、多边形框架和文字工具等）时，通过在拖曳时按箭头键可以创建多个间隔相等的框架。

（5）继续拖曳鼠标，直到鼠标与右边距参考线对齐再松开鼠标，在包含6个图形框架网格中显示了你置入的6张照片。在依然选择了这6个框架的情况下，按上箭头键6次，将它们移到上边距上面一点，如图4.28所示。

图4.28

（6）选择菜单"编辑">"全部取消选择"，再选择菜单"文件">"存储"。

4.4.6 在框架内移动图像及调整其大小

当置入这6张照片后，需要调整大小和位置，让它们充满图形框架并被正确地裁剪。

图形框架和内容是相互独立的元素。不同于文本对象，图形框架及其内容都有独立的定界框。要调整图形大小（但不调整其框架的大小），可选择菜单"对象">"选择">"内容"来选择内容，也可以使用内容抓取工具来选择内容（当你将鼠标指针指向图形时，就会显示抓取工具）。当选择了内容和选择了框架时，你看到的定界框是不同的。

（1）切换到选择工具，将鼠标指针指向玫瑰图像（左上角的图像）中的内容抓取工具。当鼠标位于内容抓取工具上时，鼠标指针将变成手形。单击以选择图形框架的内容（即图像本身），如图4.29所示。

图4.29

（2）按住 Shift 键并将图形下边缘中央的手柄向下拖曳到越过图形框架的下边缘，将图形上边缘中央的手柄向上拖曳到越过框架的上边缘，结果如图 4.30 所示。按住 Shift 键可保持图形比例不变，以免图形发生扭曲。如果你在开始拖曳后暂停一段时间，将看到被裁剪掉的图形区域的幻象。注意到图像的定界框超出了框架的定界框，这表明图像比框架大。

图4.30

（3）现在这幅图像填满了框架，但裁剪得很糟糕。为修复这个问题，可以将鼠标指针指向这幅图像中的内容抓取工具，按住 Shift 键并向左拖曳，让图像在框架内居中。

（4）第一行中间的图像太窄，没有填满相应的框架。使用选择工具单击内容抓取工具以选择这幅图像。按住 Shift 键，将左边缘中央的手柄拖曳到图形框架的左边缘，对右边缘中央的手柄做同样的处理——将其拖曳到图形框架的右边缘。确保图像填满了图形框架，注意到图像定界框的上下边缘都在框架定界框外面，如图 4.31 所示。

（5）对第一行余下的图像重复步骤 2，使其填满框架，结果如图 4.32 所示。

图4.31

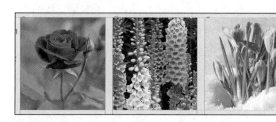

图4.32

下面使用另一种方法调整其他 3 张照片的大小。

（6）使用选择工具选择第 2 行左边的图像，可以选择图像框架，也可以选择图像内容。

（7）选择菜单"对象">"适合">"按比例填充框架"，这将放大该图像，使其填满框架。现在，图像的一小部分被框架的左、右边缘裁剪掉了。

（8）对第 2 行的其他两幅图像重复步骤 6 ~ 7，结果如图 4.33 所示。

图4.33

（9）选择菜单"编辑" > "全部取消选择"，再选择菜单"文件" > "存储"。

提示：如果对图形框架启用了自动调整，当你调整框架的大小时，其中的图像将自动调整大小。要对选定的图形框架启用自动调整，可选择菜单"对象" > "适合" > "框架适合选项"，再选择复选框"自动调整"，也可选择控制面板中的复选框"自动调整"。

下面调整一些照片之间的间隙，对网格布局进行微调。

4.4.7　调整框架之间的间隙

间隙工具（⟷）让你能够选择并调整框架之间的间隙。下面使用该工具调整第一行中两幅图像之间的间隙，再调整第 2 行中两幅图像之间的间隙。

（1）选择菜单"视图" > "使页面适合窗口"。按住 Z 键暂时切换到缩放工具（🔍），放大第一行右边的两幅图像，再松开 Z 键返回到选择工具。

（2）选择间隙工具（⟷）并将鼠标指针指向这两幅图像之间的垂直间隙。间隙将呈高亮显示，并向下延伸到它们下面的两幅图像的底部。

（3）按住 Shift 键并将该间隙向左拖曳一个栏间距的宽度，让右边图像框架的宽度增加一个栏间距，而左边图形框架的宽度减少一个栏间距，如图 4.34 所示。如果拖曳时没有按住 Shift 键，将同时调整下面两幅图像之间的间隙。

图4.34

（4）选择菜单"视图" > "使页面适合窗口"。

（5）使用选择工具拖曳来选择第一行的所有照片。在控制面板中，将参考点设置为左下角，单击文本框 Y 中既有数字的后面，输入 −0.0625 英寸（如图 4.35 所示），再按回车键。InDesign 将替你执行减法运算，而你通过选择参考点指定了移动方向——这里是将照片向上移 1/16 英寸。在 InDesign 控制面板中使用数学运算是一种精确移动和缩放对象的强大方式。

图4.35

提示：在很多指定位置和大小的文本框中，都可使用加（+）减（−）乘（*）除（/）运算。利用这种功能可极大地提高修改操作的效率。

（6）选择菜单"视图">"使页面适合窗口"，再选择菜单"文件">"存储"。

这时，封底（第4页）的图像网格就制作好了。

4.5 给图形框架添加元数据题注

可根据存储在原始图形文件中的元数据信息为置入的图形自动生成题注。下面使用题注功能根据元数据信息自动给这些照片添加题注。

在 InDesign 中，可创建静态题注和活动题注，前者根据图形的元数据生成题注文本，但必须手工更新，而后者是链接到图形元数据的变量，可自动更新。

提示：如果你安装了 Adobe Bridge，可通过元数据面板轻松地编辑和查看图像的元数据。

（1）在选择了选择工具的情况下，通过拖曳来选择这6个图形框架（拖曳出的方框只需覆盖各个图形框架一部分，而无须完全覆盖它们）。

（2）单击链接面板图标，从面板菜单中选择"题注">"题注设置"。

提示：也可选择菜单"对象">"题注">"题注设置"来打开"题注设置"对话框。

（3）在"题注设置"对话框中，做如下设置（如图4.36所示）：

图4.36

- 在"此后放置文本"文本框中输入 Flower（确保在它前面输入了一个空格，且不要在空格后面输入句点）；
- 从"元数据"下拉列表中选择"说明"，保留"此前放置文本"文本框为空；
- 从"对齐方式"下拉列表中选择"图像下方"；
- 从"段落样式"下拉列表中选择 Photo Credit；

- 在"位移"文本框中输入 0.02 英寸。

（4）单击"确定"按钮保存这些设置并关闭"题注设置"对话框。

（5）从链接面板的面板菜单中，选择"题注">"生成静态题注"，结果如图 4.37 所示。

图4.37

每个图形文件中都包含名为"说明"的元数据元素，其中存储了花朵的名称。在生成这些照片的题注时使用了该元数据信息。

（6）选择菜单"编辑">"全部取消选择"，再选择菜单"文件">"存储"。

4.6 置入并链接图形框架

在封面上，IN THIS ISSUE 框架内有两个导入的图形，而第 3 页也将使用这两幅图来配文章。下面使用 InDesign 置入并链接功能来创建这两幅图的拷贝，并它们放到第 3 页。

不像复制和粘贴命令那样只是创建原始对象的拷贝，置入并链接功能在原始对象和拷贝之间建立父 – 子关系。如果你修改了父对象，可选择更新子对象。

提示：除在文档内置入并链接对象外，还可在文档之间置入并链接对象。

（1）选择菜单"视图">"使跨页适合窗口"。

（2）选择内容收集器工具（ ），注意到窗口底部出现了空的内容传送装置面板。

（3）将鼠标指针指向第 1 页的粉红色花朵，注意到它周围出现了很粗的红色边框，表明这个图形框架位于图层"Graphics"中（因为给图层"Graphics"指定了红色）。单击该图形框架，它将被加入到内容传送装置面板中，如图 4.38 所示。

提示：也可这样将对象加入到内容传送装置面板中，即选择它们，再选择菜单"编辑">"置入和链接"。

图4.38

（4）单击粉红色花朵下方的圆形图形框架，将其加入到内容传送装置面板中，如图4.39所示。

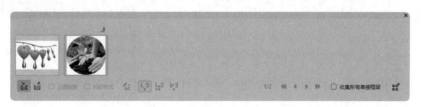

图4.39

（5）打开页面面板，双击第3页使其显示在文档窗口中央。

（6）选择内容置入器工具（ 隐藏在内容收集器工具后面，还出现在内容传送装置面板的左下角），鼠标将变成载入图形图标，其中包含粉红色花朵的缩览图，但实际上载入了前面选择的两个图形。

（7）选中内容传送装置面板左下角的复选框"创建链接"，如图4.40所示。如果不选中该复选框，你将只创建原始对象的拷贝，而不会建立父–子关系。

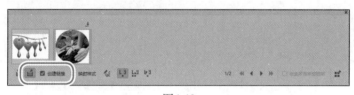

图4.40

（8）单击上面那篇文章右边的粘贴板，以置入粉红色花朵的拷贝，再单击下面那篇文章右边的粘贴板，以置入圆形图形的拷贝。

（9）单击内容传送装置面板的"关闭"按钮将其关闭，也可选择菜单"视图" > "其他" > "隐藏传送装置"。

> **提示：** 通过在置入内容时创建链接，不仅会创建到父图形的链接，还会链接到对象的外观。你可以通过链接面板菜单来设置链接选项。
>
> 在选择内容置入器工具时，它将载入内容传送装置中的所有对象。按箭头键可在内容传送装置中的对象之间移动，要将对象从内容传送装置中删除，可按 Esc 键。

修改父图形框架并更新子图形框架

在置入并链接两个图形框架后，下面来看看原始对象与其拷贝之间的父–子关系。

（1）打开链接面板，并调整其大小，以便能够看到所有导入的图形的文件名。选择粘贴板中的粉红色花朵照片（BleedingHeart.psd），注意到它在链接面板列表中列出了两次，其中一次列出时放在小于号和大于号之间。文件名放在小于号和大于号之间表明图形被链接到父对象，注意到列表中还包含两个父对象的文件名，且文件名右边的那列指出了父对象位于第 1 页，而子对象位于粘贴板（PB）中，如图 4.41所示。

图4.41

（2）使用选择工具将圆形图形框架移到文章"Planting Your Garden"的左边。利用智能参考线让这个图形框架和文章的文本框架的上边缘对齐，并让其中心与文章的文本框架左边的栏参考线对齐，如图 4.42 所示。

 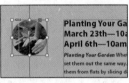

图4.42

Id 提示：当圆形图形框架的上边缘与文本框架的上边缘对齐时，将出现一条智能参考线。

（3）切换到第 1 页（封面），再选择其中的圆形图形框架。

（4）在控制面板中，将该框架的描边颜色设置为［纸色］，并将描边宽度设置为 5 点，如图 4.43 所示。

（5）在链接面板中，注意到图形 <Panting.jpg> 的状态变成了"已修改"（⚠），这是因为你刚才修改了其父对象。

图4.43

（6）切换到第 3 页，注意到其中的圆形图形框架与封面上的版本不一致，其链接标志（包含惊叹号的黄色三角形）也指出了这一点。选择该圆形图形框架，再单击链接面板中的"更新链接"按钮（⟳）。现在，该框架与其父对象一致了，如图 4.44 所示。

Id 提示：要更新链接，也可单击第 3 页中圆形图形框架上的链接标志，还可在链接面板中双击 <Panting.jpg> 右边的链接图标。

下面将粉红色花朵照片替换为较新的版本，并更新其子对象。

（7）切换到第 1 页，再使用选择工具选择粉红色花朵。

（8）选择菜单"文件"＞"置入"。在"置入"对话框中，确保选中了复选框"替换所选项目"，再双击文件夹 Lesson04\Links 中的文件 BleedingHeart-new.psd，结果如图 4.45 所示。

图4.44 图4.45

在链接面板中，注意到位于第 3 页的粘贴板中的文件 <BleedingHeart-new.psd> 的状态变成了已修改，这是因为你替换了其位于第 1 页的父对象。

（9）在链接面板中，选择 <BleedingHeart-new.psd>，再单击"更新链接"按钮（ ）。如果你愿意，可以切换到第 3 页，看看粘贴板上更新后的图形，再返回第 1 页。

（10）单击粘贴板以取消选择所有对象，再选择菜单"视图"＞"使跨页适合窗口"，然后选择菜单"文件"＞"存储"。

4.7　文本绕图

在 InDesign 中，可以让文本沿对象的定界框或对象本身绕排，还可让文本沿导入的图像的轮廓绕排。在这个练习中，你将让文本"BleedingHeart-new.psd"绕排，明白沿定界框绕排和沿图形绕排之间的差别。

首先移动图形 BleedingHeart-new.psd。为准确地指定位置，可使用智能参考线，它们在你创建、移动对象或调整其大小时会动态地出现。

（1）打开链接面板，并单击位于粘贴板（PB）中的 BleedingHeart-new.psd。单击字样"PB"导航到这个图形，再按 Esc 键选择这个图形的框架而不是图形本身。

（2）将框架向左拖曳（小心不要选择手柄或内容抓取工具），使其中心与包含文章文本的文本框架左边的参考线对齐，并使其与第一段的最后两行重叠。

注意到图形盖住了文本，如图 4.46 所示，下面使用文本绕排解决这种问题。

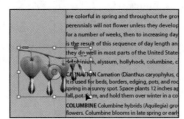

图4.46

（3）使用缩放工具放大刚才移动的框架。首先来放大花朵图形。按住 Shift + Ctrl（Windows）或 Shift + Command（macOS）组合键，并向右下方拖曳框架右下角的手柄。注意观看控制面板中的值，在拖曳到图形被缩放到大约 175% 时松开鼠标，如图 4.47 所示。通过按住这些键，可同时缩放图形及其框架，并确保高宽比不变。

图4.47

（4）选择菜单"窗口">"文本绕排"。在文本绕排面板中，单击按钮"沿定界框绕排"让文本沿定界框绕排，如图 4.48 所示。如果必要，从文本绕排面板菜单中选择"显示选项"，以显示文本绕排面板中的所有选项。

沿定界框绕排

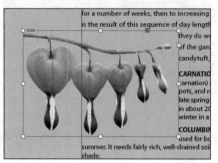
结果

图4.48

这种设置导致空白区域比所需的多，因此下面尝试另一种文本绕排方式。

（5）在文本绕排面板中，单击按钮"沿对象形状绕排"。在"绕排选项"部分，从下拉列表"绕排至"中选择"左侧和右侧"；在"轮廓选项"部分，从下拉列表"类型"中选择"检测边缘"；在"上位移"文本框中输入 0.25 英寸并按回车键，以增加图形边缘和文本之间的间隙，如图 4.49 所示。

沿对象形状绕排

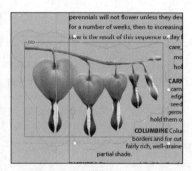
结果

图4.49

注意: 在文本绕排面板中,仅当按下了按钮"沿定界框绕排"或"沿对象形状绕排"时,下拉列表"绕排至"才可用。

(6)按 Esc 键选择框架,并使用方向键微调图形的位置以调整绕排效果。

(7)单击空白区域或选择菜单"编辑">"全部取消选择"以取消选择所有对象。关闭文本绕排面板,选择菜单"文件">"存储"。

4.8 修改框架的形状

在本节中,你将使用各种功能创建非矩形框架。首先从形状中剔除指定的区域,然后创建一个多边形框架并给它添加圆角。

4.8.1 处理复合形状

可通过添加或减去区域来修改框架的形状。即使框架包含文本或图形,也可修改其形状。下面从第 3 页的绿色背景中剔除一个形状,让该页面底部的文章的背景为白色。

(1)选择菜单"视图">"使页面适合窗口",让第 3 页适合文档窗口并位于文档窗口中央。打开图层面板,解除对图层"Background"的锁定。单击图层"Background",让接下来创建的对象位于该图层中。

(2)使用矩形框架工具绘制一个环绕右下角文章的框架,其左上角为第一栏左边缘与 7.75 英寸处水平参考线的交点,右下角为页面右下角外面的红色出血参考线的交点(见图 4.50)。

(3)选择工具面板中的选择工具,按住 Shift 键并单击覆盖第 3 页的紫色形状,以同时选择背景框和新建的矩形框架。

(4)选择菜单"窗口">"对象和版面">"路径查找器"打开相应的面板。在"路径查找器"部分,选择第 2 个选项(减去),从紫色形状中减去新建的矩形。现在,页面底部的文本框的背景为白色,如图 4.50 所示。

同时选择两个矩形并打开路径查找器面板

减去前面的对象

图4.50

(5)打开图层面板,并锁定图层"Background",以免不小心移动这个框架。

(6)选择菜单"文件">"存储"。

4.8.2　转换形状

即使框架包含文本或图形，也可修改其形状。下面创建一个正方形，再将其转换为圆形。

（1）单击图层面板图标或选择菜单"窗口">"图层"打开图层面板。

（2）单击图层"Graphics"以选中它。

（3）选择矩形工具。

（4）在第 3 页两篇文章之间的紫色区域单击，按住 Shift 键并向左上方拖曳，直到高度和宽度都为大约 0.5 英寸后再松开鼠标。按住 Shift 键可确保绘制的是正方形。

（5）打开色板面板，单击填色图标并选择"[纸色]"（白色），结果如图 4.51 所示。

（6）在依然选择刚创建的正方形的情况下，选择菜单"对象">"转换形状">"椭圆"，将正方形转换为圆形，如图 4.52 所示。为验证这一点，可查看控制面板中的宽度和高度值，它们依然是 0.5 英寸。

图4.51

图4.52

4.8.3　多重复制形状

（1）在依然选择了圆形的情况下，选择菜单"编辑">"多重复制"。

（2）在"位移"部分，将水平位移设置为 0.875 英寸，再在"计数"文本框中输入 8（之所以先输入水平位移值，是因为其默认设置可能太大，导致没有足够的空间来复制 8 个圆形）。保留垂直位移的默认设置 0 不变，并单击"确定"按钮，结果如图 4.53 所示。

图4.53

（3）删除第 3 个和第 8 个圆形。

（4）使用选择工具拖曳出一个与所有圆形都相交的方框，以选择所有圆形（确保锁定了 Background 图层，这样就只会选择这些圆形）。

（5）在控制面板的"对齐"部分，选择"水平居中分布"（▮），你也可以使用对齐面板来完成这项任务，结果如图 4.54 所示。这些圆又是均匀分布的（即它们之间的间距相等）了。

图4.54

4.8.4 给框架添加圆角

下面通过添加圆角来修改文本框架。

（1）从文档窗口底部的"页面"下拉列表中选择1，以切换到第1页。选择菜单"视图">"使页面适合窗口"，解除对图层 Text 的锁定。

（2）在仍选择了选择工具的情况下，按住 Z 键暂时切换到缩放工具。放大第1页的深蓝色文本框架，再松开 Z 键返回到选择工具。

（3）选择深蓝色文本框架，再单击框架右上角的大小调整手柄下方的黄色小方框。框架4个角的大小调整手柄将被4个小菱形块取代，如图4.55所示。

> **Id** 提示：当选择框架后，如果看不到黄色小方框，请选择菜单"视图">"其他">"显示活动转角"。另外，确保屏幕模式被设置为正常（选择菜单"视图">"屏幕模式">"正常"）。

（4）向左拖曳框架右上角的菱形块，在显示的 R（半径）值大约为0.2英寸时松开鼠标。拖曳时其他3个角也随之改变，结果如图4.56所示。如果拖曳时按住 Shift 键，则只有被拖曳的角会变。

单击黄色小方框

结果

图4.55   图4.56

> **Id** 提示：当创建圆角后，可按住 Alt（Windows）或 Option（macOS）键并单击任何菱形，从而在多种不同的圆角效果之间切换。

（5）选择菜单"编辑">"全部取消选择"退出活动转角编辑模式，再选择菜单"文件">"存储"。

4.9 变换和对齐对象

在 InDesign 中，可使用各种工具和命令来修改对象的大小和形状以及修改对象在页面中的朝向。所有变换操作（旋转、缩放、斜切和翻转）都可通过变换面板和控制面板完成，在这些面板中，可精确地设置变换。另外，还可沿选定区域、页边距、页面或跨页水平和垂直对齐和分布对象。

下面尝试使用这些功能。

4.9.1　旋转对象

在 InDesign 中旋转对象的方式有多种，这里将使用控制面板来旋转前面导入的徽标之一。

（1）使用文档窗口底部的"页面"下拉列表或页面面板显示第 4 页（文档首页，即新闻稿的封底），再选择菜单"视图">"使页面适合窗口"。

（2）使用选择工具选择本课前面导入的徽标（确保选择的是图形框架，而不是其中的图形）。

（3）在控制面板中，确保选择了参考点指示器的中心（），这样对象将绕其中心旋转。从下拉列表"旋转角度"中选择"180°"，如图 4.57 所示。

图4.57

4.9.2　在框架内旋转图像

使用选择工具可旋转图形框架的内容。

（1）使用选择工具单击马蹄莲图像（第二行右边那幅）的内容抓取工具以选择该图像。将鼠标指针指向圆环形状内时，鼠标指针将变成手形。

> **Id** **提示**：也可以这样旋转选定的对象，即选择菜单"对象">"变换">"旋转"，再在"旋转"对话框的"角度"文本框中输入值。

（2）将鼠标指针指向图像右上角的大小调整手柄的外面一点点，将显示旋转图标。

（3）单击并沿顺时针方向拖曳图像，直到花尖大致指向框架的右下角（约为 −30 度，在拖曳时会显示旋转角度）再松开鼠标，结果如图 4.58 所示。

（4）在控制面板中，确保选择了参考点指示器的中心（）。

（5）旋转后该图像不再填满整个框架。要解决这种问题，首先确保按下了控制面板中"X 缩放百分比"和"Y 缩放百分比"右边的"约束缩放比例"按钮（），再在"X 缩放百分比"文本框中输入 100% 并按回车键，如图 4.59 所示。

图4.58

图4.59

（6）使用直接选择工具选择这幅图像（也可将鼠标指针指向花朵，等鼠标指针变成手形后单击左键以选择它），将花朵向左移动，使其在框架内居中，如图 4.60 所示。选择菜单"编辑">"全部取消选择"，再选择

图4.60

菜单"文件">"存储"。

4.9.3　对齐多个对象

使用对齐面板很容易准确地对齐对象。下面使用对齐面板使页面中的多个对象水平居中，然后对齐多幅图像。

（1）选择菜单"视图">"使页面适合窗口"，再从文档窗口的"页面"下拉列表中选择 2。

（2）通过按住 Shift 键并使用选择工具单击，选择页面顶端包含文本"Partial Class Calendar"的文本框架及其上方的徽标。与前面导入的两个徽标不同，这个徽标包含一组 InDesign 对象，本课后面将处理这个对象组。

（3）选择菜单"窗口">"对象和版面">"对齐"打开对齐面板。

（4）在对齐面板中，从"对齐"下拉列表中选择"对齐页面"，再单击"水平居中对齐"按钮（ ），这些对象将移到页面中央，如图 4.61 所示。

对齐对象　　　　　　　　　　　　　　　　　　　　　　结果

图4.61

（5）单击空白区域或选择菜单"编辑">"全部取消选择"。

（6）使用文档窗口底部的滚动条进行滚动，以显示第 2 页左边的粘贴板，你将看到 9 个图标。

（7）按住 Shift 键并使用选择工具单击选择粘贴板上的 9 个图形框架，再按住 Shift 键并单击页面上包含西红柿的图形框架，以选择它。

（8）在对齐面板中，从"对齐"下拉列表中选择"对齐关键对象"。单击页面上的西红柿，你会注意到它有很粗的红色边框，这表明它是关键对象。

> **Id**　**注意**：当指定了关键对象时，其他选定对象将相对于关键对象进行对齐。

（9）在对齐面板中，单击"右对齐"按钮（ ），如图 4.62 所示。

> **Id**　**提示**：InDesign 自动将最先选定的对象视为关键对象。选择要对齐的所有对象后，要指定关键对象，可单击要作为关键对象的对象，该对象周围将出现更粗的边框。

（10）选择菜单"编辑">"全部取消选择"，再选择菜单"文件">"存储"。

图4.62

4.9.4 缩放多个对象

在 InDesign 中，可缩放多个选定的对象。

下面选择两个图标并同时调整它们的大小。

（1）使用缩放工具（🔍）放大页面左边比其他图标小的那两个图标。

（2）使用选择工具单击其中的第一个图标以选择它，再按住 Shift 键并单击第二个图标以同时选择这两个图标。

（3）按住 Shift + Ctrl（Windows）或 Shift + Command（macOS）组合键，并向左拖曳左上角的手柄，让这两个图标的宽度与它们上方的铲子图标或下方的树木图标相同，如图 4.63 所示。当选定框架与其上方框架的左边缘对齐时，将出现一条智能参考线。请注意，你可能需要缩放多次才能得到正确的尺寸。

| 按住Shift键并拖曳以调整选定图标的大小 | 左边缘对齐时出现的智能参考线 | 结果 | 智能参考线显示了对象之间的距离 |

图4.63

> **Id** 注意：如果只按住 Shift 键，将在保持高宽比不变的情况下缩放框架，但不会缩放其中的图形。

（4）向下拖曳这两个图标，以调整它们的垂直位置，同时注意观察智能参考线，它们指出了相邻对象之间的距离。你需要分别移动这两个图标，让相邻图标之间的间距相同。选择菜单"编辑" > "全部取消选择"，再选择菜单"文件" > "存储"。

4.9.5 变换多个对象

在 InDesign 中，可对多个选定的对象进行变换。接下来，你将复制一些图标，对其中一个进行变换，再一次性将该变换应用于其他所有图标。

（1）选择菜单"视图" > "使页面适合窗口"。

（2）使用选择工具选择铲子图标，再按住 Alt（Windows）或 Option（macOS）键并将这个图标向上拖曳到表格和日历标题之间的区域中，以此复制这个对象。

（3）使用同样的方法复制西红柿图标、罐子图标、树木图标和太阳图标，并将它们放在前面所说的区域中。注意到对象彼此对齐时，将出现智能参考线。

（4）将太阳图标向右移动到与页面右边的参考线对齐。通过拖曳出一个方框来选择这 5 个图标，在对齐面板或控制面板中选择"对齐选区"，再单击"水平居中分布"按钮，这些图标将在表格上方均匀地分布，如图 4.64 所示。

（5）选择菜单"编辑" > "全部取消选择"，再选择复制的铲子图标。在控制面板中，将参考点设置为中心位置，将缩放比例设置为 200%，并将旋转角度设置为 30°。

（6）拖曳出一个与其他 4 个图标相交的方框，以选择这些图标（由于图层 Background 被锁定，这样做不会选择背景框）。选择菜单"对象" > "再次变换" > "逐个再次变换序列"，InDesign 将把之前应用于铲子图标的缩放比例和旋转角度应用于这 4 个图标（你无须分别将这些变换应用于每个对象），结果如图 4.65 所示。使用这个命令可将由众多变换组成的序列应用于其他对象。

图4.64　　　　　　　　　　　　　　　　图4.65

（7）选择复制的 5 个图标，使用箭头键向上或向下移动，让它们大致位于表格和日历标题间区域的中央，如图 4.66 所示。

图4.66

（8）选择菜单"编辑" > "全部取消选择"，再选择菜单"文件" > "存储"。

4.10 选择并修改编组的对象

前面我们让第 2 页顶部的徽标在页面中水平居中了，下面修改组成该徽标的一些形状的填充色。

由于这些形状被编组，因此可将它们作为一个整体进行选择和修改，还可选择编组中的各个对象。下面修改其中一些形状的填充色，而不取消编组或修改该对象组中的其他对象。

通过使用直接选择工具、"选择内容"按钮、"对象"菜单（"对象">"选择"）中的命令，可选择对象组中的对象。

（1）选择菜单"视图">"使跨页适合窗口"。

（2）使用选择工具单击第 2 页顶部的徽标。如果你愿意，可以使用缩放工具（🔍）放大要处理的区域。

（3）在控制面板中单击"选择内容"按钮（👆），以便在不取消编组的情况下选择其中的一个对象，如图 4.67 所示。

使用选择工具选择对象组　单击"选择内容"按钮　结果

图4.67

> **Id** 提示：也可以这样选择对象组中的对象：使用选择工具双击对象；先选择对象组，再选择菜单"对象">"选择">"内容"；在对象组上单击鼠标右键（Windows）或按住 Control 键并单击鼠标左键（macOS），再从上下文菜单中选择"选择">"内容"。

（4）单击控制面板中的"选择下一对象"按钮，以选择徽标中第一片垂直的树叶，如图 4.68 所示。注意到还有一个"选择上一对象"按钮，它是按相反的顺序选择对象。

（5）在色板面板中，将这个对象的填充色改为"Green-Bright-Medium"，如图 4.69 所示。再次单击"选择下一对象"按钮，并将选定对象的颜色改为"Green-Medium"。再单击"选择下一对象"按钮两次以选择第 3 片树叶，并将其填充色改为"Green-Brightest"，如图 4.70 所示。

（6）选择菜单"编辑">"全部取消选择"，再选择菜单"文件">"存储"。

单击"选择下一对象"

图4.68

图4.69

图4.70

4.11 绘制直线及修改箭头

在 InDesign 中,可以独立于直线粗细的方式缩放箭头,下面使用这项功能来完成新闻稿的设计。

(1)导航到第 4 页,并选择直线工具。

(2)将填色设置为"无",并将描边颜色设置为黑色。

(3)将鼠标指针指向左边距参考线(包含文本 Feature Blossoms 的文本框架下面一点),按住 Shift 键

图4.71

并沿水平方向拖曳到第 2 栏右边的分栏参考线,如图 4.71 所示。按住 Shift 键旨在确保绘制的直线是绝对水平的。

(4)单击描边面板图标或选择菜单"窗口">"描边"打开描边面板。从"粗细"下拉列表中选择"4 点",从"起点箭头"下拉列表中选择"实心圆",并从"终点箭头"下拉列表中选择"曲线"。

(5)确保没有按下"链接箭头起始处和结束处缩放"按钮,以便能够分别缩放起点箭头和终点箭头。在文本框"箭头起始处的缩放因子"中输入 75%,并按回车键;再在文本框"箭头结束处的缩放因子"中输入 150%,并按回车键,如图 4.72 所示。

Id 提示:不仅可以给使用直线工具绘制的直线添加箭头,还可以给使用钢笔工具绘制的曲线添加箭头。

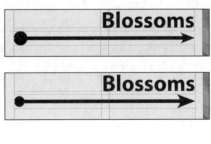

图4.72

（6）选择菜单"文件">"存储"。

4.12 创建二维码

在 InDesign 中，可快速生成和编辑高品质的二维码图形。二维码是机器能够读取的数据印刷表示，其用途众多，在消费者广告领域很常见。消费者可在智能手机中安装二维码扫描应用，这种应用能够读取 URL 信息并进行解码，再让手机浏览器链接到相应的网站。当扫描二维码后，用户可接收文本、在设备中添加联系人、打开 Web 超链接、编写电子邮件或短信。

InDesign 生成的二维码是高清的图形对象，其行为与其他 InDesign 对象相同。你可以轻松地缩放二维码、给它填充颜色、对其应用透明效果、将其作为矢量图形复制并粘贴到 Adobe Illustrator 等标准图形编辑器中。

下面在这篇新闻稿的封底添加一个二维码，并将其配置成打开一个网页。

（1）切换到文档的第 4 页（封底），再选择菜单"视图">"使页面适合窗口"，让这个页面在文档窗口中居中。

（2）选择菜单"对象">"生成 QR 码"。

（3）选择"类型"下拉列表中的各个选项，看看有哪些可能性，这里选择"Web 超链接"。

Id 提示：要给二维码指定颜色，可在"生成 QR 代码"对话框中单击"颜色"标签。

（4）在文本框"URL"中，输入 http://www.adobe.com（或任何网站的完整 URL），如图 4.73 所示。

（5）单击"确定"按钮关闭这个对话框。

（6）单击题注"SCAN for the latest information from Adobe"上方，可以置入自动生成的图形。调整二维码的位置，使其与题注左对齐，如图 4.74 所示。

图4.73

图4.74

Id 提示：要编辑二维码，可使用选择工具选择它，再单击鼠标右键（Windows）或按住 Control 键并单击鼠标左键（macOS），并从上下文菜单中选择"编辑 QR 码"；也可选择菜单"对象">"编辑 QR 码"。

4.13 完成

下面来欣赏一下你的杰作。

（1）选择菜单"编辑">"全部取消选择"。

（2）选择菜单"视图">"使跨页适合窗口"。

（3）在工具面板底部的当前屏幕模式按钮（▢）上按下鼠标，再选择"预览"，如图 4.75 所示。要查看文档打印出来的样子，那么预览模式是不错的方式。在预览模式下，显示的作品就像印刷并裁切后一样：所有非打印元素（网格、参考线、框架边缘和非打印对象）都不显示，粘贴板的颜色是在"首选项"中设置的预览颜色。

图4.75

（4）按 Tab 键关闭所有面板；查看完毕后再次按 Tab 键显示所有面板。

（5）选择菜单"文件">"存储"。

祝贺你学完了本课。

4.14 练习

学习框架知识的最佳方式之一是使用它们。

在这个练习中，你会学习如何在框架中嵌套对象。请按下述步骤学习更多有关如何选择和操作框架的知识。

（1）使用"新建文档"对话框中"打印"部分的默认设置新建一个文档。

（2）使用椭圆框架工具创建一个约为 2 英寸 ×2 英寸的圆形框架（为确保框架是圆形的，可在拖曳时按住 Shift 键）。

（3）选择文字工具，再在框架内单击将其转换为文本框架。

（4）选择菜单"文字">"用假字填充"用文字填充该框架。

（5）按 Esc 键切换到选择工具，在使用色板面板给文本框架指定填充色。

（6）选择菜单"编辑">"全部取消选择"。选择多边形工具并在页面上绘制一个形状，如图 4.76 所示。在绘制多边形之前，可双击多边形工具以指定边数，如果你要创建星形形状，也可指定"星形内陷"值。

（7）使用选择工具选择前面创建的文本框架，再选择菜单"编辑">"复制"。

（8）选择多边形框架，再选择菜单"编辑">"贴入内部"，将文本框架嵌套在多边形框架内，如图 4.77 所示。如果选择菜单"编辑">"粘贴"，复制的文本框架将不会粘贴到选定框架的内部。

（9）使用选择工具移动文本框架，方法是单击多边形框架中心的内容抓取工具并拖曳。

（10）使用选择工具移动多边形框架，方法是单击多边形框架中心的内容抓取工具的外边并拖曳。

（11）选择菜单"编辑">"全部取消选择"。

（12）使用直接选择工具选择多边形框架，再拖曳任何一个手柄以修改该多边形的形状，如

图 4.78 所示。

图4.76　　　　　　　　　　　　　　　　图4.77

在接下来的练习中，你将学习如何创建复合路径。复合路径让后面的对象能够透过前面的对象显示出来。

（1）在所创建的页面的另一个区域，置入本课使用的花朵图形之一。选择菜单"对象">"显示性能">"高品质显示"，让置入的图片更清晰。

（2）在工具面板中选择椭圆工具，并将鼠标指针指向置入的照片。按住 Alt + Shift（Windows）或 Option + Shift（macOS）组合键并向外拖曳，绘制出一个从中心向外扩展的圆。

图4.78

（3）使用颜色填充这个圆。在工具面板中，选择缩放工具，它隐藏在自由变换工具后面。按住 Alt（Windows）或 Option（macOS）键并单击圆心，在打开的"缩放"对话框中，确保选择了"相同设置"图标，在文本框"X 缩放"中输入 75%，再单击"复制"按钮。这将在第一个圆的上面创建另一个圆，且它们的圆心是对齐的，如图 4.79 所示。

（4）按住 Shift 键并使用选择工具单击前面创建的大圆，以同时选择这两个圆。选择菜单"对象">"路径">"建立复合路径"。现在照片与小圆重叠的区域变得可见了（如图 4.80 所示），这是因为小圆被用来抠除大圆的对应部分。

图4.79　　　　　　　　　　　　　　图4.80

4.15 复习题

1. 在什么情况下应使用选择工具来选择对象？在什么情况下应使用直接选择工具来选择对象？

2. 如何旋转框架内的图形但不同时旋转框架本身？

3. 在不取消对象编组的情况下，如何选择组中的对象？

4. 如何让一系列对象与特定的对象对齐？

4.16 复习题答案

1. 使用选择工具来完成通用的排版任务，如调整对象的位置和大小及旋转对象；使用直接选择工具来完成编辑路径或框架的任务，如移动路径上的锚点，或选择对象组中的对象并修改其填充色或描边颜色。

2. 要旋转框架内的图形，使用选择工具单击内容抓取工具选择该图形，再在 4 个角手柄中的任何一个外面单击并拖曳以旋转图形。拖曳的同时按住 Shift 键可将旋转角度限制为 45° 的整数倍。你还可以在控制面板中修改旋转角度值来旋转选定的图形。

3. 要选择组中的对象，使用选择工具选择该组，再单击控制面板中的"选择内容"按钮（ ）以选择组中的一个对象。这样就可单击"选择上一对象"和"选择下一对象"按钮以选择该组中的其他对象。还可这样来选择组中的对象：使用直接选择工具单击它或使用选择工具双击它。

4. 选择对齐的所有对象，再单击要让这些对象与之对齐的对象，这个对象周围将出现很粗的边框，这表明它为关键对象。接下来，在控制面板或对齐面板中选择"对齐关键对象"，再单击设置所需对齐方式的按钮，如"顶对齐"按钮、"水平居中对齐"按钮等。

第5课　排文

课程概述

本课简要地介绍如何排文，读者将学习以下内容：

- 在既有的文本框架中导入文本和排文；

- 自动调整文本框架的大小；

- 链接文本框架以便将文本排入多栏和多页；

- 自动创建链接的框架；

- 排文时自动添加页面和链接的框架；

- 对文本应用段落样式；

- 添加分栏符；

- 让文本对齐到基线网格；

- 添加跳转说明以指出文章在哪里继续。

 　　学习本课需要大约 45 分钟。要下载本课的课程文件，请登录异步社区网站，详情请参阅本书前言后的"资源与支持"一节。请将下载的文件放在方便使用的地方。

How to grow
peas, please!

PEAS, PLEASE
Plant: May
Soil: Moist
Fertilizer: Dairy dressing
Sow: 5" deep
Thin: 1" apart
Pick: August

Peas grow well in heavy, moist soil that is not suitable for some other vegetables. However, the land for peas, as for all vegetable plants, should be drained and free from standing water. Nothing is quite so good as dairy dressing for peas, and it is worthwhile to get it if possible.

Fertilizing

When dairy dressing is at hand, be sure the ground is soft and fine; then open furrows about eight inches deep. These should be three feet apart for the Nott's Excelsior type, and four feet for the climbing types. Into these furrows throw a liberal layer of dairy dressing to cover the bottom of the furrow. If you can spare it, put in a wheelbarrow load to twenty feet since peas are great feeders and need nourishment during the hot days of July when the crop is ripening.

Here is one case where dairy dressing may be used that is rather fresh, as peas seem to do well with dairy dressing at any stage. Stable dressing, which contains straw and horse manure, is more likely to develop heat, which will hurt the seed;

Peas continued on 2

在 Adobe InDesign CC 中，可将文本排入既有框架，还可在排文时创建框架及添加框架和页面，这能够让你轻松地将产品目录、杂志文章等内容排入电子图书。

5.1 概述

在本课中，我们将处理一个小册子。这个小册子的第一个跨页已基本完成，其他几页也为导入文本做好了准备。在处理这篇文章时，你将尝试各种排文方法，并添加跳转说明以指出文章下转哪一页。

> **Id** 注意：如果还没有下载本课的项目文件，现在就去下载，详情请参阅"资源与支持"。

（1）为确保你的 InDesign 首选项和默认设置与本课使用的一样，将文件 InDesign Defaults 移到其他文件夹，详情请参阅"前言"中的"保存和恢复文件 InDesign Defaults"。

（2）启动 Adobe InDesign。

（3）在出现的 InDesign 起点屏幕中，单击左边的"打开"按钮（如果没有出现起点屏幕，就选择菜单"文件">"打开"）。

（4）打开文件夹 InDesignCIB\Lessons\Lesson05 中的文件 05_Start.indd。

（5）如果出现"缺失字体"对话框，请单击"同步字体"按钮，这将通过 Adobe Typekit 访问所有缺失的字体。字体同步后，单击"关闭"按钮。

（6）为确保面板和菜单命令与本课使用的相同，选择菜单"窗口">"工作区">"高级"，再选择菜单"窗口">"工作区">"重置'高级'"。

（7）为以更高的分辨率显示这个文档，请选择菜单"视图">"显示性能">"高品质显示"。

（8）选择菜单"文件">"存储为"，将文件重名为 05_FlowText.indd，并将其存储到文件夹 Lesson05 中。

> **Id** 注意：为提高对比度，本书的屏幕截图显示的界面都是"中等浅色"的。在屏幕上，诸如面板和对话框等界面元素要暗些。

（9）要查看完成后的文档，打开文件夹 Lesson05 中的文件 05_End.indd，如图 5.1 所示，你可以打开该文件，以便工作时参考。

图5.1

（10）当查看完毕后，单击文档窗口左上角的文件 05_FlowText.indd 的标签以切换到该文档。

5.2　在既有文本框架中排文

在导入文本时，可将其导入到新框架或既有框架中。如果框架是空的，可在其中单击载入文本图标来导入文本。在第一个跨页的左对页中，有一个空的旁注框，可用于放置文本。下面将一个 Microsoft Word 文档导入该文本框架并应用段落样式，再自动调整这个文本框架的高度。

> **Id** 提示：InDesign 提供了很多功能，可用于自动或手工控制在分栏和框架中排文的方式。这包括段落保持选项（接续自、保持续行和保持各行同页）以及分栏符和框架分隔符（使用菜单"文字">"插入分隔符"）。

5.2.1　将文本导入到既有文本框架中

（1）选择菜单"文字">"显示隐含的字符"，以便能够在屏幕上看到换行符、空格、制表符和其他隐藏的字符。这可以帮助放置文本以及设置文本的格式。

（2）增大缩放比例，以便能够看清第一个跨页的左对页中的旁注文本框架。这个框架有描边，背景为灰绿色。

（3）确保没有选择任何对象。

> **Id** 提示：你将使用文字工具编辑文本，并使用选择工具串接文本框架，但在导入文本时选择什么工具无关紧要。

（4）选择菜单"文件">"置入"。在"置入"对话框底部，确保没有选中复选框"显示导入选项""替换所选项目"和"创建静态题注"（在 macOS 中，如果有必要，可单击"选项"按钮来显示这些选项）。

（5）在文件夹 Lesson05 中，找到并双击文件 05_Highlights.docx。

此时，鼠标将变成载入文本图标（），并显示即将置入的文章的前几行。在将载入文本图标指向空文本框架时，该图标两边将出现括号（）。

（6）将载入文本图标指向前述占位文本框架。

（7）单击以置入文本，如图 5.2 所示。

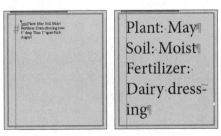

图5.2

（8）选择菜单"文件">"存储"。

这个文本框容不下置入的文本，这被称为溢流文本。当存在溢流文本时，文本框架右下角的出口中有一个红色加号（+）。你将在本节后面解决溢流文本的问题。

5.2.2 应用段落样式

下面来给旁注文本应用段落样式。在这里要应用的段落样式中，包含一个嵌套样式，它自动将段落开头的内容（第一个冒号之前的内容）设置为粗体。

（1）使用文字工具在旁注文本框架内单击，以便能够设置文本的格式。选择菜单"编辑">"全选"选中这个框架中的所有文本（包括那些你看不到的文本）。

（2）选择菜单"文字">"段落样式"打开段落样式面板。

（3）单击样式组"Body Text"左边的箭头（ˇ），以展开这个样式组。

> **Id** 提示：在诸如段落样式和字符样式等面板中，可使用样式组来组织样式。当展开样式组后，就可选择其中的选项。

（4）单击段落样式"Sidebar Text"，如图5.3所示。

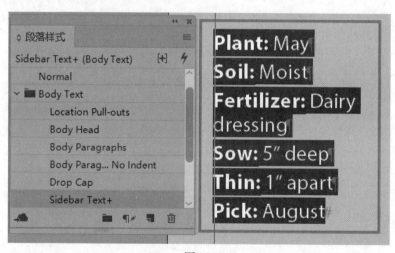

图5.3

（5）在文本中单击以取消选择文本，再选择菜单"文件">"存储"。

5.2.3 自动调整文本框架的大小

在添加、删除和编辑文本时，经常需要调整文本框架的大小。通过启用"自动调整大小"功能，可以让文本框架根据你的要求自动调整大小。下面使用"自动调整大小"功能让旁注文本框架根据文本的长度自动调整大小。

（1）使用文字工具在旁注文本框中的单词"Plant"前面单击。

提示 : 带描边或填充色的文本框架（如旁注和优惠券）指出了文本的边界，对于这样的文本框架，启用"自动调整大小"是不错的选择。这样，如果文本缩短了，框架将缩小；如果文本加长了，框架将增大以免出现溢流文本。

（2）按键盘上的 Caps Lock 键，再输入"PEAS, PLEASE"并按回车键。添加这个标题后，旁注文本框会存在溢流文本。

（3）使用选择工具单击包含以"PEAS"打头的旁注文本的文本框架。

（4）选择菜单"对象">"文本框架选项"。在"文本框架选项"对话框中，单击标签"自动调整"，再选择复选框"预览"。

（5）从下拉列表"自动调整大小"中选择"仅高度"。

（6）如果有必要，请单击第一行中间的图标，指出你要让文本框架向下延伸，就像你手动向下拖曳文本框底部的手柄一样，如图 5.4 所示。

（7）单击"确定"按钮。

（8）单击粘贴板以全部取消选择，再选择菜单"视图">"屏幕模式">"预览"，看看旁注是什么样的，如图 5.5 所示。

图5.4

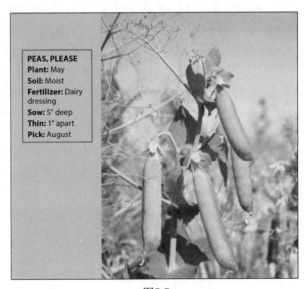

图5.5

（9）选择菜单"视图">"屏幕模式">"正常"，以显示排版辅助元素，如参考线和隐藏的字符。

（10）选择菜单"文件">"存储"。

5.3 手动排文

将导入的文本置入多个串接的文本框架中被称为"排文"。InDesign 支持手动排文和自动排文，前者提供了更大的控制权，而后者可节省时间，还可以在排文的同时添加页面。

在这里，你将把专题文章的文本导入到第一个跨页的右对页的两栏中。首先，把一个 Word 文件导入到第一栏既有的文本框架中。然后，把第一个文本框架与第二个文本框架串接起来。最后，在文档的第 3 页新建文本框架以容纳多出来的文本。

 提示：你可以通过串接文本框架来创建多栏，也可将文本框架分成多栏——选择菜单"对象">"文本框架选项"，并在打开的对话框的"常规"选项卡中指定栏数。有些设计师喜欢将文本框架分成多栏，这样版式将更灵活。

（1）选择菜单"视图">"使跨页适合窗口"，找到右对页中标题"How to grow peas, please!"下方的两个文本框架。

（2）如果有必要，请放大视图以便能够看清这些文本框架。

（3）使用文字工具（T）在左边的文本框架中单击，如图 5.6 所示。

图5.6

（4）选择菜单"文件">"置入"。

 提示：要为导入文本做好准备，可预先将文本框架串接起来。为此，可使用选择工具单击当前框架的出口，再单击下一个框架的任何地方；不断重复这个过程，直到将所有框架都串接起来了。

（5）在文件夹 Lesson05 中找到并选中文件 05_Peas.docx。

（6）选择"置入"对话框底部的复选框"替换所选项目"（在 macOS 中，如果有必要，请单击"选项"按钮以显示这个复选框），再单击"打开"按钮，结果如图 5.7 所示。

Peas·grow·well·in·heavy,
moist·soil·that·is·not
suitable·for·some·other·

图5.7

文本将导入到左栏既有的文本框架中。注意到文本框架的右下角有个出口，其中的红色加号（⊞）表明有溢流文本（见图 5.8），即文本框架无法容纳所有文本。下面将溢流文本排入第 2 栏的另一个文本框架中。

图5.8

（7）使用选择工具单击该文本框架的出口，这将显示载入文本图标（如果有必要，请先单击文本框架以选择它，再单击其出口）。

| Id | 提示：在排文过程中，鼠标将在各种不同的载入文本图标之间切换。 |

（8）将载入文本图标指向右边文本框架的任何位置并单击，如图 5.9 所示。

图5.9

（9）文本将排入第 2 栏。该文本框架的出口也包含红色加号（ ），这表明还有溢流文本，如图 5.10 所示。

| Id | 提示：如果你改变主意了，不想将溢流文本排入其他文本框架，可按 Esc 键或单击工具面板的任何其他工具，以撤销载入文本图标，而不会删除任何文本。 |

图5.10

（10）选择菜单"文件"＞"存储"。保留该页面的位置不变，供下个练习使用。

载入多个文本文件

在"置入"对话框中，可载入多个文本文件，再分别置入它们，具体方法如下。

- 首先，选择菜单"文件"＞"置入"打开"置入"对话框。
- 按住Ctrl（Windows）或Command（macOS）键并单击以选择多个不相邻的文件；按住Shift键并单击以选择一系列相邻的文件。
- 单击"打开"按钮后，在载入的文本图标中，将在括号中指出载入了多少个文件，如"(4)"。
- 按箭头键选择要置入的文本文件，按Esc键删除当前的文本文件。
- 通过单击以每次一个的方式置入文件。

提示：可同时载入图形文件和文本文件。

5.4 在排文时创建文本框架

下面尝试两种不同的排文方法。首先，使用半自动排文将文本置入到一栏中。半自动排文让你能够每次创建一个串接的文本框架，在每栏排入文本后，鼠标都将自动变成载入文本图标。然后，你将使用载入文本图标手动创建一个文本框架。

提示：根据用户采用的是手动排文、半自动排文还是自动排文，载入文本图标的外观会稍有不同。

请注意，要成功地完成这些练习，必须按住正确的键盘键，并单击正确的地方。因此，在做每个练习前，先阅读其中的所有步骤可能有所帮助。如果出错，务必选择菜单"编辑">"还原"，再重做。

（1）使用选择工具单击第 1 页第 2 栏的文本框架的出口。这将显示包含溢流文本的载入文本图标，如图 5.11 所示。

Excelsior·type,·and·four
feet·for·the·climbing·

图5.11

下面在第 2 页新建一个文本框架以容纳溢流文本。参考线指出了要创建的文本框架的位置。

（2）选择菜单"版面">"下一跨页"以显示第 2 页和第 3 页，再选择菜单"视图">"使跨页适合窗口"。

在鼠标为载入文本图标的情况下，仍可导航到其他文档页面或创建新页面。

（3）将载入文本图标（ ）指向左页面左上角两条参考线的交点。为单击正确的位置，等载入文本图标中的黑色箭头变成白色后再单击。

（4）按住 Alt（Windows）或 Option（macOS）键并单击，如图 5.12 所示。

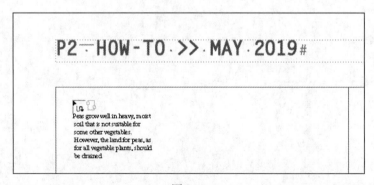

图5.12

文本将排入第 1 栏。因为按住了 Alt 或 Option 键，鼠标还是载入文本图标，让你能够将文本排入其他文本框架。

（5）松开 Alt 或 Option 键，再将载入文本图标（▦）指向第 2 栏。

（6）在第 2 栏中单击鼠标，在栏参考线内新建一个文本框架，如图 5.13 所示。

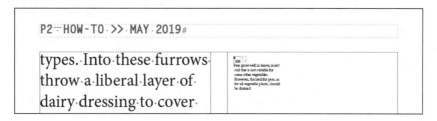

单击鼠标在栏参考线内创建文本框架并将文本排入其中

图5.13

第 2 个文本框架的右下角有红色加号，这表明还存在溢流文本，后面我们将修复这种问题。

（7）选择菜单"文件" > "存储"，保留该页面的位置不变，供下个练习使用。

5.5 自动创建串接的文本框架

为提高创建与分栏等宽的串接文本框架的速度，InDesign 提供了一种快捷方式。如果在拖曳文字工具以创建文本框架时按右箭头键，InDesign 自动将该文本框架分成多个串接起来的分栏。例如，如果创建文本框架时按右箭头键一次，将把文本框架分成两个等宽的分栏；如果按右箭头键 5 次，文本框架将被划分 5 次，分成 6 个等宽的分栏。

下面在第 3 页创建一个两栏的文本框架，并串接这些框架，以便将溢流文本排入其中。

（1）选择菜单"视图">"使跨页适合窗口"，让第 2 页和第 3 页出现在文档窗口中央。

（2）选择文字工具（T）并将鼠标指针指向右边页面的第 1 栏，大概位于紫色栏参考线和粉红色边距参考线的交点处。

（3）向右下方拖曳鼠标创建一个横跨这两栏的文本框架，如图 5.14 所示。在拖曳时按右箭头键一次。

图5.14

注意：如果不小心按了右箭头键多次，导致生成的串接文本框架的分栏数超过两个，可选择菜单"编辑">"还原"，再重做；也可在拖曳时按左箭头键删除多余的分栏。

InDesign 自动将该文本框架分成两个串接起来的文本框架，它们的宽度相等。

（4）继续向下拖曳，让这个文本框位于栏参考线和边距参考线内。如果有必要，可以使用选择工具调整这个文本框架，使其位于上述参考线内，如图 5.15 所示。

图5.15

（5）使用选择工具单击以选择第 2 页第 2 栏的文本框架，再单击该框架右下角的出口，这将显示载入文本图标和溢流文本。

（6）单击第 3 页中刚创建的文本框架。

文本将排入到该页面的两个分栏中，如图 5.16 所示。

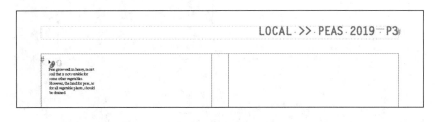

图5.16

（7）选择菜单"文件" > "存储"。保留该页面的位置不变，供下个练习使用。

5.6 自动排文

下面使用自动排文将溢流文本排入小册子中。在采用自动排文时，InDesign 将自动在后续页面的栏参考线内新建文本框架，直到排完所有溢流文本为止。对于较长的文档来说，这是很不错的选择，但就本课的项目来说，这将导致一些已置入的图像被文本遮住。这种问题很容易修复，只需将文本框架删除即可，这样文本将自动排入余下的文本框架。

 提示：尝试各种排文选项，找到最适合项目的串接方法。例如，创建产品目录模板时，可能串接多个小型文本框架，以便以后在其中排入产品描述文本。

（1）使用选择工具单击第 3 页第 2 栏的文本框架右下角的出口，将显示载入文本图标和溢流文本（如果有必要，先单击该框架以选择它，再单击其出口）。

（2）选择菜单"版面" > "下一跨页"以显示第 4 页和第 5 页。

（3）将载入文本图标（ ）指向第 4 页的第 1 栏——栏参考线和边距参考线相交的地方。

（4）按住 Shift 键并单击。

 提示：当鼠标是载入文本图标时，按住 Shift 键并单击将自动创建文本框架，并将文本排入其中；如果有必要，还将添加页面，以便将所有文本都排入到当前文档中。

注意到在余下的页面中添加了新文本框架（在包含照片的页面中亦如此），如图5.17所示。这是因为按住了 Shift 键，将以自动方式进行排文。

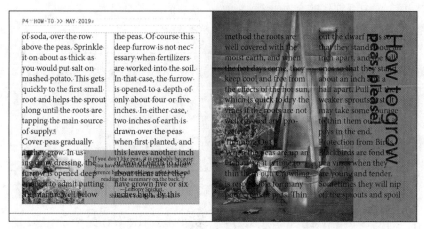

图5.17

（5）按住 Shift 键，并使用选择工具单击第 5 页中新创建的两个文本框架（覆盖园艺工具图像的文本框架），以选择它们。

（6）选择菜单"编辑">"清除"删除这些文本框架。

（7）选择菜单"版面">"下一跨页"显示第 6 页和第 7 页。如你所见，文本依次排入了第 4 页、第 6 页和第 7 页。

（8）按住 Shift 键，并使用选择工具单击第 7 页中新创建的两个文本框架（覆盖豌豆图像的文本框架）。

（9）选择菜单"编辑">"清除"删除这些文本框架。

这时依然存在溢流文本，下一节将通过设置格式来解决这个问题。

（10）选择菜单"文件">"存储"，保留该页面的位置不变，供下一个练习使用。

在排文时添加页面

除在既有页面中串接文本框架外，还可在排文时添加页面。这种功能称为"智能文本重排"，非常适合排大段的文本（如本书的章节）。在启用了"智能文本重排"后，当用户在主文本框架中输入文本或排文时，将自动添加页面和串接的文本框架，以便能够容纳所有文本。如果文本因编辑或重新设置格式而缩短，将自动删除多余的页面。下面尝试使用这项功能。

（1）选择菜单"文件">"新建">"文档"，在"新建文档"对话框中：

• 单击顶部的"打印"；

- 单击图标Letter-Half；
- 单击"方向"部分的"横向"图标；
- 选择复选框"主文本框架"。

（2）单击"边距和分栏"按钮，再单击"确定"按钮。

（3）选择菜单"编辑" > "首选项" > "文字"（Windows）或"InDesign CC" > "首选项" > "文字"（macOS），以打开"文字"首选项。在"文字"首选项的"智能文本重排"部分，可指定使用智能文本重排时如何处理页面：

- 在哪里添加页面（文章末尾、章节末尾还是文档末尾）；
- 只将智能文本重排用于主文本框架，还是用于文档中的其他文本框架；
- 如何在对页跨页中插入页面；
- 当文本变短时，是否删除空白页面。

（4）在默认情况下，"智能文本重排"被选中，但请确保选择了它，再单击"确定"按钮。

（5）选择菜单"文件" > "置入"。在"置入"对话框中，选择文件夹Lesson05中的文件05_Peas.docx，再单击"打开"按钮。

（6）在新文档的第1页中，在页边距内单击鼠标将所有文本排入主文本框架，这在必要时将添加页面。注意页面面板中的页数（3）。

（7）关闭该文件但不保存所做的修改。

5.7 对文本应用段落样式

创建好所有串接的文本框架，并将文本排入其中后，就可以设置文本的格式，指定它们在版面中的排列方式和外观。在这里，你将把样式"Body Paragraphs"应用于整篇文章，再设置第一段和子标题的格式。

（1）选择文字工具，再在刚导入的主文章所在的任何文本框架中单击。

（2）选择菜单"编辑" > "全选"以选择文章中的所有文本（位于一系列串接的框架中的文本）。

（3）选择菜单"文字" > "段落样式"打开段落样式面板。

（4）单击段落样式 Body Paragraphs（如果有必要，请展开样式组"Body Text"，并向下滚动找到这个样式），如图5.18所示。

（5）选择菜单"版面" > "转到页面"。在"页面"文本框中输入"1"，并单击"确定"按钮。

（6）在第1页中，单击文章的第一个段落（以"Peas grow well in heavy"打头的段落）。

（7）在段落样式面板中，单击段落样式"Drop Cap"，如图5.19所示。

下面来设置这篇文章中6个子标题的格式。

图5.18

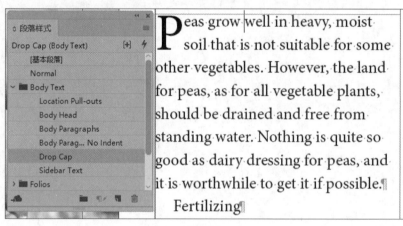

图5.19

（8）选择菜单"视图">"使跨页适合窗口"。

（9）使用文字工具单击第1页左边那栏的子标题"Fertilizing"，这指定了要设置哪个段落的格式。

（10）在段落样式面板中，单击段落样式"Body Head"。

（11）单击子标题Fertilizing后面那个段落（以"When dairy dressing"打头的段落），再在段落样式面板中单击段落样式"Body Paragraphs No Indent"，如图5.20所示。

（12）重复第9 ~ 11步，将段落样式"Body Head"应用于这篇文章中其他的子标题，并将段落样式"Body Paragraphs No Indent"应用于各个子标题后面的那个段落。这些子标题如下：

- 第2页左栏的"Snowing"；
- 第3页左栏的"Thinning Out"；
- 第3页右栏的"Protection from Birds"；
- 第3页右栏的"Caring for the Vines"；
- 第4页左栏的"Picking Peas"；

- 第 4 页面右栏的 "Follow Crops"。

图5.20

（13）选择菜单"文件">"存储"。不要切换到其他页面，以方便完成下一个练习。

5.8 调整分栏

InDesign 提供了很多调整文本分栏长度的方法。调整分栏长度可能是为了适合版面，或者是为了将特定的主题放在一起。要调整分栏长度，一种方法是使用选择工具来调整文本框架的大小，另一种方法是手工添加分栏符将文本推到下一栏中。在这里，你将调整文本框架的大小，以适合版面。

（1）在页面面板中，双击第 4 页的图标，使其显示在文档窗口中央。

（2）使用选择工具单击左边那个包含主文章的文本框架。

（3）向上拖曳这个文本框架的下边缘，使其高度大约为 2.1 英寸。

> **Id** **注意**：如果有必要，在控制面板中的文本框"H"中输入"2.1 英寸"再按回车键，以调整这个文本框架的大小。

（4）选择右边的文本框架（它包含第 2 栏文本），向上拖曳下边缘，使其高度与左边的文本框架一致。

通过调整这些文本框架的大小，可以避免文章遮住带阴影的旁注框。

（5）选择菜单"版面">"下一跨页"以显示第 6 页和第 7 页。在第 6 页的底部，是一句来自 E.M Forster 的引言。

（6）使用选择工具单击第 6 页左边的文本框架，向上拖曳下边缘使其高度为 2.5 英寸。

（7）选择右边的文本框架，它包含第 2 栏的文本。向上拖曳下边缘，使其高度与左边的文本框架一致，如图 5.21 所示。

（8）单击粘贴板以取消选择所有对象，再选择菜单"文件">"存储"。

图5.21

提示：要调整文本在框架中的排列方式，可添加分隔符，如分栏符和框架分隔符，为此可使用菜单"文字" > "插入分隔符"。

调整垂直间距

InDesign提供了多种方法用于定制和调整框架中文本的垂直间距，用户可以：

- 使用基线网格设置所有文本行的间距；
- 使用字符面板中的下拉列表"行距"设置每行的间距；
- 使用段落面板中的文本框"段前间距"和"段后间距"设置段落的间距；
- 使用"文本框架选项"对话框中的"垂直对齐"和"平衡栏"选项来对齐文本框架中的文本。
- 从段落面板菜单中选择"保持选项"，并在打开的"保持选项"对话框中，使用"保持续行""接续自"和"保持各行同页"来控制段落如何从一栏排入下一栏。

在本节中，你将使用基线网格来对齐文本。

5.9 使用基线网格对齐文本

设置垂直间距的一个方面是，让不同分栏中的文本行水平对齐，为此可为整个文档设置基线网格（也叫行距网格）。基线网格描述了文档正文的行距，用于对齐相邻文本栏和页面中文字的基线。下面首先设置基线网格，再设置段落格式，让段落与基线网格对齐。当段落与基线网格对齐后，相邻分栏中的文本行便是对齐的，如图 5.22 所示。

图5.22

提示：可在文本框架中设置基线网格，这非常适合不同文章使用不同行距的情形。为此，可选择菜单"对象" > "文本框架选项"，再单击标签"基线选项"。

设置基线网格前，需要查看正文的行距。

（1）选择菜单"版面" > "转到页面"，在"页面"文本框中输入"1"，再单击"确定"按钮。

（2）在工具面板中选择文字工具（ T ）。

（3）在文章第一段（它以"Peas grow well"打头）中的任何位置单击。从字符面板的下拉列表"行距"（ A ）中可知，行距为 11 点。

（4）选择菜单"编辑" > "首选项" > "网格"（Windows）或"InDesign CC" > "首选项" > "网格"（macOS）以设置基线网格选项。

（5）在"基线网格"部分，在"开始"文本框中输入"0"，并从"相对于"下拉列表中选择"上边距"。

该选项决定了文档的第一条网格线的位置。如果使用默认值 3p0，第一条网格线将在上边距上方。

（6）在"间隔"文本框中输入 11 点，使其与行距匹配，如图 5.23 所示。

图5.23

视图阈值指定了缩放比例至少为多少后，才能在屏幕上看到基线网格。当将其设置为 100% 时，仅当缩放比例不小于 100% 时，才会在文档窗口中显示基线网格。

（7）单击"确定"按钮。

（8）选择菜单"文件">"存储"。

查看基线网格

下面来让刚设置的基线网格在屏幕上可见。

（1）要在文档窗口中查看基线网格，选择菜单"视图">"网格和参考线">"显示基线网格"，再选择菜单"视图">"实际尺寸"，结果如图5.24所示。

图5.24

可以让一个段落、选定段落或文章中的所有段落对齐到基线网格，文章指的是一系列串接的文本框架中的所有文本。下面使用段落面板将主文章与基线网格对齐。

（2）使用文字工具（T）在跨页中第一段的任何地方单击，再选择菜单"编辑">"全选"以选择主文章的所有文本。

（3）如果段落面板不可见，选择菜单"文字">"段落"。

（4）在段落面板中，从面板菜单中选择"网格对齐方式">"罗马字基线"。文本将移动使字符基线与网格线对齐，如图5.25所示。

图5.25

（5）单击粘贴板取消选择文本，再选择菜单"文件">"存储"。

5.10 添加跳转说明

如果文章跨越多页，读者必须翻页才能阅读后面的内容，最好添加一个跳转说明（如"下转第 x 页"）。在 InDesign 中可以添加跳转说明，跳转说明将自动指出文本流中下一页的页码，即文本框架链接到的下一页。

（1）在页面面板中双击第 1 页的页面图标，让该页在文档窗口中居中。向右滚动以便能够看到粘贴板，必要时放大视图以便能够看清文本。

（2）选择文字工具（T），在粘贴板中拖曳鼠标以创建一个 1.5 英寸 ×0.25 英寸的文本框架。

（3）使用选择工具将新创建的文本框架拖曳到第 1 页第 2 栏的底部，确保该文本框架的顶部与既有文本框架的底部相连，如图 5.26 所示。

图5.26

（4）使用文字工具单击将光标插入新文本框架。输入"Peas continued on page"和一个空格。

（5）单击鼠标右键（Windows）或按住 Control 键并单击（macOS），以显示上下文菜单，再选择"插入特殊字符">"标志符">"下转页码"，如图 5.27 所示。跳转说明将变成"Peas continued on page 2"。

图5.27

（6）选择菜单"文字">"段落样式"打开段落样式面板。在文本插入点仍位于跳转说明中的情况下，单击段落样式"Continued From/To Line"，这将根据模板设置文本的格式，如图 5.28 所示。

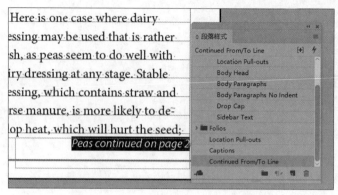

图5.28

（7）选择菜单"文件">"存储"。

（8）选择菜单"视图">"使跨页适合窗口"。

（9）在屏幕顶部的应用程序栏中，从"屏幕模式"下拉列表中选择"预览"。

祝贺你学完了本课!

5.11　练习

在本课中，你学习了如何创建指出下转页码的跳转说明，还可创建指出上接页码的跳转说明。

（1）选择菜单"视图">"屏幕模式">"正常"以显示框架边缘。

（2）使用选择工具复制第 1 页中包含跳转说明的文本框架（要复制对象，就先选择它，再选择菜单"编辑">"复制"）。

（3）将复制的跳转说明文本框架粘贴到第 2 页，再拖曳该文本框架使其与第 1 栏的文本框架顶部相连。如果有必要，请向下拖曳主文本框架的上边缘，以免跳转说明文本框架与页眉相连。

（4）使用文字工具（T）将该文本框架的文字从"Peas continued on"改为"Peas continued from"。

（5）选择跳转说明中的页码 2。

现在需要使用"上接页码"字符替换"下转页码"字符。

（6）选择菜单"文字">"插入特殊字符">"标志符">"上接页码"。

跳转说明变成了"Peas continued from page 1"。

5.12 复习题

1. 使用哪种工具可以串接文本框架?
2. 如何显示载入文本图标?
3. 在鼠标形状为载入文本图标的情况下,在栏参考线之间单击将发生什么?
4. 按什么键可以自动将文本框架分成多个串接的文本框架?
5. 有种功能可以自动添加页面和串接的文本框架以容纳导入文件中的所有文本,这种功能叫什么?
6. 哪项功能根据文本长度自动调整文本框架的大小。
7. 要确保在跳转说明中插入正确的"下转页码"和"上接页码"字符,需要做什么?

5.13 复习题答案

1. 选择工具。
2. 选择菜单"文件">"置入"并选择一个文本文件,或单击包含溢流文本的文本框架的出口。你还可以将文本文件从桌面拖曳到页面中。
3. InDesign 将在单击的位置创建文本框架,该框架位于垂直的栏参考线之间。
4. 在使用文字工具拖曳以创建文本框架时按右箭头键。在创建文本框架时,也可以按左箭头键减少串接的文本框架数。
5. 智能文本重排。
6. "文本框架选项"对话框(和"对象"菜单)中的"自动调整大小"。
7. 包含跳转说明的文本框架必须与包含文章的串接文本框架相连。

第6课　编辑文本

课程概述

在本课中，读者将学习以下内容：

- 通过 Adobe Fonts 同步字体；
- 处理缺失字体；
- 输入和导入文本；
- 查找并修改文本和格式；
- 在文档中检查拼写；
- 编辑拼写词典；
- 自动更正拼写错误的单词；
- 使用文章编辑器；
- 通过拖曳移动文本；
- 显示修订。

学习本课需要大约 45 分钟。要下载本课的课程文件，请登录异步社区网站，详情请参阅本书前言后的"资源与支持"一节。请将下载的文件放在方便使用的地方。

Protect Your Peas

HIGH-PROTEIN, LOW-CALORIE, VITAMIN-RICH PEAS ARE EASY
TO GROW AND DELICIOUS TO EAT.

Peas are easy to grow, but once they pop up they need a little protection. A little daily attention will ensure an awesome crop—and a supply of nutritious side dishes and snacks. Enjoy the fresh air and satisfaction of gardening during the day, and peruse your cookbooks for ideas at night. Next month, we'll have plenty of great recipes for you to try.

Cover. Cover peas gradually as they grow. In using dairy dressing, the furrow is opened deep enough to admit putting the manure well below the peas. Of course this deep furrow is not necessary when fertilizers are worked into the soil. In that case, the furrow is opened to a depth of only about four or five inches. In either case, two inches of earth is drawn over the peas when first planted, and this leaves another inch or two of earth to draw about them after they have grown five or six inches high.

Thinning Out. When the peas are up an inch or so, it is time to thin them out. Crowding is responsible for many poor crops of peas. Thin out the dwarf peas so that they stand about an inch apart, and the tall ones so that they stand about an inch and a half apart. Pull out the weaker sprouts first. TIP: It may take some courage to thin them out, but it pays in the end.

Protection from Blackbirds. Blackbirds are fond of pea vines when they are young and tender. Sometimes they will nip off the sprouts and spoil a long row in one early breakfast. A white string, stretched above the row, with white rags tied here and there, will usually keep them away. Small flags, made by tying a strip of white cotton cloth to a stick will serve well also. TIP: If there are many blackbirds about, it is a wise gardener who takes this easy precaution. It is a little too late after the blackbirds have been there.

Caring for the Vines. The dwarf peas need no further care, except cultivation to keep the earth soft and free from weeds. The blossoms form in about four weeks, and the peas ripen quickly after that. The season for peas begins early in May, and they are picked in August along the northern belt. Because of its fondness for cool climates and moist earth, the pea is most delicious and profitable in those states where the summer days are not extremely hot.

Picking Peas. It does not pay to pick peas before they are fairly well filled out, as they are wasted in that way. You can soon learn to tell, by a gentle pressure of the thumb near the lower end of the pod, whether the peas are large enough to pick. On the other hand, it is unwise to leave them on the vines to dry, as that will tend to check the growth of the peas forming at the top of the vine. In taking the pod from the vines, be careful to use both hands. Hold the vine with one hand just above the pea, to save the tender branches from being torn. TIP: Remember the new peas which are coming above those you are picking, and give them a free chance to mature.

Follow Crops. As soon as the crop of peas is harvested, pull out the vines, put away the supports you wish to save for the next season, and dig over the ground for a crop of something else. Bush string beans, turnips, cabbage, winter beets, lettuce, and other quick growing plants may be put in the same rows.

Recipes. Next month look for recipes for Soupe Aux Pois (Pea Soup), Balsamic Pea Salad, Lemon Orzo with Peas, Fregola with Peas and Ricotta, and Peas with Pancetta.

Source. "Protecting Your Peas" excerpted from Garden Steps: A Manual for the Amateur in Vegetable Gardening, by Ernest Cobb, 1917

peas

Adobe InDesign CC 提供了专用字处理程序才有的众多文本编辑功能，包括查找并替换文本和格式、检查拼写、在输入文本时自动校正拼写错误以及在编辑时显示修订。

6.1 概述

在本课中，你将执行图形设计人员经常面临的编辑任务，包括导入包含文章的 Microsoft Word 文件，以及使用 InDesign 编辑功能查找并替换文本和格式、执行拼写检查、修改文本和显示修订等。

注意：如果还没有下载本课的项目文件，现在就去下载，详情请参阅"资源与支持"。

（1）为确保你的 Adobe InDesign 首选项和默认设置与本课使用的一样，请将文件 InDesign Defaults 移到其他文件夹，详情请参阅"前言"中的"保存和恢复文件 InDesign Defaults"。

（2）启动 Adobe InDesign。

（3）在出现的 InDesign 起点屏幕中，单击左边的"打开"按钮（如果没有出现起点屏幕，就选择菜单"文件">"打开"）。

（4）打开文件夹 InDesignCIB\Lessons\Lesson06 中的文件 06_Start.indd。

当你打开文档时，如果其中使用了系统没有安装的字体，Adobe Fonts 服务将尝试找到并激活它们。

（5）出现"缺失字体"对话框，指出缺失字体 Urbana Light 和 Goudy Old Style Italic，如图 6.1 所示。如果你是 Adobe Fonts 服务的会员，将自动选择字体 Urbana Light 并显示"激活"按钮，你可以单击这个按钮激活字体"Urbana Light"。Adobe Fonts 服务未提供字体"Goudy Old Style"，因此后面将替换这种字体。单击"关闭"按钮关闭这个对话框。

图6.1

注意：为提高对比度，本书的屏幕截图显示的界面都是"中等浅色"的。在你的屏幕上，诸如面板和对话框等界面元素要暗些。

（6）如果有必要，选择菜单"视图">"显示性能">"高品质显示"，以更高的分辨率显示这个文档。

（7）选择菜单"文件">"存储为"，将文件重名为 06_Text.indd，并将其存储到文件夹 Lesson06 中。

（8）要查看完成后的文档，请打开文件夹 Lesson06 中的文件 06_End.indd，如图 6.2 所示。可以将该文件打开以便在工作时参考。

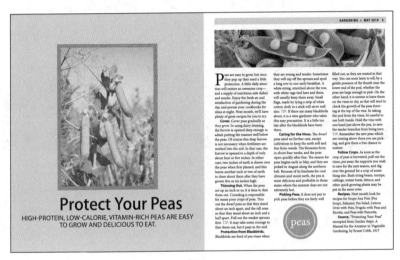

图6.2

（9）当查看完毕后，单击文档窗口左上角的文件 06_Text.indd 的标签以切换到该文档。

6.2 查找并替换缺失字体

在前面打开本课的文档时，可能会指出缺失字体"Goudy Old Style"；如果你的计算机安装了这种字体，则不会出现这种警告，但你仍可以按下面的步骤做，以便日后参考。下面搜索使用字体"Goudy Old Style"的文本，并将这种字体替换为"Myriad Pro Regular"。

（1）选择菜单"视图">"屏幕模式">"正常"，以显示诸如参考线等排版辅助元素。

我们注意到在非预览模式下，右对页的文本带粉色背景，这表明这些文本使用的字体缺失。

（2）选择菜单"文字">"查找字体"。"查找字体"对话框列出了文档使用的所有字体，且缺失字体的旁边有警告图标（⚠）。

（3）在列表"文档中的字体"中选择"Goudy Old Style Italic"。

（4）在该对话框底部的"替换为"部分，从下拉列表"字体系列"中选择"Myriad Pro"。

（5）如果有必要，请从下拉列表"字体样式"中选择"Regular"，如图 6.3 所示。

图6.3

（6）单击"全部更改"按钮。

> ![Id] 提示：在"查找字体"对话框中，如果你选中复选框"全部更改时重新定义样式和命名网格（E）"，则使用了缺失字体的字符样式和段落样式都将更新，以使用替换字体。这有助于快速更新文档和模板，但是你要确定这样修改是合适的。

（7）单击"完成"按钮关闭该对话框，并在文档中查看替换后的字体。

> ![Id] 提示：要显示有关缺失字体的更多信息，如字符数、所处的页面和字体类型，可在"查找字体"对话框中单击"更多信息"按钮。

（8）选择菜单"文件" > "存储"。

安装缺失的字体

如果你是Creative Cloud成员，将自动通过Adobe Fonts激活缺失的字体。如果Adobe Fonts没有提供缺失的字体，可替换缺失的字体，也可在系统中安装它们。对大多数项目来说，在系统中安装缺失的字体都是更好的选择，因为这样可保留原始设计。为此，我们可以采取如下方式：

- 如果你有缺失的字体，就安装它；
- 如果没有缺失的字体，可购买它；
- 如果你是Creative Cloud成员，可看看通过Adobe Fonts服务能否激活或购买缺失的字体。

有了缺失的字体后，可使用字体管理软件激活它，也可将字体文件复制到InDesign的Font文件夹中或InDesign文档所在文件夹的Document Fonts文件夹中。

6.3 输入和导入文本

用户既可将文本直接输入到 InDesign 文档中，也可导入在其他程序（如字处理程序）中创建的文本。要输入文本，需要使用文字工具选择文本框架或文本路径。要导入文本，可从桌面拖曳文件（这将出现载入文本图标），也可将文件直接导入到选定文本框架中。

6.3.1 输入文本

虽然图形设计人员通常不负责版面中的文本（文字），但他们经常需要根据修订方案进行修改。这些修订方案是以硬拷贝或 Adobe PDF 提供的。在这里，你将使用文字工具修订标题。

（1）选择菜单"视图">"其他">"显示框架边缘"。

文本框架将出现金色轮廓，让你能看清它们。在左对页的图像下方，找到包含标题"Protecting Your Peas"的文本框架。下面将这个标题中的"Protecting"改为"Protect"。

 注意：如果看不到框架边缘，请确保屏幕模式为"正常"（选择菜单"视图">"屏幕模式">"正常"）。

（2）使用文字工具（T）单击 Protecting 后面。

（3）按 Backspace（Windows）或 Delete（macOS）键 3 次，将"ing"删除，如图 6.4 所示。

图6.4

（4）选择菜单"文件">"存储"。

6.3.2 导入文本

在使用模板处理项目（如杂志）时，设计人员通常将文本导入既有文本框架。在这里，你将导入一个 Microsoft Word 文件，并使用段落样式设置其格式。

（1）使用文字工具（T）单击右对页文本框架中第 1 栏，如图 6.5 所示。

图6.5

（2）选择菜单"文件"＞"置入"。在"置入"对话框中，确保没有选中复选框"显示导入选项"。

 提示：在"置入"对话框中，可按住 Shift 键并单击来选择多个文本文件。当你这样做时，鼠标指针将变成载入这些文件的图标，让你能够在文本框架中或页面上单击以导入每个文件中的文本。这非常适合置入存储在不同文件中的内容，如很长的字幕。

（3）在文件夹 InDesignCIB\Lessons\Lesson06 中，找到并选择文件 Gardening.docx。

（4）单击"打开"按钮。如果出现"缺失字体"对话框，请单击"关闭"按钮将其关闭，后面将使用段落样式指定不同的字体。

文本将从一栏排入另一栏，填满全部 3 栏。

（5）选择菜单"编辑"＞"全选"选择文章中的所有文本。

（6）在面板停放区找到属性面板，在"文本样式"部分单击标签"段落样式"，再从它下面的下拉列表中选择样式"Body Paragraph"。

（7）在第一个段落（以"Peas are easy to grow"打头的段落）中单击，再在属性面板中从"段落样式"下拉列表中选择"First Body Paragraph"，如图 6.6 所示

图6.6

当你修改格式后，文本框架可能无法容纳所有文本。在右对页中，文本框架的右下角可能有红色加号，这表明有溢流文本（无法容纳的文本）。后面将使用"文章编辑器"来解决这个问题。

（8）选择菜单"编辑"＞"全部取消选择"。

（9）选择菜单"文件"＞"存储"。

6.4 查找并修改文本和格式

和大多数流行的字处理程序一样，在 InDesign 中也可以查找并替换文本和格式。通常，在图形设计人员处理版面时，稿件还在修订中。当编辑要求进行全局修改时，"查找/更改"命令有助于确保修改准确而一致。

6.4.1 查找并修改文本

对于这篇文章，编辑决定要将所有的"bird"都改为"blackbird"。下面修改文档中所有的 bird。

（1）使用文字工具（T）在文章开头（右对页第一栏的"Peas are eary to grow"前面）单击。

（2）选择菜单"编辑"＞"查找/更改"。

（3）单击下拉列表"查询"，看看内置的"查找/更改"选项。单击对话框顶部的每个标签——"文本""GREP""字形"和"对象"，以查看其他选项。

（4）单击标签"文本"，以便进行简单的文本查找和替换。

（5）在"方向"部分，选择单选按钮"向前"。

 提示：要在两个搜索方向之间切换，可按 Ctrl + Alt + 回车键（Windows）或 Comand + Option + 回车键（macOS）组合键。

（6）在文本框"查找内容"中输入"bird"。

按 Tab 键移到文本框"更改为"，并输入"blackbird"。

在"查找/更改"对话框中，可使用"搜索"下拉列表指定搜索范围，这包括所有文档、文档、文章、到文章开头（如果将方向设置成了向后）、到文章末尾和选区（如果你选定了文本）。

（7）从"搜索"下拉列表中选择"文章"。

将鼠标指针指向"搜索"下拉列表下方的各个图标以显示工具提示，从而了解它们将如何影响查找/更改操作。例如，通过选择"全字匹配"，可避免查找内容出现在另一个单词中时被找出并更改。

（8）确保没有选择图标"区分大小写"和"全字匹配"，如图 6.7 所示。

图6.7

（9）单击"查找下一个"。找到第一个"bird"后，单击"全部更改"按钮。

（10）此时，将出现一个消息框，指出进行了 4 次替换（如图 6.8 所示），请单击"确定"按钮。

图6.8

提示：当你打开了"查找/更改"对话框时，仍可以使用文字工具在文本中单击并进行编辑。通过让"查找/更改"对话框打开，可在编辑文本后继续搜索。

（11）在文章开头的单词"Peas"前面单击，确保没有选择任何单词。让"查找/更改"对话框继续打开，供下一个练习使用。

6.4.2 查找并修改格式

编辑要求再对这篇文章进行另一项全局性修改——这次修改的是格式而不是拼写。在这篇文章中，小贴士前面都有单词 Tip，但它应该是紫色的且全大写。

（1）在"查找内容"文本框中输入"Tip:"。按 Tab 键进入"更改为"文本框，并按 Backspace 或 Delete 键删除其中的内容。

（2）在"更改为"文本框中输入"TIP:"。

（3）单击"搜索"下拉列表下方的"区分大小写"图标，如图 6.9 所示。

图6.9

提示：要使用"查找/更改"将所有的"Tip:"都改为"TIP:"，另一种方式是应用样式"全部大写字母"。根据使用这种效果的频率，你可以创建一种指定"全部大写字母"和紫色的字符样式，再通过"查找/更改"来应用这种字符样式。

（4）如果有必要，请单击按钮"更多选项"在对话框中显示查找文本的格式选项。

（5）在对话框底部的"更改格式"部分，单击"指定要更改的属性"按钮（🐾）。

（6）在"更改格式设置"对话框左边，选择"字符颜色"。

（7）在"字符颜色"部分，单击"Purple-Cool"，如图 6.10 所示。

图6.10

（8）单击"确定"按钮返回"查找 / 更改"对话框。

你会注意到文本框"更改为"上方有个警告标记（ⓘ），这表明 InDesign 将把文本修改为指定的格式，如图 6.11 所示。

图6.11

（9）通过先单击"查找下一个"按钮再单击"更改"按钮来测试设置。确定"Tip:"被更改为紫色的"TIP:"后，再单击"全部更改"按钮。

（10）出现指出进行了两次修改的消息框时，请单击"确定"按钮，再单击"完成"按钮关闭"查找/更改"对话框。

　　（11）选择菜单"文件"＞"存储"。

6.5　拼写检查

　　InDesign 包含拼写检查功能，该功能与字处理程序使用的拼写检查功能相似。可对选定文本、整篇文章、文档中所有的文章或多个打开的文档中所有的文章执行拼写检查。可将单词加入文档的词典中，以指定哪些单词可被视为拼写不正确。还可让 InDesign 在你输入单词时指出并校正可能的拼写错误。

> **Id**　**提示**：务必与客户或编辑讨论是否由你来进行拼写检查，很多编辑喜欢自己进行拼写检查。

　　"拼写检查"对话框提供了如下按钮，让你能够对显示在文本框"不在字典中"的单词（存在疑问的单词）进行处理。

- "跳过"：如果你确定这个单词的拼写没有错误，同时要审阅其他这样的单词，可单击"跳过"按钮。
- "更改"：单击这个按钮将当前的单词改为"更改为"文本框中的内容。
- "全部忽略"：确定在整个选定范围、文章或文档内，并且所有这样的单词都拼写正确时，可以单击这个按钮。
- "全部更改"：确定在整个选定范围、文章或文档内，需要对所有这样的单词进行修改时，可以单击这个按钮。

6.5.1　在文档中进行拼写检查

　　在打印文档或通过电子方式分发它之前，进行拼写检查是个不错的主意。在这里，我们怀疑新导入的文章的作者有些马虎，因此立即检查拼写。

　　（1）如果必要，选择菜单"视图"＞"使跨页适合窗口"，以便能够同时看到文档的两个页面。

　　（2）使用文字工具（T）在你一直处理的文章的第一个单词（Peas）前面单击。

　　（3）选择菜单"编辑"＞"拼写检查"＞"拼写检查"。

　　在"拼写检查"对话框的下拉列表"搜索"中，可选择"所有文档""文档""文章""到文章末尾"或"选区"。

　　（4）从对话框底部的"搜索"下拉列表中选择"文章"，将自动开始拼写检查，如图 6.12 所示。

图6.12

（5）InDesign 标出了所有与拼写字典不匹配的单词，对于标出的单词，做如下处理：

- 对于 coton，在列表"建议校正为"中选择"cotton"，再单击"更改"按钮；
- 对于 gardner，在文本框"更改为"中输入"gardener"，再单击"更改"按钮；
- 对于 Soupe 和 Pois，单击"全部忽略"按钮；
- 对于 Orzo，单击"添加"按钮，将这个极其常见的单词添加到你的用户词典中；
- 对于 Fregola、Ricotta 和 Pancetta，单击"全部忽略"按钮。

（6）单击"完成"按钮。

（7）选择菜单"文件">"存储"。

6.5.2　将单词加入到文档专用词典中

在 InDesign 中，可将单词加入到用户词典或文档专用词典中。如果你与多位拼写习惯不同的客户合作，最好将单词添加到文档专用词典中。下面将 ricotta 添加到文档专用词典中。

（1）选择菜单"编辑">"拼写检查">"用户词典"打开"用户词典"对话框。

（2）从"目标"下拉列表中选择"用户词典"。

（3）在"单词"文本框中输入"ricotta"。

（4）单击"添加"按钮，如图 6.13 所示。

图6.13

（5）单击"完成"按钮。

动态拼写检查

无须等到文档完成后就可检查拼写。通过启动动态拼写检查，可在文本中看到拼写错误的单词。下面来看看这个功能的工作原理。

（1）选择菜单"编辑">"首选项">"拼写检查"（Windows）或"InDesign">"首选项">"拼写检查"（macOS），以显示"拼写检查"首选项。

（2）在"查找"部分指定要指出哪些错误。

（3）选中复选框"启用动态拼写检查"。

（4）在"下划线颜色"部分指定如何指出拼写错误，如图 6.14 所示。

可指定让拼写检查指出哪些可能的错误：拼写错误的单词、重复的单词、首字母未大写的单词、首字母未大写的句子。例如，如果你处理的是包含数百个名字的字典，可能想选择复选框"首字母未大写的单词"，但不选择"拼写错误的单词"。

图6.14

（5）单击"确定"按钮关闭"首选项"对话框并返回到文档。

根据默认用户词典被认为拼写错误的单词将带下划线。

（6）在被动态拼写检查标出的单词上单击鼠标右键（Windows）或按住 Control 键并单击鼠标左键（macOS），以显示上下文菜单，这让你能够选择如何修改拼写。

6.5.3　自动更正拼错的单词

"自动更正"功能比动态拼写检查的概念更进了一步。当启用这种功能后，InDesign 将在用户输入拼错的单词时自动更正它们。更改是根据常见的拼错单词列表进行的，如果你愿意，可以将经常拼错的单词（包括其他语言的单词）添加到该列表中。

（1）选择菜单"编辑">"首选项">"自动更正"（Windows）或"InDesign">"首选项">"自动更正"（macOS），以显示"自动更正"首选项。

（2）选中复选框"启用自动更正"。在默认情况下，列出的是美国英语中常见的错拼单词。

据观察，单词"gardener"常被错误地拼写成"gardner"（遗漏了中间的 e）。为防止这种错误，你将在自动更正列表中添加上述错误拼写和正确拼写。

（3）单击"添加"按钮打开"添加到自动更正列表"对话框。在文本框"拼写错误的单词"中输入"gardner"，在文本框"更正"中输入"gardener"，如图 6.15 所示。

图6.15

（4）单击"确定"按钮添加该单词，再单击"确定"按钮关闭"首选项"对话框。

（5）确保菜单项"编辑"＞"拼写检查"＞"自动更正"前面有钩号。

（6）使用文字工具（T）在文本的任何位置单击，再输入单词"gardner"。

（7）注意到自动更正功能将"gardner"改为了"gardener"。选择菜单"编辑"＞"还原"删除刚才添加的单词。

> Id　**提示**：当你输入空格、句点、逗号或斜杠时，指出输入了一个完整的单词时，InDesign 将立即自动更正这个单词。

（8）选择菜单"文件"＞"存储"。

6.6　拖曳式文本编辑

为让用户能够在文档中快速剪切并粘贴单词，InDesign 提供了拖曳式文本编辑功能，让你能够在文章内部、文本框架之间和文档之间移动文本。下面使用这种功能将文本从该杂志版面的一个段落移到另一个段落。

（1）选择菜单"编辑"＞"首选项"＞"文字"（Windows）或"InDesign"＞"首选项"＞"文字"（macOS），以显示"文字"首选项。

（2）在"拖曳式文本编辑"部分，选中复选框"在版面视图中启用"（如图 6.16 所示），这让你能够在版面视图（而不仅是文章编辑器）中移动文本。随后单击"确定"按钮。

图6.16

> Id　**提示**：当你拖曳文本时，InDesign 在必要时会自动在单词前后添加或删除空格。如果你要关闭这项功能，可在"文字"首选项中取消选中复选框"剪切和粘贴单词时自动调整间距"。

（3）找到标题"ProtectYour Peas"下方的子标题。如果有必要，请修改缩放比例，以便能够看清这个子标题。

（4）使用文字工具（T）拖曳选择"LOW-CALORIE"及其后面的逗号和空格。

（5）将鼠标指针指向选定的内容，直到鼠标指针变成拖曳图标（▶T），如图6.17所示。

LOW-CALORIE, HIGH-PROTEIN, VITAMIN-RICH PEAS ARE EASY
TO GROW AND DELICIOUS TO EAT.

图6.17

（6）将这些内容拖曳到正确的位置（"VITAMIN-RICH"的前面），如图6.18所示。

LOW-CALORIE, HIGH-PROTEIN, VITAMIN-RICH PEAS ARE EASY
TO GROW AND DELICIOUS TO EAT.

HIGH-PROTEIN, LOW-CALORIE, VITAMIN-RICH PEAS ARE EASY
TO GROW AND DELICIOUS TO EAT.

图6.18

> **Id** 提示：如果要复制而非移动选定的单词，可在开始拖曳后按住Alt（Windows）或Option（macOS）键。

（7）选择菜单"文件">"存储"。

6.7 使用文章编辑器

如果需要输入很多文本、修改文章或缩短文章，可使用文章编辑器隔离文本。文章编辑器窗口的作用如下：

- 它显示没有应用任何格式的文本（粗体、斜体等字体样式除外）。所有图形和非文本元素都省略了，这使得编辑起来更容易；
- 文本的左边有一个垂直深度标尺，并显示了应用于每个段落的段落样式名称；
- 与文档窗口中一样，动态拼写检查指出了拼错的单词；
- 如果在"文字"首选项中选择了"在文章编辑器中启用"，将可以像前面那样在文章编辑器中拖曳文本；
- 在首选项"文章编辑器显示"中，可以指定"文章编辑器"窗口使用的字体、字号、背景颜色等选项。

右对页中的文章太长，文本框架容纳不下，为解决这个问题，可以使用文章编辑器删除一个句子。

（1）选择菜单"视图">"使跨页适合窗口"。

（2）使用文字工具（T）在第3栏的第一个完整段落中单击。

（3）选择菜单"编辑">"在文章编辑器中编辑"。将"文章编辑器"窗口拖曳到跨页最右边一栏的旁边。

（4）拖曳"文章编辑器"的垂直滚动条以到达文章末尾，注意到有一条线指出存在溢流文本。

（5）在文章编辑器中向下滚动到以"Follow Crops"开始的段落，找到并选择这个段落中最后一个句子："If the peas have been well enriched, two or three pounds of commercial fertilizer for each hundred feet of row will be sufficient for the second crop."。务必选中最后一个句点，如图 6.19 所示。

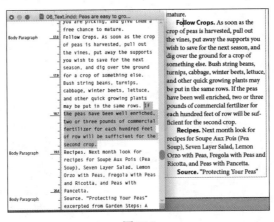

图6.19

（6）按 Backspace 或 Delete 键。让"文章编辑器"窗口继续打开，供下一个练习使用。

（7）选择菜单"文件">"存储"。

6.8 显示修订

对有些项目来说，我们需要在整个设计和审阅过程中看到对文本做了哪些修订，这很重要。另外，审阅者可能提出一些修改建议，而其他用户既可能接受，也可能拒绝。与字处理程序一样，使用"文章编辑器"也可以显示添加、删除或移动的文本。

下面来修改一个使用豌豆的菜谱。

 提示：在"修订"首选项中，可指定要在文章编辑器中显示哪些修改以及如何显示。

（1）选择菜单"文字">"修订">"在当前文章中进行修订"。

（2）在文章编辑器中，找到以"Recipes"打头的段落。

（3）在文章编辑器中，使用文字工具选择"Seven Layer Salad"，并输入"Balsamic Pea Salad"。

你会注意到文章编辑器标出了所做的修改，如图 6.20 所示。

（4）在打开了文章编辑器的情况下，查看子菜单"文字">"修订"中接受和拒绝修订的菜单项。当查看完毕后，在该子菜单中选择"接受所有更改">"在此文章中"。

（5）在出现的"警告"对话框中单击"确定"按钮。

（6）单击文章编辑器的"关闭"按钮将其关闭。如果有必要，请选择菜单"编辑">"拼写检查">"动态拼写检查"，以禁用这项功能。

（7）选择菜单"视图">"屏幕模式">"正常"，再选择菜单"文件">"存储"。

祝贺你完成了本课！

图6.20

6.9　练习

当你尝试了 InDesign 的基本文本编辑工具后，下面练习使用它们来编辑这个文档并设置其格式。

（1）使用文字工具（T）在这篇文章中添加子标题，并使用控制面板中的选项来设置它们的格式。

（2）如果你的计算机中有其他文本文件，可尝试将它们从桌面拖曳到该版面中以了解它们是如何被导入的。如果不希望导入的文件留在该文档中，可以选择菜单"编辑">"还原"。

（3）使用"查找/更改"对话框查找该文章中所有的长破折号，并使用两边各有一个空格的长破折号来替换它们。要查找特殊字符，如长破折号，可单击"查找内容"文本框旁边的 @ 图标。

（4）使用"文章编辑器"和"修订"来编辑文章。看看各种更改是如何标识的，并尝试接受和拒绝这些更改。

（5）尝试修改"拼写检查""自动更正""修订"和"文章编辑器显示"等首选项。

6.10 复习题

1. 使用哪种工具编辑文本？

2. 用于编辑文本的命令主要集中在哪里？

3. 查找并替换功能叫什么？

4. 在对文档进行拼写检查时，InDesign指出字典中没有的单词，但这些单词实际
上并没有拼写错误。如何解决这个问题？

5. 如果经常错误地拼写某个单词，该如何办？

6.11 复习题答案

1. 文字工具。

2. 菜单"编辑"和"文字"中。

3. "查找/更改"（位于菜单"编辑"中）。

4. 使用菜单"编辑">"拼写检查">"用户字典"将这些单词添加到文档专用词
典或InDesign的默认词典中，并指定使用的语言。

5. 在"自动更正"首选项中添加该单词。

第7课　排版艺术

课程概述

在本课中，读者将学习以下内容：

- 调整文本的垂直和水平间距；
- 修改字体和字体样式；
- 插入特殊字符；
- 创建跨栏的标题；
- 调整换行和换栏位置；
- 平衡多栏的文本量；
- 将标点悬挂到边缘外面；
- 添加下沉效果并设置其格式；
- 调整换行位置；
- 指定带前导符的制表符以及悬挂缩进；
- 添加段落线和底纹。

 学习本课大约需要60分钟。要下载本课的课程文件，请登录异步社区网站，详情请参阅本书前言后的"资源与支持"一节。请将下载的文件放在方便使用的地方。

Strawberries

Heart-shaped fruit that's good for your heart? Check. Fruit that can boost your immunity, lower your cholesterol, protect your vision, prevent cancer (and wrinkles!) and help with weight management? Check. Vitamin C and vitamin K? Check, check. And on top of all that, strawberries are easy to grow.

Plant your strawberries in the full sun, 12 to 18 inches apart. Cover the roots, keep the central growing bud at soil level, and use a balanced fertilizer. In the spring, add compost and fertilizer, and then in fall mulch with straw. As your strawberries grow, keep them moist and weeded. As strawberries begin to ripen, cover them with lightweight netting to keep the birds at bay.

Pick strawberries when they're cool and refrigerate them immediately. Wash before use and enjoy! Your yogurt, pancakes, shortcakes and more are waiting.

"You stand out like a strawberry in a bowl of peas."

Chocolate-Covered Strawberries

½ lb strawberries with stems
½ cup chocolate chips
¼ cup sprinkles

1. Wash the strawberries.
2. Melt chocolate in the microwave in 30-second bursts; stir in between.
3. Dip the strawberries in the chocolate, and then in the sprinkles.
4. Place on wax paper to set, about 30 minutes.

Nutritional Facts

Serving Size	6
Calories	280
Calories from Fat	35%
Protein	0g

Adobe InDesign CC 提供了很多排版功能，让你能够给文档选择合适的字体，微调字符间距、字间距、行间距和段落间距，添加诸如分数和首字母下沉等装饰效果。

7.1 概述

在本课中，读者将微调一篇关于植物园介绍的文章版面。为满足杂志对版面美观的要求，我们需要精确地设置间距和格式，并使用装饰效果。

Id **注意**：如果还没有下载本课的项目文件，现在就去下载，详情请参阅"资源与支持"。

（1）为确保你的 InDesign 首选项和默认设置与本课使用的一样，将文件 InDesign Defaults 移到其他文件夹，详情请参阅"前言"中的"保存和恢复文件 InDesign Defaults"。

（2）启动 InDesign。

（3）在出现的 InDesign 起点屏幕中，单击左边的"打开"按钮（如果没有出现起点屏幕，就选择菜单"文件">"打开"）。

（4）打开文件夹 InDesignCIB\Lessons\Lesson07 中的文件 07_Start.indd。

（5）为确保面板和菜单命令与本课使用的相同，请选择菜单"窗口">"工作区">"基本功能"，再选择菜单"窗口">"工作区">"重置'基本功能'"。

（6）为了以更高的分辨率显示这个文档，请选择菜单"视图">"显示性能">"高品质显示"。

（7）选择菜单"文件">"存储为"，将文件重命名为 07_Type.indd，并将其存储到文件夹 Lesson07 中。

（8）如果要查看完成后的文档，请打开文件夹 Lesson07 中的文件 07_End.indd，如图 7.1 所示。可将该文件打开以便工作时参考。

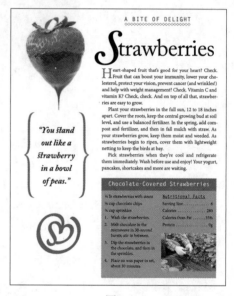

图7.1

Id **注意**：为提高对比度，本书的屏幕截图显示的界面都是"中等浅色"的。在你的屏幕上，诸如面板和对话框等界面元素要暗些。

在本课中，你将处理大量文本。为此，可使用控制面板中的"字符格式控制"和"段落格式控制"，也可使用字符面板和段落面板。在设置文本的格式时，请使用字符面板和段落面板更容易，因为可根据需要将这些面板拖曳到任何地方。

（9）选择菜单"文字">"字符"和"文字">"段落"打开这两个用于设置文本格式的面板。让这些面板保持打开，直到完成本课。

（10）选择菜单"文件">"显示隐含的字符"，以便能够看到空格、换行符、制表符等。

Id 注意:如果愿意，可以通过拖曳标签将段落面板拖曳到字符面板中，以创建一个面板组。

7.2 调整垂直间距

InDesign 提供了多种定制和调整框架中文本垂直间距的方法，用户可以：

- 使用基线网格设置段落中文本行的间距（这在第 5 课介绍过）；
- 使用字符面板中的下拉列表"行距"设置每行的间距；
- 使用段落面板中的文本框"段前间距"和"段后间距"设置段落的间距；
- 使用"文本框架选项"对话框的"垂直对齐"和"平衡栏"选项来对齐文本框架中的文本；
- 从段落面板菜单中选择"保持选项"，并在打开的"保持选项"对话框中，使用"保持续行""接续自"和"保持各行同页"来控制段落如何从一栏排入下一栏，如图 7.2 所示。

图7.2

在本节中，你将调整段落间距和行间距。

修改段间距

要调整段落间距，可选择段落并指定段前间距和段后间距（两个段落之间的间距为前一个段落的段后间距和后一个段落的段前间距之和，为避免混淆，通常最好仅指定段前间距和段后间距中的一个）。可将段前间距和段后间距存储在段落样式中，再应用段落样式以确保整个文档都是一致的。

提示：指定段前间距或段后间距比在段落之间添加额外的回车符更好。额外的回车符添加的间距通常太大，还可能出现在页面或分栏开头，进而在这些地方留下不必要的空白。

下面来增大菜谱"Chocolate-Covered Strawberries"中段落之间的间距，这个菜谱位于页面底部。

（1）使用缩放工具拖曳出一个环绕页面底部绿框的选取框。

（2）使用文字工具在这个菜谱第一行（1/2 lb strawberries with stems）的行首单击。

（3）通过拖曳选中这个菜谱中从 1/2 lb strawberries with stems 到 Protein 0g 的文本。

（4）在段落面板中，单击"段后间距"字段旁边的上箭头一次。

这将在段落之间增加 0.0625 英寸（4.5 点）的间距（如图 7.3 所示）。文本框架中出现了溢流文本，但这将在后面通过添加分栏来解决。

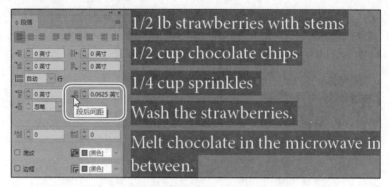

图7.3

（5）选择菜单"编辑">"全部取消选择"。

（6）选择菜单"文件">"存储"。

7.3 使用字体、样式和字形

通过修改文本的字体和字体样式，可使文档的外观完全不同。InDesign 自动安装了一些字体，其中包括 Letter Gothic 和 Myriad Pro 几种字体样式。Creative Cloud 成员可通过 Adobe Fonts 访问其他字体，该网站提供了一些免费的字体，还有一些需要获得许可的字体。当安装字体后，就可将其应用于文本，并修改字体大小、选择样式（如粗体或斜体）等。另外，你还可以访问该字体中的所有字形（每个字符的各种形式）。

7.3.1 添加来自 Adobe Fonts 的字体

在这个练习中，你将使用字体 Adobe Caslon Pro，这种字体可从 Adobe Fonts 免费获得。如果你的系统已经安装了这种字体，可按下面的步骤添加其他字体。

（1）在字符面板中，单击组合框"字体"右边的箭头，打开"字体"下拉列表。

（2）单击这个下拉列表顶部的"查找更多"，如图 7.4 所示。

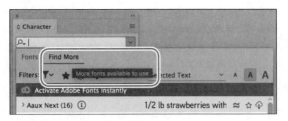

图7.4

（3）向下滚动并找到 Adobe Caslon Pro。

（4）单击该字体系列文件夹右边的"激活"按钮（如图 7.5 所示），再单击"确定"按钮。

> **提示**：字体系列是特定字体的一系列样式。字体 Adobe Caslon Pro 包含如下样式：Regular、Italic、Semibold、Semibold Italic、Bold 和 Bold Italic。你可以激活整个字体系列，也可以激活字体系列中的样式。

图7.5

（5）单击下拉列表顶部的"字体"，你将看到刚安装的字体，如图 7.6 所示。

图7.6

OpenType字体

诸如Adobe Caslon Pro等OpenType字体可能显示很多字形（字形是字体中字符的表现形式）。OpenType字体包含的字符和替代字可能比其他字体多得多。

7.3.2 设置字体、样式、字号和行距

在这里，你将给标题指定不同的字体，并给标题的首字母指定不同的字体，再修改页面左边的引文的字体、字体样式、字体大小和行间距。

（1）选择菜单"视图"＞"使页面适合窗口"。

（2）使用文字工具（T）选择页面顶部的文章标题（Strawberries）。

（3）单击控制面板或字符面板中的下拉列表"字体"，在列表中滚动，看看使用各种不同的字体时，文本"Strawberries"是什么样的。

（4）在列表中找到刚才激活的字体系列"Adobe Caslon Pro"。

（5）单击这个字体系列左边的箭头，并从列表中选择"Regular"，如图7.7所示。

图7.7

（6）使用文字工具单击标题"Strawberries"中字符S的左边，再拖曳鼠标选择这个字符。

（7）在字符面板中，从下拉列表"字体"下方的"样式"下拉列表中选择"Bold Italic"，如图7.8所示。

图7.8

下面处理页面左边的引文"You stand out like a strawberry in a bowl of peas."。

（8）使用文字工具在引文所在的文本框架中单击，再快速地连续单击4次鼠标以选择整个段落。

（9）在字符面板中设置如下选项（如图7.9所示）。

- 字体：Adobe Caslon Pro。
- 样式：Bold Italic。
- 字体大小：24点。
- 行距：35点。

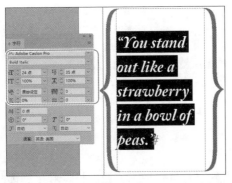

图7.9

（10）打开字符面板菜单中的子菜单"OpenType"，注意到选择了"花饰字"，这表明已将一些字形替换成了更华丽的字形。

（11）选择菜单项"花饰字"禁用这项功能，注意到一些字符（如 Y）发生了变化。再次从子菜单"Open Type"中选择"花饰字"以启用这项功能。

（12）在引文段落中单击 4 次选择它，段落的某个地方将出现 OpenType 徽标。

（13）单击 OpenType 徽标，它提供了另一种访问当前字体支持的 OpenType 功能的途径。

（14）选择"自由连笔字"和"花饰字"，注意到两个"st"字形对被替换为连笔字，如图 7.10 所示。

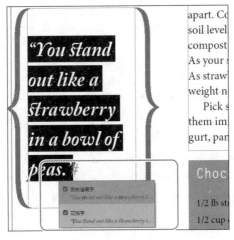

图7.10

提示：连笔字将两个或3个字形合并成一个，使其显得更流畅。常见的连笔字包括字符对 fi 和 fl。

（15）选择菜单"编辑">"全部取消选择"。

（16）选择菜单"文件">"存储"。

7.3.3 添加特殊字符

在文档中，可使用很多特殊字符进行装饰，如项目符号、复选框、重音字符和花饰字。下面在页面左下角加一个装饰字符。

（1）如果有必要，可以向下滚动以便能够看到前述引文下方的文本框架。

（2）使用文字工具（T）在这个文本框架中单击，将插入点放在其中。

（3）选择菜单"文字">"字形"。可以使用字形面板来查看和插入 OpenType 字符，如花饰字、花式字、分数和标准连笔字。

提示：通过菜单"文字"（"插入特殊字符">"符号"）和上下文菜单，可访问一些常用的字形（如版权符号和商标符号）。要打开上下文菜单，可在光标处单击鼠标右键（Windows）或按住 Control 键并单击鼠标左键（macOS）。

（4）在字形面板中，从下拉列表"显示"中选择"花饰字"。

（5）找到心型字符并双击它，如图 7.11 所示。

图7.11

（6）选择菜单"文件">"存储"。

查找字体

InDesign提供了多种在"字体"下拉列表中快速查找字体的方式。

- 根据字体名搜索：一种快速查找字体的方式是，在文本框"字体"中输入字体名。例如，当你输入Cas时，将列出名称中包含这3个字符的所有字体。默认情况下，InDesign会在整个字体名中查找；要只在第一个单词中查找，可单击字体名左边的搜索图标（ $\wp$ ），在这种情况下，需要输入Adobe Cas才能找到Adobe Caslon Pro。

- 根据类别过滤：从"过滤器"下拉列表中选择一种字体类别，如"衬线字体"或"花体"，如图7.12所示。

图7.12

- 收藏字体：要快速查找收藏字体，可打开"字体"下拉列表，并单击字体名右边的星号，再单击下拉列表顶部的"显示收藏字体"按钮（★）。

- 相似字体：单击字体名右边的"显示相似字体"按钮，对下拉列表"字体"进行过滤，使其只显示外观上与当前字体相似的字体。

7.3.4　设置文本的描边和填色

下面给刚才添加的花饰字设置填色和描边。

（1）使用文字工具选择心型字符。

（2）在字符面板中，在"字体大小"文本框中输入 122 点并按回车键。

（3）在属性面板的外观部分，执行如下操作：

- 单击文本框"粗细"旁边的上箭头，将描边粗细设置为 1 点；
- 选择描边框并单击色板"Stem Green"；
- 选择填色框并单击色板"Strawberry Red"，如图 7.13 所示。

图7.13

（4）按 Shift + Ctrl + A（Windows）或 Shift + Command + A（macOS）组合键取消选择文本，以便能够查看设置描边和填色后的结果。

（5）选择菜单"文件">"存储"。

7.3.5　插入分数字符

在这篇文章的菜谱中，使用的并非实际的分数字符，其中有 1/2 是由数字 1、斜线和数字 2 组成的。大多数字体都包含表示常见分数（如 1/2、1/4 和 3/4）的字符。与使用数字和斜线表示的分数相比，这些优雅的分数字符看起来专业得多。

 提示：在制作菜谱或其他需要各种分数的文档时，大多数字体内置的分数字符并不包含你需要的所有值。你需要研究使用某些 OpenType 字体中的分子和分母格式或购买特定的分数字体。

（1）使用缩放工具拖曳出一个环绕页面底部绿框的选取框。

（2）使用文字工具（T）拖曳以选择第一个 1/2（第一行中的 1/2）。

（3）如果没有打开字形面板，选择菜单"文字">"字形"。

（4）从"显示"下拉列表中选择"数字"。

（5）找到分数 1/2。如果有必要，请调整字形面板的大小并向下滚动，以便能够看到更多字符。

（6）双击分数字符 1/2，用它替换选定的文本（1/2），如图 7.14 所示。

图7.14

你会注意到分数字符 1/2 被存储到字形面板顶部的"最近使用的字形"部分中。下面来替换菜谱第二行的 1/2。

（7）通过拖曳选择菜谱第 2 行的 1/2。

（8）在字形面板的"最近使用的字形"部分，双击分数字符 1/2。

（9）通过拖曳选择菜谱第 3 行中的 1/4。

（10）在字形面板中，找到并双击分数字符 1/4，结果如图 7.15 所示。

½ lb strawberries with stems

½ cup chocolate chips

¼ cup sprinkles

图7.15

（11）关闭字形面板，选择菜单"编辑" > "全部取消选择"。

（12）选择菜单"文件" > "存储"。

7.4 使用分栏

你可以指定文本框架的栏数、栏宽、栏间距。将文本框架分成多栏后，就可以创建横跨多栏的标题（跨栏标题）。在本节中，你将把一个文本框架分成多栏，并让标题横跨多栏。

7.4.1 将文本框架分成多栏

如果将绿色文本框架中的菜谱分成两栏，它将看起来更漂亮、更清晰。

（1）使用选择工具选择包含菜谱的文本框架。

（2）选择菜单"对象" > "文本框架选项"，再单击标签"常规"。

（3）在"栏数"文本框中输入 2。

（4）按 Tab 键进入文本框"栏间距"，并在必要时输入 0.25 英寸。

（5）选择复选框"预览"以预览调整结果，如图 7.16 所示。

图7.16

（6）单击"确定"按钮，再选择菜单"文件" > "存储"。

7.4.2 创建跨栏标题

菜谱的标题需要横跨两栏，为此可以使用段落格式，而不是将标题放在独立的文本框架中。

（1）使用文字工具（**T**）在标题"Chocolate-Covered Strawberries"中单击，以便能够设置这个段落的格式。

（2）在段落面板菜单中选择"跨栏"。

> **Id** 提示：也可通过控制面板来访问跨栏控件。

（3）在"跨栏"对话框中，从"跨栏版面"下拉列表中选择"跨栏"。

（4）从下拉列表"跨越"中选择"全部"。

（5）选择复选框"预览"查看结果，如图7.17所示。单击"确定"按钮。

图7.17

（6）选择菜单"文件" > "存储"。

7.4.3　调整分栏

当调整标题后，下面通过平衡每栏的文本量完成对旁注文本框的微调。为此，可在"文本框架选项"对话框的"常规"选项卡中选择"平衡分栏"，也可手工插入分隔符，将文本移到下一栏、下一个框架或下一页。

（1）使用文字工具在菜谱中的文本"Nutritional Facts"前面单击。

（2）选择菜单"文字" > "插入分隔符" > "分栏符"，结果如图7.18所示。

图7.18

提示: 当你重排文本后，分隔符仍将保留，这常常导致文本进入错误的分栏。有鉴于此，通常应采用自动平衡分栏的方法。

（3）选择菜单"文件" > "存储"。

7.5　修改段落的对齐方式

通过修改水平对齐方式，可轻松地控制段落如何适合其文本框架。可以让文本与文本框架的一个或两个边缘对齐，还可以设置内边距。在本节中，你将使用各种不同的方法来设置段落对齐方式。

（1）选择菜单"视图" > "使页面适合窗口"以便能够看到整个页面。

（2）使用文字工具（ T ）单击将光标放在页面顶部的宣传语（A BITE OF DELIGHT）中。

（3）在段落面板中单击"居中对齐"按钮，如图7.19所示。

图7.19

（4）在文章标题 "Strawberries" 后面的第一个段落（以 Heart-Shaped fruit 打头）中单击。

（5）选择菜单 "编辑" > "全选"，再在属性面板的 "段落" 部分单击 "双齐末行齐左"，如图 7.20 所示。

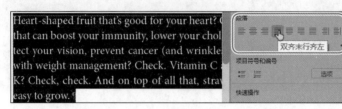

图7.20

（6）在菜谱名 "Chocolate-Covered Strawberries" 中单击，再按 Shift + Ctrl + C（Windows）或 Shift + Command + C（macOS）组合键，让这个单行段落居中对齐。

（7）在左边的引文中单击以选择这个段落，再在控制面板中单击 "居中对齐" 按钮，结果如图 7.21 所示。

（8）选择菜单 "编辑" > "全部取消选择"。

（9）选择菜单 "文件" > "存储"。

将标点悬挂在边缘外面

有时候，边距看起来并不相等，尤其在标点位于行首或行尾时。为修复这种视觉差异，设计人员会使用视觉边距对齐方式将标点和字符的突出部分悬挂在文本框架的外面一点。在这个练习中，你将对主文章应用视觉边距对齐。

（1）使用选择工具单击包含主文章（以 Heart-shaped fruit that's good for your heart 打头）的文本框架以选择它。

（2）选择菜单 "文字" > "文章" 打开文章面板。

（3）选择复选框 "视觉边距对齐方式"，在文本框中输入 14 点并按回车，如图 7.22 所示。

图7.21

注意：当你选择复选框 "视觉边距对齐方式" 时，它将应用于文章中的所有文本（一系列串接的文本框架中的所有文本）。

Heart-shaped fruit that's good for your heart? Check. Fruit that can boost your immunity, lower your cholesterol, protect your vision, prevent cancer (and wrinkles!) and help with weight management? Check. Vitamin C and vitamin K? Check, check. And on top of all that, strawberries are easy to grow. ¶

图7.22

请注意连字符的对齐情况，现在文本看起来对齐得更准，如图 7.23 所示。

提示：在使用视觉边距对齐时，通过将"按大小对齐"设置成与框架中文本的字体大小相同，可以获得最佳的效果。

应用视觉边距对齐方式之前（左）和之后（右）

图7.23

（4）选择菜单"文件">"存储"。

7.6 创建下沉效果

使用 InDesign 的特殊字体功能，可以在文档中添加富有创意的点缀。例如，可以使段落中第一个字符或单词下沉，再给下沉字符指定其他格式。下面给文章第一段的第一个字符创建下沉效果。

提示：下沉效果可存储到段落样式中，让你能够快速而一致地应用这种效果。

（1）使用文字工具（ T ）在文章第 1 段（以 Heart-shaped fruit that's good for your heart 打头）中单击。

（2）在段落面板的文本框"首字下沉行数"中输入 2 并按回车，让字母下沉 2 行。

（3）请注意文本框"首字下沉一个或多个字符"（ ），它用于指定下沉的字符数，如图 7.24 所示。

（4）使用文字工具选择这个下沉的字符。

现在，可根据需要设置字符格式了。

（5）在属性面板中，从填色下拉列表中选择 "Stem Green"，如图 7.25 所示。

提示：要同时创建首字下沉效果并应用字符样式，可以通过段落面板菜单打开"首字下沉和嵌套样式"对话框。这样做以后，还可以将格式存储到段落样式中。

图7.24

图7.25

（6）单击粘贴板取消选择该字符以查看下沉效果。

（7）选择菜单"文件">"存储"。

7.7 调整字符间距和字间距

使用字符间距调整和字偶间距调整功能可以调整字间距和字符间距，还可以使用 Adobe 单行书写器和 Adobe 段落书写器控制整个段落中文本的间距。

调整字符间距和字偶间距

通过调整字符间距，可以增大或缩小一系列字母之间的间距；通过调整字偶间距，可增大或缩小两个特定字符之间的间距。可对文本同时调整字符间距和字偶间距。

下面增大标题 A BITE OF DELIGHT 的字符间距，缩小标题 Strawberries 的字符间距，并调整标题 Strawberries 中字符 S 和 t 的字偶间距。

（1）为方便看清调整字符间距和字偶间距后的效果，选择工具面板中的缩放工具（🔍）并拖曳出一个环绕下页面顶部四分之一的选取框。

（2）使用文字工具（T）在标题 A BITE OF DELIGHT 中单击，再单击 3 次选择整个标题。

（3）在字符面板中，从下拉列表"字符间距"中选择 100，如图 7.26 所示。

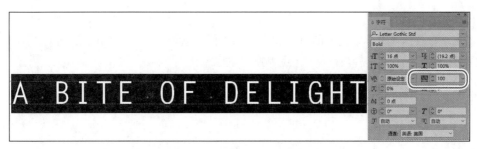

图7.26

（4）在单词"Strawberries"中单击，再单击两次选择整个单词。

（5）在控制面板中的"字符间距"文本框中输入 –20 并按回车键。

（6）通过单击将光标定位在 Strawberries 中字符 S 和 t 之间。

（7）按 Alt + 左方向键（Windows）或 Option + 左方向键（macOS）两次，以缩小这两个字符之间的距离。

在字符面板和控制面板中，文本框"字偶间距"（🆚）能够让你查看和调整字符之间的距离，如图 7.27 所示。

图7.27

提示：在调整字偶间距时，当按住 Alt（Windows）或 Option（macOS）键的同时按左方向键将缩小间距，按右方向键将增大间距。要修改这些快捷键增减字偶间距的量，可在"单位和增量"首选项中修改"键盘增量"部分的设置。

（8）单击粘贴板以取消选择文本。

（9）选择菜单"文件" > "存储"。

7.8 调整换行位置

行末的连字符和换行符会影响可读性和疏密程度。例如，当段落左对齐时，右边缘依然参差不齐。过于参差不齐可能导致文本的可读性更高或更低，这取决于众多的因素，包括字体、字号、行距、栏宽等。还有另外 3 种段落格式会影响文本的可读性：

- Adobe 单行书写器和 Adobe 段落书写器，它们会自动判断在哪里换行；
- 连字设置，如是否连字大写的单词；
- 平衡未对齐的行。

> **Id** 提示：对于对齐的文本，对齐设置、段落书写器和连字设置一道决定了段落的疏密程度。要对选定的段落调整这些设置，可以从段落面板菜单中选择相应的菜单项。

通常，图形设计人员会尝试不同的设置，让示例文本看起来不错，然后将所有设置保存为段落样式，这样只需单击鼠标就能应用它们。

图 7.28 显示了使用不同设置的结果。我们注意到在应用不同的分行方法时，分行位置存在差别。第 1 栏应用了 Adobe 单行书写器，第 2 栏应用了 Adobe 段落书写器。如你所见，在第 2 栏中，右边缘要整齐得多。第 3 栏同时应用了 Adobe 段落书写器和"平衡未对齐的行"，这改变了最后一行的长度。

Adobe Single-Line Composer	Adobe Paragraph Composer	Adobe Paragraph Composer with Balance Ragged Lines
A perusal of the menu, while munching fresh bread and savoring a glass of wine, tempts you with its carefully planned variety. "The menu is all designed to teach cooking methods," says Kleinman. "It covers 80 to 85 percent of what students have been learning in class—saute, grill, braise, make vinaigrettes, cook vegetables, bake and make desserts." In a twist on "You have to know the rules to break them," Kleinman insists that students need to first learn the basics before they can go on to create their own dishes.	A perusal of the menu, while munching fresh bread and savoring a glass of wine, tempts you with its carefully planned variety. "The menu is all designed to teach cooking methods," says Kleinman. "It covers 80 to 85 percent of what students have been learning in class—saute, grill, braise, make vinaigrettes, cook vegetables, bake and make desserts." In a twist on "You have to know the rules to break them," Kleinman insists that students need to first learn the basics before they can go on to create their own dishes.	A perusal of the menu, while munching fresh bread and savoring a glass of wine, tempts you with its carefully planned variety. "The menu is all designed to teach cooking methods," says Kleinman. "It covers 80 to 85 percent of what students have been learning in class—saute, grill, braise, make vinaigrettes, cook vegetables, bake and make desserts." In a twist on "You have to know the rules to break them," Kleinman insists that students need to first learn the basics before they can go on to create their own dishes.

图7.28

7.8.1 连字设置

是否在行尾连字以及如何连字是一种段落格式。一般而言，连字设置属于编辑决策，而非设计决策。例如，出版风格指南可能规定不对大写单词进行连字。

（1）使用文字工具单击将光标放在主文章中（该文章以 Heart-shaped fruit that's good for your heart 打头）。

（2）选择菜单"编辑" > "全选"选择这篇文章中的所有段落。

（3）从段落面板菜单中选择"连字"，在打开的"连字设置"对话框中，确保选择了复选框"预览"。

> **Id** 提示：在编辑文本时，可使用控制面板中的"连字"选项或段落面板对选定段落启用 / 禁用连字。

（4）取消选择复选框"连字"，并看看禁用连字后文本是什么样的。

（5）重新选择复选框"连字"，再在"连字符限制"文本框中输入 2，以防连续两行出现连字符，如图 7.29 所示。

图7.29

（6）单击"确定"按钮关闭对话框，再选择菜单"文件" > "存储"。

7.8.2 手工插入换行符

在版面的文本和设计即将完成时，你可能发现需要手工插入换行符。下面在页面左边的引文中添加换行符。

（1）使用文字工具在引文第 4 行的"of"前面单击。

（2）按 Shift + 回车键输入一个换行符，结果如图 7.30 所示。

（3）选择菜单"编辑" > "全部取消选择"。

（4）选择菜单"文件" > "存储"。

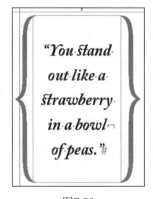

图7.30

Adobe段落书写器和Adobe单行书写器

段落中文字的疏密程度是由所使用的排版方法决定的。InDesign的排版方法根据用户指定的字间距、字符间距、字形缩放和连字选项，评估并选择最佳的换行方式。InDesign提供了两种排版方法：Adobe段落书写器和Adobe单行书写器，前者考虑段落中所有的行，而后者分别考虑每一行。

- 当用户使用段落书写器时，InDesign对每行进行排版时都将考虑对段落中其他行的影响，最终的结果是获得最佳的段落排版方式。在用户修改某一行的文本时，同一段落中前面的行和后面的行可能改变换行位置，以确保整个段落中文字之间的间距是均匀的。当你使用单行书写器时（这是其他排版和字处理程序使用的标准排版方式），InDesign只重排被编辑的文本后面的文本行。

- 单行书写器分别处理每一行，因此可能导致段落中的某些行比其他行更稀疏或更紧密。由于段落书写器同时考虑多行，因此使用它时段落中各行的疏密程度更一致。

要访问Adobe段落书写器和Adobe单行书写器，可使用段落面板菜单，该菜单还包含其他连字和对齐控件，如图7.31所示。

图7.31

7.9　设置制表符

可使用制表符将文本放置到分栏或框架的特定水平位置。通过制表符面板，可以组织文本、指定制表符前导符以及设置缩进和悬挂缩进。

Id 提示：在处理制表符时，请选择菜单"文字">"显示隐含的字符"，对显示制表符有所帮助，在你收到的字处理文件中，作者或编辑经常为对齐文本而输入了多个制表符，甚至输入空格而不是制表符，要处理并修复这样的问题，唯一的途径是显示隐藏的字符。

7.9.1　让文本与制表符对齐及添加制表符前导符

下面使用制表符格式化菜谱 Chocolate-Covered Strawberries 中的 Nutritional Facts 列表。已在这些文本中输入了制表符标记，因此你只需设置文本的最终位置。另外，你还将输入前导符，以填充文本和制表符位置之间的空白。

（1）如果有必要，滚动并缩放以便能够看到菜谱。

（2）要看到文本中的制表符标记，确保显示了隐藏的字符（选择菜单"文字">"显示隐含的字符"），并在工具面板中选择了"正常模式"（▣）。

（3）使用文字工具（T）在标题"Nutritional Facts"后面的"Serving Size"前面单击，再通过拖曳选择从当前位置到最后一行（Protein 0g）的所有文本。

（4）选择菜单"文字">"制表符"打开制表符面板。

当插入点位于文本框架中且文本框架上方有足够的空间时，制表符面板将与文本框架对齐，使制表符面板中的标尺与文本对齐，如图 7.32 所示。无论制表符面板位于什么地方，都可以通过输入值来精确地设置制表符。

（5）在制表符面板中，单击"右对齐制表符"按钮，让文本与右端的制表符位置对齐。

（6）在文本框"X"中输入 2 英寸并按回车键，再按 Tab 键进入文本框"前导符"。

（7）在文本框"前导符"中输入一个句点和一个

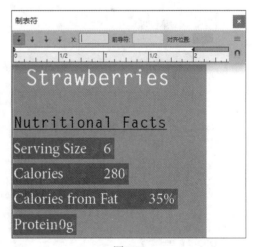

图7.32

空格并按回车。

现在，在选定文本中，每个制表符标记后面的信息都与新的制表符位置对齐，而每行都有虚线（句点和空格）帮助将目光引向行尾的数字，如图 7.33 所示。

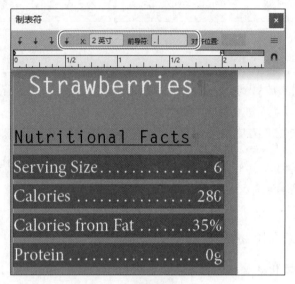

图7.33

提示：在目录中通常需要使用前导符。通过在前导符中使用空格，可以增大句点间的间距。

（8）选择菜单"编辑" > "全部取消选择"，再选择菜单"文字" > "制表符"关闭制表符面板。

（9）选择菜单"文件" > "存储"。

使用制表符

InDesign中用于创建和定制制表符的控件与字处理器中的控件极其相似。用户可以精确地指定制表符的位置、在栏中重复制表符、为制表符指定前导符、指定文本与制表符的对齐方式并轻松地修改制表符。制表符是一种段落格式，因此它们应用于插入点所在的段落或选定段落。所有用于处理制表符的控件都在制表符面板中，可以通过选择菜单"文字" > "制表符"打开该面板。下面是制表符控件的工作原理。

- 输入制表符：要在文本中输入制表符，可按Tab键。
- 指定制表符对齐方式：要指定文本与制表符位置的对齐方式（如传统的左

对齐或对齐小数点），可单击制表符面板左上角的一个按钮。这些按钮分别是"左对齐制表符""居中对齐制表符""右对齐制表符"和"对齐小数位（或其他指定字符）制表符"。

- 指定制表符的位置：要指定制表符位置，可以单击对齐方式按钮之一，然后在文本框"X"中输入一个值并按回车键。也可单击对齐方式按钮之一，再单击标尺上方的空白区域。

- 重复制表符：要创建多个间距相同的制表符位置，选择标尺上的一个制表符位置，再从制表符面板菜单中选择"重复制表符"。这将根据选定制表符位置与前一个制表符位置之间的距离（或左缩进量）创建多个覆盖整栏的制表符位置。

- 指定文本中对齐的字符：要指定文本中哪个字符（如小数点）与制表符位置对齐，单击按钮"对齐小数位（或其他指定字符）制表符"，然后在"对齐位置"文本框中输入或粘贴一个字符（如果文本没有包含该字符，文本将与制表符位置左对齐）。

- 指定制表符前导符：要填充文本和制表符位置之间的空白区域，例如，在目录中的文本和页码之间添加句点，可在"前导符"文本框中输入将重复的字符，最多可输入8个这样的字符。

- 移动制表符位置：要调整制表符位置，可以选择标尺上的制表符位置，再在文本框"X"中输入新值并按回车键。也可将标尺上的制表符位置拖曳到新地方。

- 删除制表符位置：要删除制表符位置，将其拖离标尺；也可以选择标尺上的制表符位置，然后从制表符面板菜单中选择"删除制表符"。

- 重置默认制表符：要恢复默认制表符位置，从制表符面板菜单中选择"清除全部"。默认制表符的位置随"首选项"对话框的"单位和增量"中所做的设置而异。例如，如果水平标尺的单位被设置为英寸，则默认每隔0.5英寸放置一个制表符。

- 修改制表符对齐方式：要修改制表符对齐方式，可在标尺上选择制表符，然后单击其他制表符按钮。也可按住Alt（Windows）或Option（macOS）键并单击标尺上的制表符，这将在4种对齐方式之间切换。

7.9.2　创建悬挂缩进的编号列表

在 InDesign 中，可以轻松地创建项目符号列表和编号列表，以清晰地呈现信息。列表通常采用悬挂缩进，让文本与右端的制表符位置对齐。

（1）使用文字工具（T）在菜谱的第一步（Wash the strawberries）前面单击，并通过拖曳选择从当前位置到 30 秒（30-second）的所有文本。

（2）在属性面板中，单击"编号列表"按钮，如图 7.34 所示。

图7.34

（3）取消选中文本以查看带悬挂缩进效果的编号列表。

（4）选择菜单"文件">"存储"。

悬挂缩进和项目符号列表

　　要调整段落缩进——包括左缩进、右缩进、首行左缩进和末行右缩进，可以使用控制面板、段落面板（"文字">"段落"）或制表符面板（"文字">"制表符"）中的控件。除指定值外，你还可以如下方式设置悬挂缩进。

- 当拖曳制表符标尺上的缩进标记时，按住Shift键，这能够让你独立地调整各个缩进标记。
- 按Ctrl + \（Windows）或Command + \（macOS）组合键插入一个"在此缩进对齐"字符，这将把文本悬挂缩进到该字符右边。
- 选择菜单"文字">"插入特殊字符">"其他">"在此缩进对齐"，以插入这种悬挂缩进字符。

　　可结合使用悬挂缩进和项目符号（编号）来创建项目符号（编号）列表，但还有一种更快捷的方式是使用"项目符号和编号"功能，这种功能可以通过属性面板或菜单"文字">"项目符号列表和编号列表"来访问。可以将项目符号列表和编号列表等格式设置存储在段落样式中。

7.10　段落底纹和段落线

　　为了让文章吸引读者的注意力，可以给段落添加底纹。InDesign 提供了很多微调底纹的选项，包括底纹的色调以及底纹相对于段落的偏移量。要在段前或段后给底纹留下足够的空间，可以设置段前间距和段后间距。

可以在段落前面和后面添加段落线。使用段落线而不是绘制直线的优点是，段落线可存储在段落样式中，且在重排文本时，段落线将随段落一起移动。例如，在用于引文的段落样式中，可以指定段前线和段后线，或者给子标题指定段前线。

要快速而一致的设置段落线和底纹，可把这些格式放在段落样式中。

7.10.1 添加段落底纹

下面对这个版面做最后的修饰，给菜谱名添加反白字效果。

（1）使用文字工具在菜谱名"Chocolate-Covered Strawberries"中单击，以指定要设置其格式的段落。

（2）在段落面板中，选择左下角的复选框"底纹"。

（3）为设置底纹的颜色，单击复选框"底纹"右边的下拉列表"底纹颜色"，并选择色板 Strawberry Red，如图 7.35 所示。

提示：控制面板中也包含用于设置段落底纹的控件。为了微调底纹，我们从段落面板菜单中选择"段落边框和底纹"，再在打开的对话框中单击顶部的标签"底纹"。也可以这样打开"段落边框和底纹"对话框：按住 Alt（Windows）或 Option（macOS）键并单击控制面板或段落面板中的"底纹颜色"按钮。

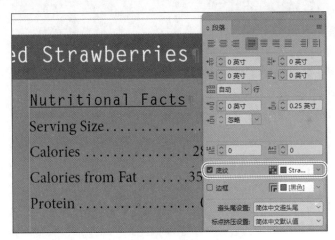

图7.35

（4）选择菜单"文件" > "存储"。

7.10.2 添加段落线

下面在页面顶部的宣传语"A BITE OF DELIGHT"后面添加段落线。

（1）选择菜单"视图" > "使页面适合窗口"。

（2）使用文字工具（**T**）单击将光标放到宣传语"A BITE OF DELIGHT"中，如图7.36所示。

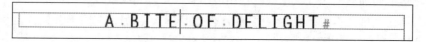

图7.36

（3）从段落面板菜单中选择"段落线"。

（4）在"段落线"对话框中，从左上角的下拉列表中选择"段后线"，并选择复选框"启用段落线"。

（5）选择复选框"预览"。将对话框移到一边，以便能够看到段落。

（6）在"段落线"对话框中设置如下选项（如图7.37所示）：

- 从"粗细"下拉列表中选择"8点"；
- 从"颜色"下拉列表中选择色板 Stem Green；
- 从"宽度"下拉列表中选择"文本"；
- 从"类型"下拉列表中选择"空心菱形"；
- 将位移设置为 0.0625 英寸（单击上箭头一次）。

图7.37

（7）单击"确定"按钮让修改生效。

宣传语下方出现了一条段落线。

（8）选择菜单"文件">"存储"。

（9）为查看工作成果，从屏幕顶部的应用程序栏中的"屏幕模式"下拉列表中选择"演示文稿"，结果如图7.38所示。

（10）查看完毕后按 Esc 键。

祝贺你学完了本课。为制作好这篇文章，你可能还需要与编辑或校对人员一起修复文本行过紧或过松、换行位置不合适和孤寡词等问题。

A BITE OF DELIGHT

Strawberries

Heart-shaped fruit that's good for your heart? Check. Fruit that can boost your immunity, lower your cholesterol, protect your vision, prevent cancer (and wrinkles!) and help with weight management? Check. Vitamin C and vitamin K? Check, check. And on top of all that, strawberries are easy to grow.

Plant your strawberries in the full sun, 12 to 18 inches apart. Cover the roots, keep the central growing bud at soil level, and use a balanced fertilizer. In the spring, add compost and fertilizer, and then in fall mulch with straw. As your strawberries grow, keep them moist and weeded. As strawberries begin to ripen, cover them with lightweight netting to keep the birds at bay.

Pick strawberries when they're cool and refrigerate them immediately. Wash before use and enjoy! Your yogurt, pancakes, shortcakes and more are waiting.

"You stand out like a strawberry in a bowl of peas."

Chocolate-Covered Strawberries

½ lb strawberries with stems

½ cup chocolate chips

¼ cup sprinkles

1. Wash the strawberries.
2. Melt chocolate in the microwave in 30-second bursts; stir in between.
3. Dip the strawberries in the chocolate, and then in the sprinkles.
4. Place on wax paper to set, about 30 minutes.

Nutritional Facts

Serving Size................ 6

Calories 280

Calories from Fat 35%

Protein 0g

图7.38

7.11　练习

学习了对 InDesign 文档中的文本进行格式设置的基本知识后，就可以自己来尝试使用这些技巧。请尝试完成下述任务，以提高你的排版技能。

（1）使用文字工具在各种段落中单击，并尝试通过段落面板菜单启用和禁用连字功能。选中一个用连字符连接的单词，并从字符面板菜单中选择"不换行"，以避免用连字符连接该单词。

（2）尝试各种连字设置。先选中主文章中的所有文本，再从段落面板菜单中选择"连字"。

在"连字设置"对话框中，选中复选框"预览"，并尝试各种设置。例如，拖曳滑块"较佳间距/较少连字符"看看这将如何影响文本。

（3）尝试各种对齐设置。先选中全部文本，再在段落面板中单击"全部强制双齐"按钮，再查看使用 Adobe 单行书写器和 Adobe 段落书写器时有何不同。

（4）打开菜单"文字">"插入特殊字符"，并查看其中的各种选项，如"符号">"项目符号字符"和"连字符和破折号">"全角破折号"。使用这些字符而不是连字符可以极大地提高版面的专业水准。打开菜单"文字">"插入空格"，注意到其中包含一个"不间断空格"选项。可使用它将两个单词（如 et al）粘起，使其即便位于行尾也不会分开。

7.12 复习题

1. 与添加换行符来增加间距相比,设置段前间距和段后间距有何优点?
2. 何谓字形?如何在文本中插入它们?
3. 既然下沉效果影响的是字符,为何将其作为一种段落格式来指定呢?
4. 何谓制表符前导符?
5. 字符间距和字偶间距之间的区别何在?
6. Adobe 段落书写器和 Adobe 单行书写器之间的区别何在?

7.13 复习题答案

1. 段前间距和段后间距可以精确地设置间距,并可通过段落样式以一致的方式设置它们。添加换行符通常会导致段落间距过大,它们还可能出现在不合适的地方,如分栏开头。
2. 字形是字体中特定字符的表现形式。例如,某种字体(如 Warnock Pro)可能提供美元符号的两种不同表现形式。字形面板能够让你访问字体中所有的字形,要打开这个面板,可选择菜单"文字">"字形"。
3. 下沉效果之所以是段落格式,是因为它并非应用于选定的文本,而是应用于段落。另外,通过使用段落样式,可以一致的方式设置下沉效果。
4. 制表符前导符是一个或多个字符,用于填充文本和制表符标记之间的空白区域。
5. 字偶间距调整的是两个字符之间的间距;字符间距是一系列选定字符之间的间距。
6. 段落书写器在确定最佳换行位置时同时评估多行,而单行书写器每次只考虑一行。

第8课　处理颜色

课程概述

本课简要地介绍如何使用和管理颜色，读者将学习以下内容：

- 设置色彩管理；
- 确定输出需求；
- 创建色板；
- 将颜色应用于对象、描边和文本；
- 创建并应用色调；
- 创建并应用渐变色板；
- 使用颜色组；
- 创建颜色主题并将其添加到 CC 库中。

学习本课大约需要 60 分钟。要下载本课的课程文件，请登录异步社区网站，详情请参阅本书前言后的 "资源与支持" 一节。请将下载的文件放在方便使用的地方。

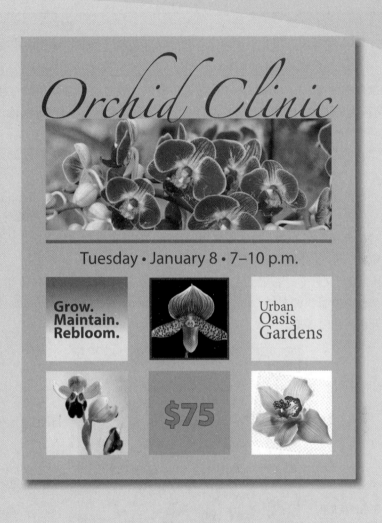

用户可以创建印刷色和专色并将其应用于对象、描边和文本；颜色主题能够让你轻松地确保版面的色彩和谐统一；可将颜色主题添加到 CC 库中，确保不同的项目和工作组的不同人员以一致的方式使用颜色；使用印前检查配置文件有助于确保颜色得以正确输出。

8.1 概述

　　在本课中，你将在一个全页园艺诊所广告中添加颜色、色调和渐变。这张广告包括 CMYK 颜色和专色以及导入的 CMYK 图像（本课后面将更详细地介绍 CMYK）。然而，你将先完成另外两项工作，以确保文档印刷出来后与屏幕上一样漂亮：检查色彩管理设置；使用印前检查配置文件查看导入图像的颜色模式。当广告制作完成后，你将把其中使用的颜色组织成颜色组。

> **Id** 　**注意：** 如果还没有下载本课的项目文件，现在就去下载，详情请参阅"资源与支持"。

　　（1）为确保你的 Adobe InDesign CC 首选项和默认设置与本课使用的一样，将文件 InDesign Defaults 移到其他文件夹，详情请参阅"前言"中的"保存和恢复文件 InDesign Defaults"。

　　（2）启动 InDesign。

　　（3）在出现的 InDesign 起点屏幕中，单击左边的"打开"按钮（如果没有出现起点屏幕，就选择菜单"文件">"打开"）。

　　（4）打开硬盘中文件夹 InDesignCIB\Lessons\Lesson08 中的文件 08_Start.indd。

　　（5）如果出现一个警告对话框，指出文档链接的源文件发生了变化，请单击"更新链接"按钮。

　　（6）为确保面板和菜单命令与本课使用的相同，选择菜单"窗口">"工作区">"高级"，再选择菜单"窗口">"工作区">"重置'高级'"。

　　（7）选择菜单"文件">"存储为"，将文件重命名为 08_Color.indd 并存储到文件夹 Lesson08 中。

　　（8）如果想查看最终的文档，可打开文件夹 Lesson08 中的 08_End.indd，如图 8.1 所示。可以让该文件打开供工作时参考。

图8.1

（9）待查看完毕后，可以单击文档窗口左上角的标签"08_Color.indd"切换到该文档。

 注意：本书的屏幕截图显示的界面都是"中等浅色"的；在你的屏幕上，诸如面板和对话框等界面元素要暗些。

8.2 色彩管理

色彩管理让你能够在一系列输出设备（如显示器、平板电脑、彩色打印机和胶印机）上重现一致的颜色。InDesign 提供了易于使用的色彩管理功能，可帮助你获得良好一致的颜色，而不要求你成为色彩管理方面的专家。色彩管理是默认启用的，让你在从编辑、校样到打印输出的整个过程中看到的颜色都是一致的，还能确保颜色更精确。

8.2.1 色彩管理的必要性

任何显示器、胶片、打印机、复印机或印刷机都无法生成肉眼能够看到的所有颜色。每台设备都有特定的功能，在重现彩色图像时进行了不同的折中。输出设备所特有的颜色渲染能力被统称为色域。InDesign 和其他图形应用程序（如 Adobe Photoshop CC 和 Adobe Illustrator CC）使用颜色值来描绘图像中每个像素的颜色。具体使用的颜色值取决于颜色模型，如表示红色、绿色和蓝色分量的 RGB 值以及表示青色、洋红、红色和黑色分量的 CMYK 值。

色彩管理旨在以一致的方式将每个像素的颜色值从源（存储在计算机中的文档或图像）转换到输出设备中（如显示器、笔记本电脑、平板电脑、智能手机、彩色打印机和高分辨率印刷机）。由于每个源设备和输出设备能够重现的颜色范围都不同，因此色彩转换的目标是，确保颜色在不同的设备中都是精确。

 提示：有关色彩管理的更多信息，可参阅在线的 InDesign 帮助文档搜索色彩管理即可，还可参阅 DVD/ 视频，如 Peachpit 出版的 *Color Management for Designers and Photographers: Learn by Video*。

为色彩管理营造查看环境

工作环境会影响你在显示器和打印输出上看到的颜色。为了获得最佳效果，请按照以下所述在工作环境中控制颜色和光照。

- 在光照强度和色温保持不变的环境中查看文档。例如，太阳光的颜色特性整天都在变化，这将影响颜色在屏幕上的显示方式，因此，请始终拉上窗帘或在没有窗户的房间工作。

- 为消除荧光灯的蓝—绿色色偏，可安装D50（开氏5000度）灯，还可使用D50看片台查看打印的文档。
- 在墙壁和天花板为中性色的房间查看文档。房间的颜色会影响你感觉到的显示器颜色和打印颜色。查看文档的房间的最佳颜色是中性灰色。
- 显示器屏幕反射的衣服颜色也可能影响屏幕上的颜色。
- 删除显示器桌面的彩色背景图案。文档周围纷乱或明亮的图案会干扰准确的颜色感觉。请将桌面设置为仅以中性的灰色显示。
- 在观众见到最终文档的条件下查看文档校样。例如，家用品目录通常可能会在家用白炽灯下查看，而办公家具目录可能会在办公室使用的荧光灯下查看。
- 当做出最终的颜色判断时，务必在所属国家的法律要求的光照条件进行。

——摘自InDesign帮助

8.2.2　在全分辨率下显示图像

在彩色管理工作流程中，即使使用默认的颜色设置，也应以高品质（显示器能够显示的最佳颜色）显示图像。

为查看在不同分辨率下显示图像的差异，请尝试使用菜单"视图" > "显示性能"中的不同选项：

- "快速显示"（适用于快速编辑文本，因为不显示图像）；
- "典型显示"（当显示图像的速度更快，但显示的颜色不那么精确，这是大多数计算机使用的默认设置）；
- "高品质显示"（以高分辨率显示图像）。

就本课而言，选择菜单"视图" > "显示性能" > "高品质显示"。

可在"首选项"对话框中指定"显示性能"的默认设置，还可使用菜单"对象" > "显示性能"修改各个对象的显示性能。

 注意：如果你使用的是装备了兼容图形处理单元的苹果计算机，默认设置将为"高品质显示"。

8.2.3　在 InDesign 中指定颜色设置

要在 InDesign 中获得一致的颜色，可指定一个包含预设颜色管理方案和默认配置文件的颜色设置文件（CSF）。默认颜色设置为"日本常规用途2"，这对初学者来说是最佳选择。

在本节中，你将查看 InDesign 中的一些颜色设置预设，可以在项目中使用它们来确保颜色一致。

然而，你不会修改任何颜色设置。

（1）选择菜单"编辑"＞"颜色设置"打开"颜色设置"对话框，如图 8.2 所示。这些颜色设置针对的是 InDesign 应用程序，而不是各个文档。

图8.2

（2）单击"颜色设置"对话框中的各个选项，以了解可设置哪些方面。

（3）将鼠标指针指向字样"工作空间"，并查看对话框底部的"说明"部分显示的有关该选项的描述。

（4）将鼠标指针指向其他选项，以查看其描述。

（5）单击"取消"按钮，以关闭"颜色设置"对话框而不做任何修改。

8.2.4　在屏幕上校样颜色

在屏幕上校样颜色（也被称为软校样）时，InDesign 将根据特定的输出条件显示颜色。模拟的精确程度取决于各种因素，包括房间的光照条件以及是否校准了显示器。下面尝试进行软校样。

提示：为确保显示的颜色尽可能准确，务必校准显示器。有关如何校准显示器的详细信息，请参阅 InDesign 帮助文档中的"校准显示器并生成配置文件"。

（1）选择菜单"窗口">"排列">"新建'08_Color.indd'窗口"，为本课的文档再打开一个窗口。

（2）如果有必要，请单击标签"08_Color.indd:2"激活相应的窗口，并在必要时选择菜单"视图">"显示性能">"高品质显示"。

（3）选择菜单"视图">"校样颜色"。你将看到颜色的软校样，它基于菜单"视图">"校样设置"中的当前设置。

 注意：当前设置为"文档 CMYK – U.S. Web Coated SWOP V2"，这是在美国印刷文档时使用的典型输出方法。SWOP 表示卷筒纸胶印规范（Specification for Web Offset Publication）。

（4）要自定软校样，请选择菜单"视图">"校样设置">"自定"。

（5）在"自定校样条件"对话框中，单击下拉列表"要模拟的设备"，看看其中包含哪些印刷机、桌面打印机以及显示器等输出设备。

（6）在这个下拉列表中向下滚动，并选择"Dot Gain 20%"，再单击"确定"按钮，如图 8.3 所示。

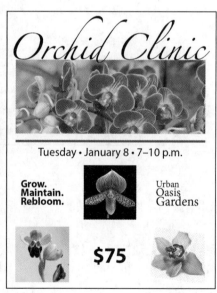

图8.3

诸如 Dot Gain 20% 等灰度配置文件让你能够预览以黑白方式打印时文档是什么样的。注意到在 InDesign 文档的标题栏中，显示了当前模拟的设备，如"（Dot Gain 20%）"或"（文档 CMYK）"。

（7）查看各种软校样选项的效果。

（8）查看完各种软校样选项的效果后，单击 08_Color.indd:2 的关闭按钮，将该窗口关闭。如果有必要，可以调整 08_Color.indd 的窗口位置和大小。

8.3 确定印刷要求

不管处理的文档要以印刷还是数字格式提供，着手处理文档前都应了解输出要求。例如，对于要印刷的文档，与印刷提供商联系，同他们讨论文档的设计和如何使用颜色。印刷服务提供商知道其设备的功能，可能提供一些建议，帮你节省时间和费用、提高质量以及避免代价高昂的印刷或颜色问题。本课使用的广告将由采用 CMYK 颜色和专色的商业印刷厂印刷（颜色模型将在本课后面更详细地介绍）。

> **提示：** 商业印刷厂可能会提供印前检查配置文件，其中包含有关输出的所有规范。可以导入该配置文件，并检查你的作品是否满足其中指定的条件。

为核实文档是否满足印刷需求，可以使用印前检查配置文件对文档进行检查。印前检查配置文件包含一组有关文档的尺寸、字体、颜色、图像、出血等方面的规则。印前检查面板将指出文档存在的问题，即没有遵循配置文件中规则的地方。在本节中，你将导入一个印前检查配置文件，在印前检查面板中选择它，并解决本课文档存在的一个问题。

8.3.1 载入印前检查配置文件

下面来载入印刷厂提供的印前检查配置文件。

（1）选择菜单"窗口"＞"输出"＞"印前检查"。

（2）从印前检查面板菜单中选择"定义配置文件"，如图 8.4 所示。

图8.4

（3）在"印前检查配置文件"对话框中，单击左边的印前检查配置文件列表下面的"印前检查配置文件菜单"按钮（≡），并选择"载入配置文件"，如图 8.5 所示。

（4）选择硬盘文件夹 InDesignCIB\Lessons\Lesson08 中的 Ad Profile.idpp，再单击"打开"按钮。

（5）在选择了 Ad Profile 的情况下，查看为该广告指定的输出设置。单击各个类别旁边的箭头，以了解可在印前检查配置文件中包含哪些选项。

图8.5

选定的复选框表示 InDesign 将把它标记为不正确，例如，由于在"颜色">"不允许使用色彩空间和模式"下，选中了复选框"RGB"（如图 8.6 所示），因此任何 RGB 图像都将被视为错误。

图8.6

（6）单击"确定"按钮关闭"印前检查配置文件"对话框。

8.3.2 选择印前检查配置文件

下面来选择印前检查配置文件 Ad Profile，看看它标出的错误。

（1）在印前检查面板中，从下拉列表"配置文件"中选择 Ad Profile。注意到这个配置文件检测当前文档的颜色存在 10 个问题。

 提示: 文档窗口左下角会显示文档中有多少个印前检查错误，条件是在印前检查面板中，选择了左上角的复选框"开"。如果看到很多错误，可打开印前检查面板查看更多信息。

（2）要查看这个错误，单击"颜色（10）"旁边的箭头（ˇ）。
（3）单击"不允许使用色彩空间（5）"旁边的箭头（ˇ）。
（4）双击"直线"以选择导致这个错误的直线。

（5）如果有必要，可以单击"信息"旁边的箭头（˅），以显示有关问题的详细信息，如图 8.7 所示。让印前检查面板打开，以供下一个练习使用。

由于这个文档是要进行 CMYK 印刷的，因此不能使用 RGB 颜色模式中的颜色，单条直线的描边色为 RGB 颜色。

8.3.3　对色板进行颜色模式转换

下面对应用于该直线的色板进行颜色模式转换，以消除这个印前检查错误。

（1）选择菜单"窗口" > "颜色" > "色板"打开色板面板。

（2）在色板面板中的颜色列表中，双击色板 Green-Dark 打开"色板选项"对话框。

图8.7

（3）从下拉列表"颜色模式"中选择"CMYK"，再单击"确定"按钮，如图 8.8 所示。

图8.8

（4）你会注意到印前检查面板中相应的错误消失了。

提示：选择菜单"文件" > "打包"将文档打包，在用于最终输出时，InDesign 可能报告与颜色模式相关的问题。在这种情况下，可像这里演示的那样修改颜色模式。

（5）关闭印前检查面板，再选择菜单"文件" > "存储"。

8.4　创建颜色

为最大限度地提高设计的灵活性，InDesign 提供了各种创建颜色的方法。在创建颜色和色板后，就可将其应用于版面中的对象、描边和文本。为确保颜色的一致性，可在文档和用户之间共享颜色。可以如下方式来创建颜色：

- 使用颜色面板动态地创建颜色；

- 使用吸管工具从图像中选择颜色；
- 使用颜色主题选择从图像或对象生成的颜色主题；
- 在 Adobe Color Theme 面板中创建和选择主题；
- 使用 CC 库与 Photoshop 和 Illustrator、工作组的其他成员以及其他文档共享颜色。

> **Id** **注意**：完成本课的任务时，请根据需要随意移动面板和修改缩放比例。有关这方面的更详细信息，请参阅第 1 课 1.3 节和 1.5 节。

可以各种颜色模式定义颜色，这包括 RGB、CMYK 以及诸如 PANTONE 等专色模式。本节后面将详细讨论专色和印刷色（CMYK 颜色）的差别。

这张广告将由商业印刷厂使用 CMYK 颜色印刷，这要求使用 4 个不同的印版——青色、洋红色、黄色和黑色各一个。然而，CMYK 颜色模式的色域较小，此时专色就可派上用场。专色用于添加不在 CMYK 色域内的颜色（如金粉油墨和蜡色油墨）以及确保颜色的一致性（例如，用于公司 logo）。

在本节中，你将使用色板面板创建一种用于标识的 PANTONE 颜色，再使用吸管工具、颜色面板和色板面板创建一个用作广告背景色的 CMYK 色板。最后，你将使用颜色主题工具从文档中的一幅马赛克图像创建一组互补色，并将选择的颜色主题添加到色板面板和 CC 库中。

> **Id** **提示**：很多公司标识（包括 logo）都使用了 PANTONE 颜色。在给客户做项目时，最好问问为重现其公司的标识，是否需要使用 PANTONE 颜色和特殊字体。

8.4.1 创建 PANTONE 色板

在这张广告中，组织名称 "Urban Oasis Gradens" 需要使用一种 PANTONE 专色油墨。下面添加一种专色，它来自一个颜色库。在实际工作中，你需要通知印刷厂，说自己打算使用一种 PANTON 专色。

（1）使用选择工具单击页面周围的粘贴板，确保没有选择任何对象。

（2）如果有必要，可以选择菜单 "窗口" > "颜色" > "色板" 打开色板面板。

（3）从色板面板菜单中选择 "新建颜色色板"。

（4）在 "新建颜色色板" 对话框中，从下拉列表 "颜色类型" 中选择 "专色"。

（5）从下拉列表 "颜色模式" 中选择 "PANTONE+ Solid Coated"。

（6）在 PANTONE 和 C 之间的文本框中输入 266，这将在 Pantone 色板列表中自动滚动到本项目所需的颜色 "PANTONE 266 C"。

（7）取消选择左下角的复选框 "添加到 CC 库"，如图 8.9 所示。

> **Id** **提示**：CC 库让你能够在用户和文档之间共享颜色等素材。CC 库将在第 10 课中介绍。

（8）单击"确定"按钮，指定的专色被加入到色板面板中。

在色板面板中，该颜色旁边的图标（⬤）表明它一种专色，如图 8.10 所示。添加到色板面板中的新颜色将随当前文档一起存储。

图8.9   图8.10

 提示：为印刷品选择 PANTONE 颜色时，最好根据印刷的 PANTONE 颜色指南进行选择，因为根据屏幕上显示的 PANTONE 颜色进行选择可能不可靠。

（9）选择菜单"文件" > "存储"。

在本课后面，你将把刚才添加的专色应用于文本 Urban Oasis Gardens。

8.4.2 创建 CMYK 色板

要从空白开始创建 CMYK 色板，需要明白颜色混合和颜色值。你也可以尝试在颜色面板中定义颜色，再将其作为色板添加到色板面板中。另外，你还可使用吸管工具从图像中采集颜色。在本节中，你将首先使用吸管工具来创建一个 CMYK 色板，再通过输入颜色值来创建两个色板。

提示：通过在色板面板中给颜色命名，能够让你轻松地将颜色应用于文档中的对象并编辑和更新对象的颜色。虽然也可以使用颜色面板将颜色应用于对象，但没办法快速更新这些颜色，因为它们是未命名的。要修改应用于多个对象的未命名颜色，必须分别修改。

（1）选择菜单"窗口" > "颜色" > "颜色"打开颜色面板。

（2）在颜色面板中，单击左上角的填色框。

（3）在工具面板底部附近的颜色主题工具（🖌）上单击并按住鼠标，再在打开的列表中选择吸管工具（），如图 8.11 所示。

（4）单击页面左下角黄色花朵的浅色区域。

（5）颜色面板中将显示从该图像中采集的颜色，如图 8.12 所示。根据你单击的位置，颜色值可能不同。

为创建所需的颜色，必要时按下面这样微调颜色值。

· 青色：10。
· 洋红色：0。
· 黄色：40。
· 黑色：0。

图8.11

图8.12

> **Id** 注意：要在字段中输入颜色，可单击第一个字段进入其中。要进入下一个字段，可按 Tab 键；要让输入值生效，可按回车键。

（6）从颜色面板菜单中选择"添加到色板"，如图 8.13 所示。

图8.13

在色板面板的列表底部，添加了一个色板，并自动选择了它。

（7）在色板面板中，单击底部的"新建色板"按钮，创建选定色板的副本。

（8）双击色板面板中列表末尾的新色板，打开"色板选项"对话框，能够编辑色板。

> **Id** 提示：当你知道颜色的定义（如前面的 PANTONE 颜色）时，使用色板面板来创建色板最容易。而要匹配图像的颜色时，使用吸管工具和颜色面板来创建色板更容易。

（9）确认颜色类型为印刷色，颜色模式为 CMYK。在文本框中输入如下颜色值以调整颜色（要从一个文本框跳到下一个文本框，可按 Tab 键），如图 8.14 所示。

- 青色：25。
- 洋红色：75。
- 黄色：0。
- 黑色：0。

图8.14

（10）单击"确定"按钮关闭"色板选项"对话框。

（11）按住 Alt（Windows）或 Option（macOS）键，并单击色板面板底部的"新建色板"按钮，这将创建一个新色板，并自动打开"新建颜色色板"对话框。

（12）如果有必要，可以选择复选框"以颜色值命名"。确保颜色类型为印刷色，颜色模式为 CMYK。

（13）在文本框中输入如下值（要从一个文本框跳到下一个文本框，可按 Tab 键）：青色 90；洋红色 70；黄色 30；黑色 10。单击"确定"按钮更新颜色。

（14）从色板面板菜单中选择"新建颜色色板"。如果有必要，请选择复选框"以颜色值命名"。确保颜色类型为印刷色，颜色模式为 CMYK。在文本框中输入如下值（要从一个文本框跳到下一个文本框，可按 Tab 键）：青色 65；洋红色 25；黄色 100；黑色 0。

> **Id** 提示：要给颜色指定易于识别的名称，如 Aqua 或 Forest Green，可在"新建颜色色板"对话框中取消选择复选框"以颜色值命名"，再在"色板名称"文本框中输入名称。

（15）单击"确定"按钮更新颜色，再选择菜单"文件" > "存储"。

至此，你已经创建了一个专色色板（紫色）和 3 个 CMYK 颜色色板（粉红、蓝色和绿色），还使用吸管工具创建了一个黄色色板。在下一节中，你将把颜色应用于页面中的对象。

提示：除专色和印刷色外，InDesign还提供了混合油墨颜色，旨在增大使用多种专色的出版物的调色板。要使用这种功能，可以从色板面板菜单中选择"新建混合油墨色板"，再混合专色和黑色（或两种专色）来创建新颜色，从而提供双色图像的色调范围。如果菜单项"新建混合油墨色板"不可用，请确保当前文档至少包含一种专色色板。

专色和印刷色

专色是一种预先混和好的特殊油墨，用于替代或补充CMYK印刷油墨，印刷时需要专门的印版。当指定的颜色较少且对颜色准确性要求较高时使用专色。专色油墨可准确地重现印刷色色域外的颜色。然而，印刷出的专色取决于印刷商混合的油墨和印刷纸张，因此，并不受你指定的颜色值或色彩管理影响。

印刷色是使用以下4种标准印刷色油墨的组合进行印刷的：青色、洋红色、黄色和黑色（CMYK）。当作业需要的颜色较多，导致使用专色油墨的成本很高或不可行时（如印刷彩色照片），需要使用印刷色。

- 要使高品质印刷文档呈现最佳效果，请参考印刷在四色色谱（印刷商可能提供）中的CMYK值来指定颜色。
- 印刷色的最终颜色值是其CMYK值，因此如果使用RGB指定印刷色，在分色时，这些颜色值将转换为CMYK值。转换方式随色彩管理设置和文档配置文件而异。
- 除非正确地设置了色彩管理系统，且了解它在预览颜色方面的局限性，否则不要根据显示器上的显示指定印刷色。
- 由于CMYK的色域比典型显示器小，因此不要在仅供在屏幕上查看的文档中使用印刷色。

有时候，在同一作业中同时使用印刷色油墨和专色油墨是可行的。例如，在年度报告的同一个页面上，可使用专色油墨来印刷公司徽标的精确颜色，并使用印刷色来重现照片。还可使用一个专色印版，在印刷色作业区域中应用上光色。在这两种情况下，印刷作业共使用5种油墨：4种印刷色油墨和一种专色油墨或上光色。

每使用一种专色，印刷时都将增加一个专色印版。一般而言，商业印刷厂可提供双色印刷（黑色和一种专色）以及增加一种或多种专色的四色CMYK印刷。使用专色通常会增加印刷费用，因此在文档中使用专色之前，应向印刷商咨询。

——摘自InDesign帮助

8.5 应用颜色

当创建颜色色板后，可将其应用于对象、文本等。色板面板、控制面板、属性面板和CC Libraries 面板都提供了颜色应用工具。应用颜色的过程包括三大步骤。

（1）选择文本或对象。

（2）根据要修改哪种颜色选择描边或填充选项。

（3）选择色板。

在工具面板、色板面板和颜色面板中，都包含描边 / 填色框（▣），你可以使用它来指定要将颜色应用于描边（轮廓）还是填充区域（背景）。在应用颜色时，务必注意观看描边 / 填色框，因为很容易将颜色应用于对象的错误部分。

Id 　　提示：在控制面板和属性面板中，分别提供了"填色"和"描边"下拉列表，让你能够更轻松地应用颜色。

InDesign 提供了很多其他的颜色应用方式，这包括将色板拖曳到对象上、使用吸管工具复制对象中的颜色以及在样式中指定颜色。在使用 InDesign 的过程中，将知道哪种方式对你来说是最合适的。

在这个练习中，你将使用各种面板和方法将颜色应用于描边、填充和文本。

8.5.1　指定对象的填充色

在这里，你将给页面上的各种对象指定填充色，为此你将使用色板面板、拖曳色板以及使用吸管工具。

（1）如果有必要，请选择菜单"窗口"＞"颜色"＞"色板"打开色板面板。请让这个面板一直打开，直到阅读完本课。

（2）选择菜单"视图"＞"屏幕模式"＞"正常"，以便能够看到框架边缘。

Id 　　提示：要交换选定对象的描边颜色和填充色，可单击描边 / 填色框（▣）中的箭头。

（3）使用选择工具单击页边距（边距参考线外面）的任何地方，以选择大型的背景框架，如图 8.15 所示。

单击页边距以选择如图所示的大型框架

图8.15

（4）在色板面板中，单击填色框（）。

（5）单击名为"C=65 M=25 Y=100 K=0"的绿色色板。

（6）在色板面板的"色调"文本框中输入 50 并按回车键，如图 8.16 所示。

图8.16

（7）使用选择工具选择右边包含文本"Urban Oasis Gardens"的文本框架。

（8）在选择了填色框的情况下，单击名为"C=10 M=0 Y=40 K=0"的黄色色板，如图 8.17 所示。

图8.17

（9）单击粘贴板确保没有选择页面上的任何对象。

（10）在色板面板中，将粉色色板（C=25 M=75 Y=0 K=0）拖曳到页面底部中央包含文本"$75"的文本框架上，如图 8.18 所示。

图8.18

（11）单击粘贴板确保没有选择任何对象。

（12）使用选择工具单击页面顶部的"Orchid Clinic"。

（13）在依然选择了填色框的情况下，单击名为"C=90 M=70 Y=30 K=10"的色板，如图 8.19 所示。

图8.19

（14）选择菜单"文件" > "存储"。为给下一个练习做好准备，单击粘贴板确保没有选择任何对象，再选择菜单"视图" > "使页面适合窗口"。

提示：页面顶部的文本"Orchid Clinic"实际上是一个对象，而这个对象通过选择相应的文本框架，再选择菜单"文字" > "创建轮廓"生成的。使用这个菜单项将创建一个形状类似于相应文本的框架，并在其中填充无法编辑的图形。

8.5.2 给描边指定颜色

使用描边面板（"窗口" > "描边"）可给直线、框架和文本添加描边。在这里，你将使用控制面板中的选项给一条直线和一个图形框架指定描边颜色。

（1）使用选择工具单击文本页面中间的日期上方的直线。

（2）在控制面板中，单击下拉列表"描边"。

（3）向下滚动并选择粉色"C=25 M=75 Y=0 K=0"，如图 8.20 所示。

图8.20

注意：如果将颜色应用到了错误的对象或对象的错误部分，可选择菜单"编辑">"还原"，再重做。

（4）使用选择工具单击包含兰花蓓蕾的图形框架。务必单击内容抓取工具的外面，以选择框架。

（5）在色板面板中，单击描边框（▨）。

（6）向下滚动并单击蓝色色板"C=90 Y=70 M=30 K=10"，如图 8.21 所示。

图8.21

（7）选择菜单"文件">"存储"。

8.5.3　将颜色应用于文本

接下来，使用文字工具选择文本，并使用色板面板和控制面板来指定文本的填充色。

提示：为创建反白字（深色背景上的浅色文字），可将文本的颜色设置得较浅，并将段落背景或文本框架的颜色设置得较深。

（1）使用文字工具在包含日期"Tuesday • January 8 • 7–10 p.m."的文本框架中单击，再通过拖曳选择其中所有的文本。

在色板面板中，注意到填色框发生了变化，以反映选定文本的填充色（▨）。

（2）在选择了填色框的情况下，单击蓝色色板"C=90 Y=70 M=30 K=10"。

（3）使用文字工具单击左边包含文本"Grow. Maintain. Rebloom."的框架，在按 Ctrl + A（Windows）或 Command + A（macOS）组合键选择段落中的所有文本。

（4）在依然选中了填色框的情况下，单击蓝色色板"C=90 Y=70 M=30 K=10"。

（5）使用文字工具在右边包含文本"Urban Oasis Gardens"的文本框架中单击，再单击 4 次选择其中所有的文本。

（6）在控制面板中找到并单击"填色"按钮，并选择色板"PANTONE 266 C"。

（7）选择菜单"窗口">"属性"打开属性面板。

（8）使用文字工具在页面底部中央包含"$75"的文本框架中单击，再选择菜单"编辑">"全选"选择其中所有的文本。

（9）在属性面板中，在"描边"按钮旁边的"粗细"文本框中输入"1点"并按回车键。

（10）单击"描边"按钮并选择蓝色色板"C=90 Y=70 M=30 K=10"。

（11）单击"填色"按钮并选择绿色色板"C=65 Y=25 M=100 K=0"，如图 8.22 所示。

单击粘贴板取消选择文本，此时的页面中部如图 8.23 所示。

图8.22

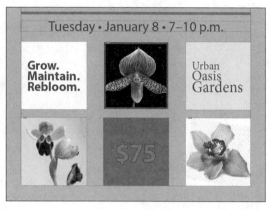

图8.23

（12）选择菜单"编辑">"全部取消选择"，再选择菜单"文件">"存储"。

8.6 使用色调色板

色调色板是颜色经过加网而变得较浅的版本，可快速而一致地应用于对象。色调色板存储在色板面板以及诸如控制面板的颜色下拉列表中。要共享其他文档中的色调色板，可在色板面板菜单中选择"载入色板"。下面创建一个浅绿色色调色板，并将其应用于黄色文本框架。

8.6.1 创建色调色板

下面使用一个既有颜色色板来创建一个色调色板。

（1）选择菜单"视图">"使页面适合窗口"使页面位于文档窗口中央。

（2）使用选择工具单击粘贴板，确保没有选择任何对象。

（3）在色板面板中，选择名为"C=25 M=75 Y=0 K=0"的粉色色板。

（4）单击填色框，再从色板面板菜单中选择"新建色调色板"。

（5）在"新建色调色板"对话框中，只有底部的"色调"可以修改。在"色调"文本框中输入 65，再单击"确定"按钮。

> **Id** 提示：色调很有用，因为 InDesign 会维持色调同其父颜色的关系。因此，如果你将父颜色色板改为其他颜色，这个色调色板将变成新颜色的较浅版本。

新建的色调色板出现在色板列表末尾。色板面板的顶部显示了有关选定色板的信息，填色/描边框表明该色板为当前选定的填充色，下拉列表"色调"的值表明该颜色为原始颜色的65%，如图 8.24 所示。

图8.24

8.6.2　应用色调色板

下面将这个色调色板用作填充色。

（1）使用选择工具单击页面右边包含文本"$75"的文本框架。

（2）在色板面板中，单击填色框。

（3）在色板面板中，单击刚创建的色调色板（其名称为"C=25 M=75 Y=0 K=0 65%"），此时我们注意到颜色发生了变化，如图 8.25 所示。

图8.25

（4）选择菜单"文件"＞"存储"。

8.7　使用渐变

渐变是逐渐混合多种颜色或同一种颜色的不同色调。可以创建线性渐变或径向渐变，如图 8.26 所示。在本节中，你将使用色板面板创建一种线性渐变色板，将其应用于一个对象，并使用渐变色板工具调整渐变。

线性渐变　　　　径向渐变

图8.26

8.7.1　创建渐变色板

在"新建渐变色板"对话框中，渐变是在渐变曲线中使用一系列颜色站点定义的。站点是渐变从一种颜色变成下一种颜色的地方，由位于渐变曲线下方的方块标识。每种 InDesign 渐变都至少有两个颜色站点。通过编辑每个站点的颜色以及新增颜色站点，可创建自定渐变。

（1）选择菜单"编辑"＞"全部取消选择"确保没有选中任何对象。

（2）从色板面板菜单中选择"新建渐变色板"。

（3）在文本框"色板名称"中输入"Pink/Yellow"；保留"类型"设置"线性"。

（4）单击渐变曲线上的左站点标记（⌂）。

（5）从下拉列表"站点颜色"中选择"色板"，再在色板列表中向下滚动，并选择名为"C=25 M=75 Y=0 K=0"的粉色色板。

此时，你会注意到渐变曲线的左端变成了蓝色。

（6）在依然选择了左站点的情况下，在文本框"位置"中输入 5。

（7）单击右站点标记，从下拉列表"站点颜色"中选择"色板"，再在色板列表中向下滚动并选择名为"C=10 M=0 Y=40 K=0"的黄色色板，然后在文本框"位置"中输入 70。

渐变曲线显示了粉色和黄色之间的混合，如图 8.27 所示。

（8）单击"确定"按钮。新建的渐变色板将出现在色板面板中的列表末尾。

（9）选择菜单"文件"＞"存储"。

8.7.2　应用渐变色板

下面将一个文本框架的填色改为这个渐变。

图8.27

（1）使用选择工具单击左边包含文本"Grow. Maintain. Rebloom."的文本框架。

（2）在色板面板中单击填色框。

（3）在色板面板中，单击刚创建的渐变 Pink/Yellow，如图 8.28 所示。

图8.28

（4）选择菜单"文件" > "存储"。

8.7.3　调整渐变的混合方向

使用渐变填充对象后，可修改渐变。为此，可使用渐变色板工具拖曳一条虚构的直线，从而沿该直线重绘渐变。这个工具让你能够修改渐变的方向以及起点和终点。下面来修改渐变的方向。

（1）确保依然选择了包含文本"Grow. Maintain. Rebloom."的文本框架，再按 G 选择工具面板中的渐变色板工具（　　）。

（2）为创建更平缓的渐变效果，将鼠标指针指向选定文本框架左边缘的外面，并按如图 8.29 所示的那样向右拖曳。

当你松开鼠标后，将发现从粉色到黄色的过渡比以前更平缓，如图 8.29 所示。

图8.29

（3）为创建对角方向的渐变，使用渐变色板从左上角拖曳到右下角，如图 8.30 所示。继续尝试使用渐变色板工具，直到理解其工作原理为止。

图8.30

（4）当试验完毕后，从文本框架的顶端拖曳到底端，如图 8.31 所示。这是对这个文本框架应用的最终渐变。

图8.31

（5）按 V 键切换到选择工具，再单击粘贴板确保没有选择任何对象。

（6）选择菜单"文件" > "存储"。

8.8 使用颜色组

如果文档包含很多具有特殊用途（如用于章节序言或分隔页面）的颜色，可在色板面板中将色板分组，这样可轻松地同其他文档或其他设计人员共享颜色组。

8.8.1 将颜色添加到颜色组中

下面将这个文档使用的颜色放到一个新的颜色组中。

Id 提示：在设计文档时，通常创建的颜色色板数比实际使用的多。确定最终的设计和调色板后，应将未用的颜色删除，以免不小心应用了它们。为此，可从色板面板菜单中选择"选择所有未使用的样式"，再单击面板底部的"删除选定的色板/组"按钮。

（1）为新建颜色组，从色板面板菜单中选择"新建颜色组"。

（2）在"新建颜色组"对话框中，输入"Orchid Clinic Ad"，并单击"确定"按钮，如图 8.32 所示。

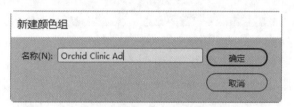

图8.32

（3）为将颜色色板、色调色板和渐变色板添加到颜色组"Orchid Clinic Ad"中，选择这些色板并将它们拖曳到其中。

- 为选择这些色板，按住 Shift 键并单击第一个色板和最后一个色板（你无须将色板"[无]""[套版色]""[纸色]"和"[黑色]"移到这个颜色组中）。

- 将选定的色板拖曳到文件夹 Orchid Clinic Ad 下方，等到出现直线后松开鼠标，如图 8.33 所示。

（4）选择菜单"文件" > "存储"。

8.8.2 预览最终的文档

作为最后一步，你将对最终的文档进行预览。

（1）选择菜单"视图" > "屏幕模式" > "预览"。

（2）选择菜单"视图" > "使页面适合窗口"。

（3）按 Tab 键隐藏所有的面板并预览工作成果，如图 8.34 所示。

（4）再次按 Tab 键显示面板。

图8.33

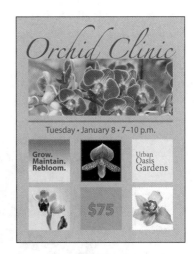

最终的颜色组
Orchid Clinic Ad

图8.34

祝贺你完成了本课！

8.9 练习

请按下面的步骤做，更深入地学习如何使用颜色主题。

8.9.1 创建颜色主题

要创建与文档中使用的图像互补的颜色，可使用 InDesign 颜色主题工具。这个工具对图像或对象进行分析，从中选择有代表性的颜色，并生成 5 个不同的主题。你可以选择并应用颜色主题中的色板、将颜色主题中的色板添加到色板面板中并通过 CC 库共享颜色主题。要使用颜色主题工具，可像下面这样做：

- 使用颜色主题工具单击图像或对象，从一个很小的区域创建颜色主题。
- 使用颜色主题工具拖曳出一个覆盖图像或对象的方框，并从这些图像或对象创建颜色主题；
- 按住 Alt（Windows）或 Option（macOS）键并使用颜色主题工具单击，以清除既有的颜色主题并创建新的颜色主题。

8.9.2 查看颜色主题

首先，你将查看可从兰花蓓蕾图像创建的颜色主题，再从中选择你要使用的颜色主题。

（1）在工具面板中的吸管工具上按住鼠标，并从打开的下拉列表中选择颜色主题工具。

> **Id** 提示：要使用键盘选择颜色主题工具，可按 Shift + I 组合键。

（2）找到页面中央的兰花蓓蕾图像。

（3）使用颜色主题工具在这幅图像的任何位置单击。

注意到显示了颜色主题面板，其中包含从这幅图像中挑选出来的颜色主题，如图 8.35 所示。

（4）在颜色主题面板中，单击下拉列表"当前主题"，并选择主题"柔色"，如图 8.36 所示。

图8.35

图8.36

你可以选择并使用这里显示的任何色板，但这里不这样做，而将整个颜色主题都添加到色板面板中。

8.9.3 将主题添加到色板面板中

你可以将颜色主题中的特定颜色添加到色板面板中，为此，可以在颜色主题面板中选择该色板，再按住 Alt（Windows）或 Option（macOS）键并单击"将此主题添加到色板"按钮。

颜色主题"柔色"最适合用于这里的广告。首先，将把它添加到色板面板中，并在 Adobe Color Themes 面板中查看它，这个面板可帮助管理主题。然后，你将与工作组中其他负责制作营销材料的人共享这个颜色主题。

（1）在颜色主题面板中选择了主题"柔色"的情况下，单击"将此主题添加到色板"按钮，如图 8.37 所示。

图8.37

（2）如果有必要，请选择菜单"窗口">"颜色">"色板"打开色板面板。

（3）必要时向下滚动，以查看以颜色组的方式添加到色板面板中的"柔色_主题"，如图 8.38 所示。

图8.38

（4）选择菜单"文件">"存储"。

8.9.4 将颜色主题添加到 CC 库中

InDesign CC 库让你能够轻松地在工作组中共享颜色色板和颜色主题等素材。在多名设计人员协作处理杂志或营销材料时，这可以确保创意团队的每位成员都能轻松地访问同样的内容。在这里，你将把"柔色"主题添加到 CC 库中。有关 CC 库的更详细信息，请参阅第 10 课。

（1）在颜色主题面板中，在依然选择了"柔色"主题的情况下，单击"将此主题添加到我的当前 CC 库"按钮，如图 8.39 所示。

图8.39

（2）如果有必要，可以选择菜单"窗口">"CC Libraries"打开面板 CC Libraries，你将看到该颜色主题被添加到其中，如图 8.40 所示。

（3）打开 CC Libraries 面板菜单，你将看到其中包含一些协作选项："协作"和"共享链接"。

（4）这个颜色主题也被添加到 Adobe Color Themes 面板中，要确定这一点，可选择菜单"窗口">"颜色">"Adobe Color Themes"。

（5）在 Adobe Color Themes 面板中，单击标签"My Themes"，再从库列表中选择"我的库"，如图 8.41 所示。

图8.40

图8.41

（6）选择菜单"窗口">"颜色">"Adobe Color Themes"关闭这个面板。

（7）选择菜单"文件">"存储"。

管理颜色主题

在InDesign中，有很多创建和管理颜色主题的方式。使用下面这些工具可在应用程序和项目之间同步颜色，还可方便地与其他用户协作：

- Adobe Capture CC应用可在iPad、iPhone和Android上运行，让你能够根据设备相机对准的地方创建颜色主题。

- Adobe Color CC网站让你能够创建自己的颜色主题、探索其他用户的颜色主题以及查看自己的颜色主题。

- Adobe Color Themes面板（"窗口">"颜色">"Adobe Color Themes"）让你能够在InDesign和其他Creative Cloud应用程序（如Photoshop CC和Illustrator CC）中创建和探索颜色主题，如图8.42所示。

- CC Libraries面板（"窗口">"CC Libraries"）让你能够在工作组内共享颜色主题并通过复制、移动和删除颜色主题来管理它们。

有关这些工具的更详细信息，请参阅InDesign帮助文档。

图8.42

8.10　复习题

1. 相比于使用颜色面板，使用色板面板来创建颜色有何优点？

2. 应用颜色色板的 3 个基本步骤是什么？

3. 相比于使用印刷色，使用专色有何优缺点？

4. 创建渐变并将其应用于对象后，如何调整渐变的混合方向？

8.11　复习题答案

1. 如果使用色板面板将同一种颜色应用于文本和对象，然后发现需要使用另一种颜色，则无须分别更新每个对象，而只需在色板面板中修改这种颜色的定义，所有这些对象的颜色都将自动更新。

2. 应用颜色色板的基本步骤如下：选择文本或对象；根据要修改描边还是填色选择描边框或填色框；选择颜色。可在各种面板中选择颜色，这包括色板面板、控制面板、属性面板和工具面板。

3. 通过使用专色，可确保颜色的准确性。然而，每种专色都需要一个独立的印版，因此使用专色的成本更高。当作业使用的颜色非常多，导致使用专色油墨非常昂贵或不现实时（如打印彩色照片时），应使用印刷色。

4. 要调整渐变的混合方向，可使用渐变色板工具沿所需方向拖曳一条虚构直线，从而沿该直线重新绘制填充。

第9课　使用样式

课程概述

在本课中，读者将学习以下内容：

- 创建和应用段落样式；
- 创建和应用字符样式；
- 在段落样式中嵌套字符样式；
- 创建和应用对象样式；
- 创建和应用单元格样式；
- 创建和应用表样式；
- 全面更新段落样式、字符样式、对象样式、单元格样式和表样式；
- 导入并应用其他 InDesign 文档中的样式；
- 创建样式组。

 学习本课需要大约 60 分钟。要下载本课的课程文件，请登录异步社区网站，详情请参阅本书前言后的"资源与支持"一节。请将下载的文件放在方便使用的地方。

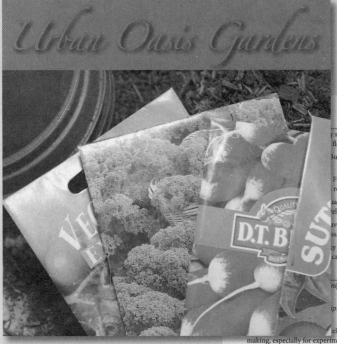

Pop: *White Hulless*. Produces smaller, crisper, white kernels.

Sweet: *Country Gentleman*. Delicious, small kernels, private family use.

Sweet: *Nectar*. Tasty, easy to grow in cold and wet weather, ideal for table use.

MELON

Water: *Augusta Rattlesnake*. Crisp, sweet, bright scarlet melon.

Musk: *Defender*. Oval shape, slightly ribbed rink, yellow flesh.

Musk: *Emerald Gem*. Thick flesh of a delicate salmon flavor.

Musk: *Hoodoo*. Fine flavor, orange flesh, productive vines.

Musk: *Jenny Lind*. Very sweet, light green delicious flesh.

Musk: *Rocky Ford*. Very juicy, greenish white flesh, medium size oval.

Water: *The Watson*. Very crisp and delicious flesh, dark glossy green rind.

ONIONS

Red: *Large Wethersfield*. Strong flavor, moderately fine grain, deep purple flesh.

snap beans,
flat pods.

Buttery taste,

Fine flavor,
round pods.

ality beans,
ell-filled pods.

vor, golden
ss.

y yellow, brittle
crop.

nip. Sweet,

p. Earthy, blood-

ellent for sugar making, especially for experimenters.

CORN

Field: *Leaming*. Large ears, deep grains, orange yellow color, very productive.

Field: *Mortgage Lifter*. Long ears, long grains, great yield.

4

在 InDesign CC 中，可以创建样式（一组格式属性）并将其应用于文本、对象、表等。在修改样式时，将自动影响应用了该样式的所有文本或对象。通过使用样式，可快速、一致地设置文档的格式。

9.1 概述

在本课中，你将创建一些样式，并将其应用于 Urban Oasis Gardens 产品目录的一些页面。样式是一组属性，让你能够快速、一致地设置文档中文本和对象的格式。例如，段落样式"Body Text"指定了字体、字体大小、行距和对齐方式等属性。这里的产品目录页面包含文本、表格和对象，你将设置它们的格式，并根据这些内容创建样式。这样，如果以后你置入了更多产品目录内容，只需单击一下鼠标，就可以使用样式来设置这些新文本、表格和对象的格式。

> **Id** 注意：如果还没有下载本课的项目文件，现在就去下载，详情请参阅"资源与支持"。

（1）为确保你的 InDesign 首选项和默认设置与本课使用的一样，请将文件 InDesign Defaults 移到其他文件夹，详情请参阅"前言"中的"保存和恢复文件 InDesign Defaults"。

（2）启动 InDesign。

（3）在出现的 InDesign 起点屏幕中，单击左边的"打开"按钮（如果没有出现起点屏幕，就选择菜单"文件">"打开"）。

（4）打开硬盘文件夹 InDesignCIB\Lessons\Lesson09 中的文件 09_Start.indd。

（5）选择菜单"文件">"存储为"，将文件重命名为 09_Styles.indd，并将其保存到文件夹 Lesson09 中。

> **Id** 注意：本书的屏幕截图显示的界面都是"中等浅色"的；在你的屏幕上，诸如面板和对话框等界面元素要暗些。

（6）为以更高的分辨率显示这个文档，请选择菜单"视图">"显示性能">"高品质显示"。

（7）确保选择了工作区"基本功能"（选择菜单"窗口">"工作区">"基本功能"）。

（8）如果想查看完成后的文档，请打开文件夹 Lesson09 中的 09_End.indd，如图 9.1 所示。可让该文档打开以便工作时参考。

图9.1

当查看完毕后，单击文档窗口左上角的标签 09_Styles.indd 切换到该文档。

理解样式

InDesign提供了样式，让你能够自动设置所有文本和对象的格式。无论是段落样式、字符样式、对象样式、表样式还是单元格样式，创建、应用、修改和共享的方式都相同。

提示：在所有样式面板（段落样式面板、对象样式面板等）中，面板菜单都包含"载入"选项，可用于从其他InDesign文档导入样式。你还可以通过InDesign CC库在工作组内共享段落样式和字符样式。

基本样式

图9.2

在新建的InDesign文档中，所有对象的默认格式都由相应的基本样式决定，如图9.2所示。例如，在创建新的文本框架时，其格式由对象样式"[基本文本框架]"决定。因此，如果你要让所有新的文本框架都有1点的描边，可以修改"[基本文本框架]"样式。要给所有新建的InDesign文档指定不同的默认格式，可以在没有打开任何文档的情况下修改基本样式。每当你发现自己在反复执行相同的格式设置任务时，都应停下来想一想，是否应该修改相关的基本样式或创建新的样式。

应用样式

要应用样式，只需选择要对其应用样式的对象，再在相关的样式面板中单击样式。例如，要设置表格的格式，可选择表格，再在表样式面板中单击样式。如果你使用的是扩展键盘，还可以设置用于应用样式的快捷键。

提示：使用键盘快捷键来设置文本格式非常方便。要记住键盘快捷键，一种方法是在样式名中包含一个层级数字，并将快捷键设置为这个数字。例如，如果你创建了一个名为1 Headline的段落样式，可将其快捷键设置为Ctrl + 1，这样就很容易记住快捷键，因为这通常是你首先应用的样式。

使用样式覆盖手工设置的格式

在大多数情况下，你希望对象、表格或文本的格式与样式指定的格式完全一致，为此，需要覆盖所有手工设置的格式。如果选定对象的格式与应用于它的样式不完全一致，样式名旁边将出现一个加号。这被称为"样式优先选项"。例如，如果段落样式规定左对齐文本，但你将段落居中对齐了，那么居中对齐就是一个样式优先选项。

要获悉对象的格式与应用于它的样式有何不同，可将鼠标指针指向样式面板中的样式名,这将显示工具提示,其中指出了应用的优先选项(要查看文本格式中的优先选项,可以从字符样式面板菜单或段落样式面板菜单"切换样式优先选项高亮工具"。在每个样式面板的底部,都有一个"清除优先选项"按钮,将鼠标指针指向它可以获悉如何清除选定对象的格式优先选项。请注意,在应用段落样式时,如果无法清除优先选项,请检查是否对文本应用了字符样式。

修改和重新定义样式

使用样式的一个主要优点是,可以一致的方式应用格式,还可以快速地执行全局修改。要修改样式,可以在样式面板中双击其名称,这将打开"样式选项"对话框,让你能够对样式进行修改。你还可以对应用了样式的文本、表格或对象进行修改,再从样式面板菜单中选择"重新定义样式"。

9.2 创建和应用段落样式

段落样式让用户能够将样式应用于文本以及对格式进行全局性修改,这样可以提高效率以及整个设计的一致性。段落样式涵盖了所有的文本格式元素,这包含诸如字体、字体大小、字体样式和颜色等字符属性以及诸如缩进、对齐、制表符和连字等段落属性。段落样式不同于字符样式,它们应用于整个段落,而不仅仅是选定字符。

 提示:在处理图书和产品目录等长文档时,使用样式(而不是手工设置格式)可节省大量的时间。一种常见的做法是,先选择文档中的所有文本,并通过单击应用"正文"段落样式,再使用键盘快捷键对有些文本应用标题段落样式和字符样式。

9.2.1 创建段落样式

在本节中,你将创建一种段落样式,并将其应用于选定段落。先手工设置文档中部分文本的格式(即不基于样式),再让 InDesign 使用这些格式新建一种段落样式。

(1)切换到文档 09_Styles.indd 的第 2 页,调整缩放比例以便能看清文本。

(2)使用文字工具(T)单击并拖曳子标题"Heirloom Vegetable Seeds"以选中它,它位于第一段的后面,如图 9.3 所示。

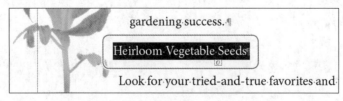

图9.3

（3）在右边的属性面板的"外观"部分，单击填色框并选择色板"Red-Tomato"。

（4）在"字符"部分，在"字体大小"文本框中输入 18 点。

（5）在"段落"部分，单击"更多"按钮，再将段前间距增大到 0.05 英寸，将段后间距降低到 0.025 英寸，如图 9.4 所示。

下面将根据这些格式创建一种段落样式，以便使用它来设置文档中其他子标题的格式。

（6）确保依然选择了子标题"Heirloom Vegetable Seeds"。如果段落样式面板不可见，可以选择菜单"文字" > "段落样式"显示它。

（7）从段落样式面板菜单中选择"新建段落样式"以创建一种新的段落样式，如图 9.5 所示。在出现的"新建段落样式"对话框中，"样式设置"部分显示了你刚给子标题设置的格式。

（8）在对话框顶部的文本框"样式名称"中，输入 Head 2，因为该样式用于设置二级标题的格式。

图9.4

图9.5

我们注意到新样式基于样式"Intro Body"。由于创建样式时，子标题应用了样式"Intro Body"，因此新样式自动基于"Intro Body"。通过使用"新建段落样式"对话框的"常规"部分的"基于"选项，可以现有样式为起点来创建新样式。在这里，样式"Intro Body"与标题样式无关，因此你将把"基于"样式改为"无段落样式"。

（9）从"基于"下拉列表中选择"[无段落样式]"。

在 InDesign 中输入文本时，为快速设置文本的格式，可为"下一样式"指定一种段落样式。当你按回车键时，InDesign 将自动应用"下一样式"。例如，在标题后面，可能自动应用正文段落样式。

（10）从下拉列表"下一样式"中选择"Intro Body"，因为这是 Head 2 标题后面的文本的样式。还可指定快捷键以方便应用该样式。

（11）在文本框"快捷键"中单击，再按住 Ctrl（Windows）或 Command（macOS）和数字键盘中的数字 9（InDesign 要求样式快捷键包含一个修正键）。注意，在 Windows 中，必须按住数字键盘中的数字键以创建或应用样式快捷键。

（12）选择复选框"将样式应用于选区"（如图 9.6 所示），将这种新样式应用于刚设置了其格式的文本。

图9.6

（13）取消选中左下角的复选框"添加到 CC 库"。

（14）单击"确定"按钮关闭"新建段落样式"对话框。

新样式 Head 2 将出现在段落样式面板中且被选中，表明该样式被应用于选定段落。

（15）在段落样式面板中，单击样式组 Head 旁边的箭头，并将样式 Head 2 拖曳到样式样式 Head 1 和 Head 3 之间。

（16）选择菜单"编辑">"全部取消选择"，再选择菜单"文件">"存储"。

9.2.2　应用段落样式

下面将新建的段落样式应用于文档中的其他段落。

（1）如果有必要，向右滚动以便能够看到当前跨页的右对页。

（2）使用文字工具（T）单击将光标放在"Fruits & Flowers"中。

（3）在段落样式面板中单击样式"Head 2"，将其应用于这个段落。文本属性将根据应用的段落样式发生相应变化。

（4）重复第 2 ～ 3 步，将样式 Head 2 应用于第 3 页的"Tools & Accessories"，如图 9.7 所示。

图9.7

> **Id** **注意**：也可以使用前面定义的组合键（Ctrl/Command + 9）来应用样式 Head 2。要在 Windows 中应用样式，确保按的是数字键盘中的数字键。

（5）选择菜单"编辑">"全部取消选择"，再选择菜单"文件">"存储"。

9.3　创建和应用字符样式

在前一节中，段落样式允许你只需单击鼠标或按快捷键就能设置字符和段落的格式。同样，字符样式也能够让你一次性将多种属性（如字体、字号和颜色）应用于文本。不像段落样式那样设置整个段落的格式，字符样式将格式应用于选定字符，如单词或短语。

字符样式只包含不同于段落样式的属性，如斜体，这让你能够将字符样式与不同的段落样式结合起来使用。例如，假设有一篇新闻稿，要求将图书和电影的名称设置为斜体；同时，在这篇新闻稿中，包含使用字体"Minion Pro"的正文段落样式和使用字体"Myriad Pro"的旁注样式。

在这种情况下，你只需要定义一种指定使用斜体的字符样式，而 InDesign 将使用正确字体的斜体版本。

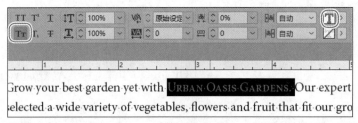

提示：字符样式可用于设置开头的字符，如项目符号、编号列表中的数字和下沉字母；还可用于突出正文中的文本，例如，股票名通常使用粗体和小型大写字母。

9.3.1 创建字符样式

下面创建一种字符样式并将其应用于选定文本，这将演示字符样式在效率和确保一致性方面的优点。

（1）在第 2 页中滚动到第 1 段。

（2）如果字符样式面板不可见，选择菜单"文字" > "字符样式"打开它。

该面板中只包含默认样式"[无]"。

与在前一节中创建段落样式一样，这里也将基于现有文本格式来创建字符样式。这种方法让你在创建样式前就能看到其格式。在这里，你将设置公司名 Urban Oasis Gardens 的格式，并使用这些格式创建一种字符样式，以便能够在整个文档中高效地重用它。

（3）使用选择文字工具（T）选择第 2 页第 1 段开头的"Urban Oasis Gardens"。

（4）在控制面板中，单击"字符格式控制按钮（ ）"，单击字符填色框（T）并选择色板，再单击"小型大写字母"按钮（ ），如图 9.8 所示。

图9.8

在设置好文本的格式后，下面来新建一种字符样式。

（5）单击字符样式面板底部的"创建新样式"按钮。

（6）双击字符样式面板中的"字符样式 1"，这将打开"字符样式选项"对话框。

（7）在对话框顶端的"样式名称"文本框中输入"Garden Name"。

像创建段落样式一样，下面指定快捷键以方便应用该字符样式。

注意：如果你使用的键盘没有数字键盘，可跳过这一步。

（8）在文本框"快捷键"中单击，再按住 Shift（Windows）或 Command（macOS）并按数字键盘中的数字 8。在 Windows 中，确保按的是数字键盘中的数字 8，如图 9.9 所示。

（9）注意到"样式设置"部分列出了这个字符样式设置的格式。

图9.9

（10）单击"确定"按钮关闭"字符样式选项"对话框。新样式"Garden Name"将出现在字符样式面板中，并应用到了选定文本。

（11）选择菜单"编辑">"全部取消选择"，再选择菜单"文件">"存储"。

9.3.2 应用字符样式

现在可以将字符样式应用于已置入到文档中的文本了。和段落样式一样，通过使用字符样式，可避免手动将多种文字属性应用于不同的文本。

（1）向右滚动以便能够看到第一个跨页的右对页。

为保持公司名的外观一致，你将应用字符样式"Garden Name"。

（2）使用文字工具（T）选择第一段正文中的"Urban Oasis Gardens"。

> **Id** 提示：可使用菜单"编辑">"查找／更改"来搜索特定单词或短语的所有实例，并对其应用字符样式。

（3）在字符样式面板中，单击样式"Garden Name"将其应用于这些文本，其格式将发生变化以反映刚创建的字符样式。

> **Id** 注意：也可使用前面定义的快捷键（Shift/Command＋8）来应用样式"Garden Name"。

（4）使用字符样式面板或键盘快捷键将字符样式"Garden Name"应用于第二段正文中的"Urban Oasis Gardens"，如图 9.10 所示。

图9.10

让字符样式面板打开，以便下一个练习中使用。

（5）选择菜单"编辑">"全部取消选择"，再选择菜单"文件">"存储"。

使用"快速应用"来应用样式

一种应用样式的快捷方式是使用"快速应用"，这让你的手都不用离开键盘。要使用它，可以按 Ctrl+回车键（Windows）或 Command+回车键（macOS）。在"快速应用"对话框（如图 9.11 所示）中，输入样式名的前几个字母，直到它得以识别，再使用箭头键选择它并按回车键。

你也可以选择菜单"编辑">"快速应用"或单击控制面板中的"快速应用"按钮来打开"快速应用"对话框。

图9.11

9.4 在段落样式中嵌套字符样式

为使样式使用起来更方便、功能更强大，InDesign 支持在段落样式中嵌套字符样式。这些嵌套样式让用户能够将字符格式应用于段落的一部分（如第一个字符、第二个单词或最后一行），同时应用段落样式。这使得嵌套样式非常适合用于接排标题，即一行或一段的开头部分与其他部分使用不同的格式。事实上，每当你在段落样式中定义模式（如应用斜体直到到达第一个句点）时，都可以使用嵌套样式来自动设置格式。

> **Id** 提示：通过使用功能极其强大的嵌套样式，可根据一组特定的规则在段落中应用不同的格式。例如，在目录中，可将文本设置为粗体、修改制表符前导符（页码前面的句点）的字偶间距以及修改页码的字体和颜色。

9.4.1 创建用于嵌套的字符样式

要创建嵌套的样式，首先需要创建一种字符样式和一种嵌套该字符样式的段落样式。在本节中，你将创建两种字符样式，再将它们嵌套到现有段落样式"Catalog Body"中。

（1）在页面面板中，双击第 4 页的图标，再选择菜单"视图">"使页面适合窗口"。如果正文太小，无法看清，可放大标题"Bean"下面以"Green: Black Valentine"打头的第 1 段。

（2）查看文本和标点：

- 这里将创建两种嵌套样式，用于将蔬菜种类同蔬菜名称区分开来；
- 当前使用了一个冒号（:）将蔬菜种类和名称分开；
- 蔬菜名称和描述之间有一个句点；
- 这些字符对本节后面创建嵌套样式来说很重要。

（3）使用文字工具（T）选择第一个"Green"及其后面的冒号。

（4）从字符样式面板菜单中选择"新建字符样式"。

（5）在"新建字符样式"对话框顶部的文本框"样式名称"中输入"Variety"，以指出该样式将应用于哪些文本。

为使蔬菜种类更醒目，下面来修改字体、字体样式和颜色。

（6）在对话框左边的类别列表中，单击"基本字符格式"。

（7）从"字体系列"下拉列表中选择"Myriad Pro"，并从"字体样式"下拉列表中选择"Bold"，如图9.12所示。

图9.12

（8）在对话框左边的类别列表中，单击"字符颜色"。

（9）在对话框右边的"字符颜色"部分，选择色板"Green-Medium"，如图9.13所示。

图9.13

（10）如果有必要，请取消选择左下角的复选框"添加到CC库"。

（11）单击"确定"按钮关闭"新建字符样式"对话框，新建的样式"Variety"将出现在字符样式面板中。

下面再创建一种用于嵌套的字符样式。

（12）选择文本"Black Valentine"及其后面的句点，它们位于刚设置过格式的文本"Green:"右边。在字符面板或控制面板中，将字体改为"Myriad Pro"，将样式改为"Italic"。

（13）在依然选择了文本"Black Valentine"及其后面的句点的情况下，从字符样式面板菜单中选择"新建字符样式"。在"样式名称"文本框中输入"Vegetable Name"，并单击"确定"按钮，这将基于第12步指定的格式创建一种字符样式，如图9.14所示。

（14）选择菜单"编辑" > "全部取消选择"，再选择菜单"文件" > "存储"。

图9.14

你已成功地创建了两种新的字符样式，加上已有的段落样式"Catalog Body"，现在可以创建并应用嵌套样式了。

9.4.2　创建嵌套样式

在现有段落样式中创建嵌套样式时，实际上指定了InDesign格式化段落时应遵循的一套辅助规则。在本小节中，你将使用前面创建字符样式在样式"Catalog Body"中创建一种嵌套样式。

> **提示：**除嵌套样式外，InDesign还提供了嵌套行样式，让用户能够指定段落中各行的格式，如下沉字母后面为小型大写字符，这在杂志文章的第一段很常见。如果修改了文本或其他对象的格式，导致文本重排，InDesign将调整格式，使其只应用于指定的行。创建嵌套行样式的控件位于"段落样式选项"对话框的"首字下沉和嵌套样式"面板中。

（1）如果有必要，让第4页位于文档窗口中央。

（2）如果段落样式面板不可见，请选择菜单"文字" > "段落样式"。

（3）在段落样式面板中双击样式"Catalog Body"打开"段落样式选项"对话框

（4）在左边的类别列表中，选择"首字下沉和嵌套样式"。

（5）在"嵌套样式"部分，单击"新建嵌套样式"按钮以新建一种嵌套样式。这将创建一种嵌套样式，它应用字符样式"[无]"，并有"包括1字符"字样，如图9.15所示。

（6）单击"[无]"打开一个下拉列表。选择"Variety"，这是第一个嵌套样式。

（7）单击"包括"打开另一个下拉列表。该列表只包含两个选项："包括"和"不包括"。需要将字符样式"Variety"应用到冒号为止，因此选择"包括"。

> **提示：**通过使用嵌套样式，可自动完成一些非常烦琐的格式设置任务。在设置长文档的样式时，应找出其中的规律，这样就能使用嵌套样式自动完成格式设置任务。

（8）单击"字符"显示另一个下拉列表。单击向下的箭头打开该下拉列表，其中包含很多元素选项（包括句子、字符和空格），用于指定要将样式应用于什么元素之前（或包括该元素）。选择并删除"字符",再输入一个冒号（:），如图 9.16 所示。

图9.15

图9.16

（9）选中左下角的复选框"预览"，并将"段落样式选项"对话框移到一边，以便能够看到文本栏。

下面再添加一种嵌套样式以设置蔬菜名的格式。

（10）单击"新建嵌套样式"按钮以新建另一个嵌套样式。

（11）重复第 6 ~ 8 步，并采用如下设置创建该嵌套样式（如图 9.17 所示）：

- 从第 1 个下拉列表中选择 Vegetable Name；
- 从第 2 个下拉列表中选择"不包括"；
- 保留第 3 个下拉列表的默认设置 1 不变；
- 从第 4 个下拉列表中选择"句子"，将格式应用到句点为止。

（12）查看文本的变化情况（如图 9.18 所示），再单击"确定"按钮。

嵌套样式			
Variety	包括	1	:
Vegetable Name	不包括	1	句子

图9.17

Green: *Black·Valentine*. Tasty·snap·beans, hardy·and·productive·plants,·flat·pods.¶

Green: *Extra·Early·Refugee*. Buttery·taste, fleshy·pods·of·fine·quality.¶

Green: *Stringless·Green·Pod*. Fine·flavor, entirely·stringless,·pale·green·round·pods.¶

图9.18

（13）选择菜单"编辑">"全部取消选择"，再选择菜单"文件">"存储"。

9.5 创建和应用对象样式

对象样式让用户能够将格式应用于图形和框架以及对这些格式进行全局性更新。通过将格式属性（包括填色、描边、透明度和文本绕排选项）组合成对象样式，有助于让整个设计更一致，还可提高完成烦琐任务的速度。

> **Id**
>
> **提示**：在所有 InDesign 样式面板（包括字符样式、对象样式、表样式等）中，都可以将类似样式放在被称为样式组的文件夹中。要创建样式组，可以单击面板底部的"创建新样式组"按钮，再双击样式组名称以重命名。为组织样式，可将其拖曳到文件夹中，还可通过上下拖曳调整样式在列表中的位置。

9.5.1 设置对象的格式以便基于它来创建样式

在本节中，你将创建一种对象样式，以便快速将投影效果应用于对象。在这个文档中，标题实际上是对象，是通过选择文本再选择菜单"文字">"创建轮廓"生成的。当转换成轮廓后，就不要求用户的系统安装了相应的字体了，这提高了灵活性，如可以将图像导入到形状中。

（1）在页面面板中双击第 1 页的图标，让该页面位于文档窗口中央。

（2）使用选择工具单击"Urban Oasis Gardens"，以选择这个看起来像文本的对象。

（3）选择菜单"对象">"效果">"投影"。

（4）在左边的列表中选择"投影"，并保留其他选项的设置为默认值。

（5）选择复选框"预览"以查看效果（如图 9.19 所示），再单击"确定"按钮。

图9.19

（6）选择菜单"编辑" > "全部取消选择"以查看效果，再选择菜单"文件" > "存储"。

9.5.2 创建对象样式

正确地设置这个对象的格式后，便可基于其格式创建对象样式了。

> **提示**：像段落样式和字符样式一样，也可基于一种对象样式来创建另一种对象样式。在修改对象样式时，将更新基于它的所有对象样式（这些样式特有的属性将保持不变）。"基于"选项位于"新建对象样式"对话框的"常规"面板中。

（1）使用选择工具单击应用了投影效果的"Urban Oasis Gardens"。

（2）选择菜单"窗口" > "样式" > "对象样式"打开对象样式面板。

（3）在对象样式面板中，按住 Alt（Windows）或 Option（macOS）键，并单击右下角的"创建新样式"按钮，如图 9.20 所示。

通过按住 Alt 或 Option 键并单击"创建新样式"按钮，将自动打开"新建对象样式"对话框。在这个对话框左边，选定的复选框指出了使用该样式时将应用哪些属性。

（4）在"新建对象样式"对话框顶部的文本框"样式名称"中，输入"Drop Shadow"以描述该样式的用途。

> **提示**：请依次单击左边的列表项目，看看在对象样式中可设置哪些方面。除格式属性外，对象样式还可包含大小属性（宽度和高度）以及位置属性（X 和 Y）。

图9.20

（5）选择复选框"将样式应用于选区"，再单击"确定"按钮，如图 9.21 所示。

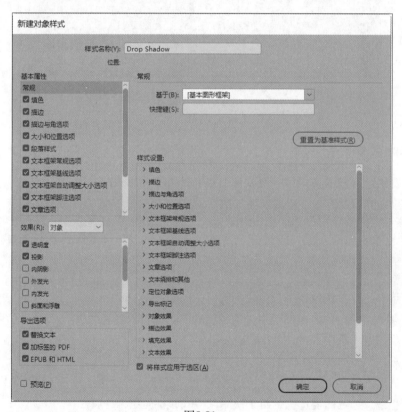

图9.21

9.5.3 应用对象样式

下面将新创建的对象样式应用于封底的标题。别忘了，使用样式的好处在于，当你修改样式后，应用了该样式的文本、表格或对象将自动更新。如果你不希望某些应用了该样式的文本、表格或对象自动更新，可断开它与样式的链接。每个样式面板（段落样式面板、单元格样式面板等）

的面板菜单中都包含选项"断开与样式的链接"。

> **提示**：对文本、对象和表格的外观有大概的想法后，便可以开始创建样式并应用它们。然后，在你尝试不同的设计和修改时，只需使用面板菜单项"重新定义样式"更新样式定义即可，这将自动更新应用了该样式的对象的格式。所有 InDesign 样式面板的面板菜单都包含菜单项"重新定义样式"。

（1）在页面面板中，双击第 6 页的图标（如图 9.22 所示），在文档窗口中显示最后一页。

（2）如果必要，选择菜单"视图">"使页面适合窗口"。

（3）使用选择工具选择看起来像文本的对象"How to Grow"。

与前面提及的标题一样，也通过选择菜单"文字">"创建轮廓"将这些文本转换成了曲线。

（4）在对象样式面板中单击样式"Drop Shadow"，如图 9.23 所示。

（5）如果格式与新样式不匹配，就从对象样式面板菜单中选择"清除优先选项"。

（6）选择菜单"编辑">"全部取消选择"，再选择菜单"文件">"存储"。

图9.22

图9.23

9.6 创建和应用表样式和单元格样式

通过使用表样式和单元格样式，可轻松、一致地设置表的格式，就像使用段落样式和字符样式设置文本的格式一样。表样式让用户能够控制表的视觉属性，这包括表边框、表前间距和表后间距、行描边和列描边以及交替填色模式。单元格样式让用户能够控制单元格的内边距、垂直对齐方式、单元格的描边和填色以及对角线。第 11 课将更详细地介绍如何创建表。

在本节中，你将创建一种表样式和两种单元格样式，并将其应用于产品目录文档中的表以帮助区分对不同农作物的描述。

9.6.1　创建单元格样式

你将首先创建一种单元格样式，用于设置表格表头行的格式，该表格位于第3页底部。然后，你将把这种样式嵌套到表样式中，就像本课前面将字符样式嵌套到段落样式中一样。下面来创建这种单元格样式。

（1）在页面面板中双击第3页的图标。

（2）使用缩放工具（🔍）拖曳出一个环绕页面底部表格的方框，以便能够看清该表格。

（3）使用文字工具（T）指向表格第一行的左边，等鼠标变成向右的箭头后单击，以选择整个第一行，如图9.24所示。

WHAT#	WHERE·TO·PLANT#	WHAT·TO·WATCH·FOR#
Sunflower#	Sunny, sheltered·soil#	Support·stems·for·taller·flowers#
Marigold#	Sunny, fertile·soil#	Plant·around·tomato·plants·to·prevent·flies#
Pansy#	Full·sun·or·dappled·shade#	Deadhead·to·encourage·more·blooms#
Sweet·Pea#	Sunny·spot, support#	Protect·from·mice#

图9.24

（4）选择菜单"表" > "单元格选项" > "描边和填色"。在"单元格填色"部分，从"颜色"下拉列表中选择色板"Green-Brightest"（如图9.25所示），再单击"确定"按钮。

图9.25

（5）在依然选中了这些单元格的情况下，选择菜单"窗口" > "样式" > "单元格样式"打开单元格样式面板。

（6）从单元格样式面板菜单中选择"新建单元格样式"，如图9.26所示。

图9.26

提示：在任何 InDesign 样式面板（字符样式面板、对象样式面板、表样式面板等）中，都可以这样创建新样式，即从面板菜单中选择"新建样式"或单击面板底部的"创建新样式"按钮。

在打开的对话框中，"样式设置"部分显示了前面对选定单元格应用的单元格格式。另外，注意到该对话框左边还有其他单元格格式选项，但这里只指定表头使用的段落样式。

（7）在对话框顶部的文本框"样式名称"中输入"Table Head"。

（8）从下拉列表"段落样式"中选择"Head 4"（该段落样式已包含在文档中)，再单击"确定"按钮，如图 9.27 所示。

图9.27

此时，新建的单元格样式出现在了单元格样式面板中，如图 9.28 所示。

（9）在依然选择了表头行的情况下，在单元格样式面板中单击"Table Head"，将这种样式应用于表头。

（10）如果样式 Table Head 旁边有加号（表明表头的格式与样式不完全匹配），请从单元格样式面板菜单中选择"清除优先项"。

（11）选择菜单"编辑" > "全部取消选择"，再选择菜单"文件" > "存储"。

9.6.2　创建表样式

下面创建一种表样式，它不仅设置表格的整体外观，还将刚创建的单元格样式应用于表头行。

（1）选择菜单"窗口" > "样式" > "表样式"打开表样式面板，并从表样式面板菜单中选择"新建表样式"，如图 9.29 所示。

图9.28

图9.29

（2）在文本框"样式名称"中输入"Garden Table"。

（3）在"单元格样式"部分中，从下拉列表"表头行"中选择"Table Head"，如图 9.30 所示。

图9.30

下面设置该表样式，使表体行交替改变颜色。

（4）在"新建表样式"对话框中，从左边的列表中选择"填色"。

（5）从下拉列表"交替模式"中选择"每隔一行"，"交替"部分的选项将变得可用。

（6）在"交替"部分的左边，做如下设置：

- 将"前行"设置为 1；
- 将"颜色"设置为"[纸色]"。

（7）在"交替"部分的右边，做如下设置（如图 9.31 所示）：

- 将"后行"设置为 1；
- 将"颜色"设置为 Green-Brightest；
- 将"色调"设置为 30%。

（8）单击"确定"按钮，新建的样式"Garden Table"将出现在表样式面板中，如图 9.32 所示。

图9.31

图9.32

（9）选择菜单"编辑" > "全部取消选择"，再选择菜单"文件" > "存储"。

9.6.3　应用表样式

下面将刚创建的表样式应用于文档中的两个表格。

 提示：将既有文本转换为表格（选择菜单"表" > "将文本转换为表"）时，可在转换过程中应用表样式。

（1）在能够在屏幕上看到表格的情况下，使用文字工具（T）通过单击将光标放到表格的任何地方，再选择菜单"表" > "选择" > "表"。

（2）单击表样式面板中的样式"Garden Table"，使用前面创建的表样式和单元格样式重新设置该表格的格式，如图 9.33 所示。

（3）在页面面板中双击第 6 页的图标，选择菜单"视图" > "使页面适合窗口"，再通过单击将光标放在表格"Drop-In Gardening Clinic"的任何地方，再选择菜单"表" > "选择" > "表"。

（4）单击表样式面板中的样式"Garden Table"，使用前面创建的单元格样式和表样式重新设置这个表格的格式，如图9.34所示。

图9.33

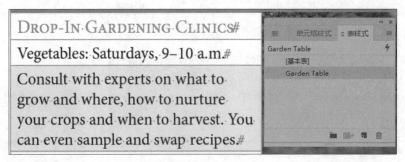

图9.34

（5）选择菜单"编辑">"全部取消选择"，再选择菜单"文件">"存储"。

9.7 更新样式

在InDesign中，有两种更新段落样式、字符样式、对象样式、表样式和单元格样式的方法。一种是打开样式选项本身并对格式选项进行修改；另一种更新样式的方法是，通过局部格式化来修改文本，再根据修改后的文本重新定义样式。无论采用哪种方式，应用了样式的对象都将更新格式。

在本节中，你将修改样式Head 3使其包含段后线。

（1）在页面面板中双击第4页的图标，再选择菜单"视图">"使页面适合窗口"。

（2）使用文字工具（T）通过单击并拖曳选择第1栏开头的子标题"Beans"。

（3）选择菜单"文字">"段落"以显示段落面板，并从面板菜单中选择"段落线"，如图9.35所示。

（4）在"段落线"对话框中，从顶部的下拉列表中选择"段后线"，并选中复选框"启用段落线"；确保选中了复选框"预览"，并将对话框移到一边以便能够在屏幕上看到文本"Beans"。

（5）对段后线做如下设置（如图9.36所示）：

- 将"粗细"设置为1点；
- 将"颜色"设置为Red-Tomato；

- 将"位移"设置为 0.025 英寸。

保留其他选项为默认值。

图9.35

图9.36

（6）单击"确定"按钮，文本"Beans"下方将出现一条深红色直线。

（7）如果看不到段落样式面板，选择菜单"文字" > "段落样式"打开这个面板。

在段落样式面板中，注意到选择了样式"Head 3"，这表明对选定文本应用了它。另外，注意到样式名"Head 3"右边有个加号，这表明除样式"Head 3"外，还对选定文本设置了局部格式，这些格式覆盖了应用的样式，如图9.37所示。

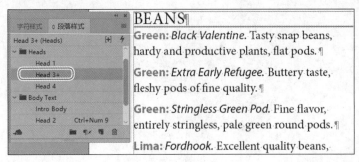

图9.37

下面重新定义这个段落样式，将这种局部修改加入到其定义中，从而自动将其应用于使用样式"Head 3"的所有标题。

（8）从段落样式面板菜单中选择"重新定义样式"，如图9.38所示。样式"Head 3"右边的加号将消失，而文档中使用样式"Head 3"的所有标题都将更新以反映所做的修改。

> **Id** 注意：可使用第7～8步的方法，基于局部格式重新定义任何类型的样式。

图9.38

（9）选择菜单"编辑" > "全部取消选择"，再选择菜单"文件" > "存储"。

9.8 从其他文档中载入样式

样式只出现在创建它们的文档中，但通过从其他 InDesign 文档中载入（导入）样式，可轻松地在 InDesign 文档之间共享样式。在本节中，你将从最终文档 09_End.indd 中导入一种段落样式，并将其应用于第 2 页的第一个正文段落。

> 提示：除了从其他文档载入样式外，还可通过 CC 库在多个文档之间共享段落样式和字符样式。为此，可在段落样式面板中选择一种样式，再单击该面板底部的"将选定样式添加到我的当前 CC 库"按钮。要在另一个文档中使用它，可通过 CC 库应用它，这样它将自动添加到该文档的段落样式面板中。

（1）在页面面板中，双击第 2 页的图标，再选择菜单"视图">"使页面适合窗口"。

（2）如果段落样式面板不可见，选择菜单"文字">"段落样式"显示它。

（3）从段落样式面板菜单中选择"载入所有文本样式"。

（4）在"打开文件"对话框中，双击文件夹 Lesson09 中的 09_End.indd，将出现"载入样式"对话框。

（5）单击"全部取消选中"按钮。你无须导入所有样式，因为大部分样式已包含在当前文档中。

（6）选中复选框"Drop Cap Body"。向下滚动，注意到自动选择了样式"Drop Cap Body"使用的样式"Drop Cap"，如图 9.39 所示。

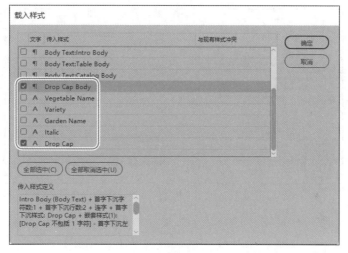

图9.39

由于选定的段落样式"Drop Cap Body"使用了"首字下沉和嵌套样式"功能来自动应用字符样式"Drop Cap"，因此也选择了这个字符样式。

（7）单击"确定"按钮导入这两种样式。

（8）使用文字工具（T）通过单击将光标放在第三段正文（以"Look for your tried-and-true favorites"打头的段落）中。

（9）在段落样式面板中单击样式"Drop Cap Body"。Look 的首字母 L 将下沉并变成绿色，且字体为"Myriad Pro Italic"，如图 9.40 所示。

（10）选择菜单"编辑">"全部取消选择"，再选择菜单"文件">"存储"。

图9.40

大功告成

作为最后一步，你将预览完成后的文档。

（1）单击工具面板底部的"预览"按钮。

（2）选择菜单"视图">"使页面适合窗口"。

（3）按 Tab 键隐藏所有面板，并预览最终的文档，如图 9.41 所示。

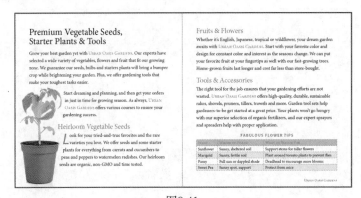

图9.41

祝贺你学完了本课！

9.9　练习

在创建长文档或用于其他文档的模板时，你可能想充分利用各种样式功能。为进一步微调样式，请尝试执行如下操作。

- 在段落样式面板中重新排列样式，例如，将刚导入的样式"Drop Cap Body"拖曳到样式组"Body Text"中。
- 尝试修改诸如对象样式、表样式、字符样式和段落样式等样式的格式，例如，修改段落样式的字体或表样式的背景色。
- 新建只修改一个格式属性的字符样式，如创建只应用不同颜色的字符样式。
- 给既有样式添加键盘快捷键。

9.10　复习题

1. 使用对象样式为何能提高工作效率?

2. 要创建嵌套样式,先得创建什么?

3. 对已应用于 InDesign 文档的样式进行全局更新的方法有哪两种?

4. 如何从其他 InDesign 文档导入样式?

9.11　复习题答案

1. 使用对象样式可以组合一组格式属性,并将其快速应用于框架和直线,从而可以节省时间。如果需要更新格式,无须分别对使用样式的每个对象进行修改,而只需修改对象样式,所有使用该样式的对象都将自动更新。

2. 在创建嵌套样式之前,必须先创建一种字符样式,并创建一种嵌套该字符样式的段落样式。

3. 在 InDesign 中更新样式的方法有两种。一是通过修改格式选项来编辑样式本身;二是使用局部格式修改一个实例,再基于该实例重新定义样式。

4. 从段落样式面板、对象样式面板、单元格样式面板等样式面板的面板菜单中选择"载入样式",再找到要从中载入样式的 InDesign 文档。样式将载入到相应的面板中,从而可在当前文档中使用它们。

第10课　导入和修改图形

课程概述

在本课中，你将学习以下内容：

- 区分矢量图和位图；
- 使用链接面板管理置入的文件；
- 调整图形的显示质量；
- 使用各种方法置入使用 Adobe Photoshop 和 Adobe Illustrator 创建的图形；
- 使用各种调整大小的方法和适合设置；
- 处理各种空白背景；
- 通过路径和图层调整图形的外观；
- 创建定位的图形框架；
- 创建和使用对象库。

学习本课需要大约 75 分钟。要下载本课的课程文件，请登录异步社区网站，详情请参阅本书前言后的 "资源与支持" 一节。请将下载的文件放在方便使用的地方。

通过导入在 Adobe Photoshop、Adobe Illustrator
或其他图形程序中创建的照片和图稿，可轻松地
改善文档。如果这些导入的图形被修改，InDesign
将指出有新版本，用户可随时更新或替换导入的
图形。

10.1 概述

在本课中，你将导入、处理和管理来自 Adobe Photoshop、Adobe Illustrator 和 Adobe Acrobat 的图形，以制作一个 6 页的 CD 封套。当印刷并折叠后，该封套将适合 CD 盒的大小。

本课包含可使用 Photoshop 完成的工序——如果你的计算机安装了该软件。

> **Id** **注意**：如果还没有下载本课的项目文件，现在就这样做，详情请参阅"资源与支持"。

（1）为确保你的 InDesign 首选项和默认设置与本课使用的一样，将文件 InDesign Defaults 移到其他文件夹，详情请参阅"前言"中的"保存和恢复文件 InDesign Defaults"。

（2）启动 Adobe InDesign。为确保面板和菜单命令与本课使用的相同，选择菜单"窗口">"工作区">"高级"，再选择菜单"窗口">"工作区">"重置'高级'"。

（3）选择菜单"文件">"打开"，打开硬盘中文件夹 InDesignCIB\Lessons\Lesson10 中的文件 10_Start.indd。此时将出现一个消息框，指出该文档中的链接指向的文件已被修改。

（4）单击"不更新链接"按钮，你将在本课后面对此进行修复。

（5）如果有必要，请关闭链接面板以免它遮住文档。每当用户打开包含缺失或已修改链接的 InDesign 文档时，链接面板都将自动打开。

（6）要查看完成后的文档，打开文件夹 Lesson10 中的文件 Garlandnd.indd，如图 10.1 所示。如果愿意，可让该文档打开供工作时参考。当查看完毕后，选择菜单"窗口">"10_Start.indd"或单击文档选项卡"10_Start.indd"切换到该文档。

图10.1

（7）选择菜单"文件">"存储为"，将该文件重命名为 Pearsdinsert.indd，并将其存储在文件夹 Lesson10 中。

> **Id** **注意**：当完成本课的任务时，请根据需要随意移动面板和修改缩放比例。有关这方面更详细的信息，请参阅第 1 课的 1.5 节。

10.2　添加来自其他程序的图形

InDesign 支持很多常见的图形文件格式。虽然这意味着你可以使用在各种图形程序中创建的图形，但 InDesign 同其他 Adobe 专业图形程序（如 Photoshop、Illustrator 和 Acrobat）协作时最顺畅。

默认情况下，导入的图像是含有链接的，这意味着虽然 InDesign 在版面上显示图形文件的预览，但并没有将整个图形文件复制到 InDesign 文档中。

链接图形文件的主要优点有 3 个。首先，可减小 InDesign 文件，因为它们不包含嵌入的图像数据；其次，可节省磁盘空间；最后，可使用创建链接的图形程序编辑它，再在 InDesign 链接面板中更新链接。在更新链接的文件时，将保持图形文件的位置和设置不变，但会使用更新后的图形替换 InDesign 中的预览图像。

链接面板（"窗口" > "链接"）中列出了链接的所有图形和文本文件，该面板提供了用于管理链接的按钮和命令。打印 InDesign 文档或将其导出为 Adobe 便携式文档格式（PDF）文件时，InDesign 外部存储的置入图形的原始版本会提供尽可能高的品质。

10.3　比较矢量图和位图

绘图工具 Adobe InDesign 和 Adobe Illustrator 创建的是矢量图形，这种图形是由基于数学表达式的形状组成的。矢量图形由平滑线组成，缩放后依然是清晰的。这适用于插图、文字以及诸如徽标等通常会缩放到不同尺寸的图形。无论放大到多大，矢量图形的质量都不会降低。

位图图像（光栅图像）由像素网格组成，通常使用数码相机和扫描仪创建，再使用 Adobe Photoshop 等图像编辑程序进行修改。在处理位图图像时，编辑的是像素而不是对象或形状。光栅图形适合于连续调图像（如照片或在绘画程序中创建的作品）。光栅图形的一个缺点是，放大后不再清晰且会出现锯齿，如图 10.2 所示。另外，位图图像文件通常比类似的矢量文件大。当光栅图像放大后，品质确实会降低。

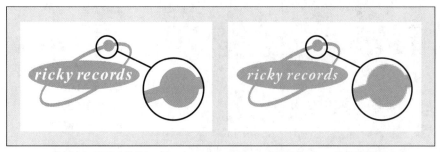

绘制为矢量图形的徽标　　　　　　　光栅化为300dpi位图图像后

图10.2

一般而言，使用矢量绘图工具来创建线条清晰的线条图或文字，如名片和招贴画上的徽标，它们在任何尺寸下都是清晰的。可使用 InDesign 的绘图工具来创建矢量图，也可利用 Illustrator 中品种繁多的矢量绘图工具。可使用 Photoshop 来创建具有绘图或摄影般柔和线条的位图图像，对照片进行修饰或修改以及对线条图应用特殊效果。

10.4　管理到导入文件的链接

当你打开本课的文档时，看到了一个警告消息框，指出链接的文件存在的问题。下面使用链接面板解决这种问题，该面板提供了有关文档中所有链接的文本和图形文件的完整状态信息。

通过使用链接面板，还可采用众多其他的方式管理置入的图形，如更新或替换文本或图形。

> **提示**：默认情况下，对于置入的文本文件和电子表格文件，InDesign 不会创建指向它们的链接。要改变这种情况，可在"首选项"对话框的"文件处理"部分选择复选框"置入文本和电子表格文件时创建链接"。

10.4.1　查找导入的图像

图10.3

为查找已导入到文档中的图像，你将采用两种使用链接面板的方法。在本课后面，你还将使用链接面板来编辑和更新导入的图形。

（1）从文档窗口左下角的"页面"下拉列表中选择 4（如图 10.3 所示），让该页面在文档窗口中居中显示。

（2）如果链接面板不可见，选择菜单"窗口">"链接"。

（3）使用选择工具选择第 4 页中的徽标文字"Songs of the Garden"（单击框架中央的内容抓取工具的外面，以选择框架而不是图形）。在版面中选择该图形后，你会注意到在链接面板中选择了其文件名"Title.ai"，如图 10.4 所示。

A. 文件名栏
B. 状态栏
C. 页面栏
D. "显示/隐藏链接信息"按钮
E. "从CC库重新链接"按钮
F. "重新链接"按钮
G. "转到链接"按钮
H. "编辑原稿"按钮
I. "在列表中选择下一个链接"按钮
J. "在列表中选择上一个链接"按钮
K. "更新链接"按钮

图10.4

下面使用链接面板查找版面上的另一个图形。

（4）在链接面板中选择"milk-way-background.tif"，再单击"转到链接"按钮（ ）。该图形将被选中且位于文档窗口中央。在知道文件名的情况下，这是一种在文档中快速查找图形的方法。

> **提示**：也可以在链接面板中单击文件名右边的页码来转到链接的图形，并使其位于文档窗口中央。

在本课中以及需要处理大量导入的文件时，这些识别和查找链接图形的方法都很有用。

10.4.2 查看有关链接文件的信息

通过使用链接面板，处理链接的图形和文本文件以及显示更多有关链接文件的信息将更容易。

> **提示**：通过拖曳链接面板的标签可将该面板同其所属的面板组分开。将面板分离后，便可通过拖曳其边缘或右下角来调整大小。

（1）确保在链接面板中选择了名为"milk-way-background.tif"的图形。如果在不滚动的情况下无法看到所有链接文件的名称，请向下拖曳链接面板中间的分隔条以扩大该面板的上半部分，以便能够看到所有链接。链接面板的下半部分为"链接信息"部分，显示了有关选定链接的信息。

（2）在链接面板中，单击"在列表中选择下一个链接"按钮（▶），以查看链接面板列表中下一个文件（RR-logo.ai）的信息。以这种方式可快速查看列表中所有链接的信息。当前，每个链接的状态栏都显示一个警告图标（⚠），这表明存在链接问题，稍后将解决这些问题。查看各个图像的链接信息后，选择菜单"编辑">"全部取消选择"，再单击"链接信息"上方的"显示/隐藏链接信息"按钮（▽）以隐藏"链接信息"部分。

默认情况下，链接面板中的文件是按照页码排序的，且在文档中被使用多次的文件排在最前面。可用其他方式对文件列表进行排序，方法是单击栏标题。下面来添加一些其他栏，让你一眼就能看到更多的信息。

（3）要查看链接信息，另一种更快捷的方式是对链接面板中各栏显示的信息进行定制。为此，可从链接面板菜单中选择"面板选项"，再单击"显示栏"下方的复选框"颜色空间""实际PPI""有效PPI"和"透明度"，再单击"确定"按钮（在实际工作流程中，重要的信息可能与这里不同）。

> **提示**：有效分辨率是由图像的实际分辨率及其在InDesign中的缩放程度决定的。用于高品质打印时，有效分辨率不能低于300dpi。因此，放大图像是必须小心，确保其有效分辨率不低于300dpi。

（4）向左拖曳链接面板的左边缘，以便能够看到新增的栏。在链接面板中，新增的栏中显示了前面指定的信息；向右拖曳第一栏的分隔条，让这栏宽到能够显示完整的文件名，如图10.5所示。

使用这种定制视图，可快速获悉有关导入的图形的重要信息，例如，是否有图像因为放大得太大，导致打印出来很难看，如边缘呈锯齿状、模糊不清或像素化。

在"面板选项"对话框中被选择的复选框对应的信息将出现在链接面板的新增的栏中。可以像调整第一栏那样，调整其他各栏的宽度（在这个练习中，使用的有些图像的分辨率较低，这一点现在很容易看出来）

图10.5

10.4.3 在资源管理器（Windows）或 Finder（macOS）中显示文件

虽然链接面板提供了有关导入的图形文件的属性和位置等信息，但并不能让用户修改文件或文件名。通过使用"在资源管理器中显示"（Windows）或"在 Finder 中显示"（macOS），可访问导入的图形文件的原始文件。

> **Id** **注意**：对于缺失的链接，菜单项"在资源管理器中显示"（Windows）或"在 Finder 中显示"（macOS）不可用。

（1）选择 milk-way-background.tif。从链接面板菜单中选择"在资源管理器中显示"（Windows）或"在 Finder 中显示"（macOS），如图 10.6 所示。这将打开链接文件所在的文件夹并选择该文件，这种功能对于在硬盘中查找文档很有用。

> **Id** **提示**：要找到导入的图形文件并给它重命名，也可从链接面板的面板菜单中选择"在 Bridge 中显示"。

（2）关闭资源管理器或 Finder 并返回 InDesign。

图10.6

10.5 更新链接

即便将文本或图形文件置入 InDesign 文档后，也可使用其他程序修改这些文件。链接面板指出了哪些文件在 InDesign 外被修改了，让用户能够使用这些文件的最新版本更新 InDesign 文档。

在链接面板中，文件 Title.ai 有一个警告图标（⚠），这表明原稿被修改过。正是该文件及其他一些文件导致打开该 InDesign 文档时出现警告消息。下面更新该文件的链接，让 InDesign 文档使用最新的版本。

（1）如果有必要，请在链接面板中，单击文件 Title.ai 左边的展开按钮（▶），以显示该导入文件的两个实例。选择位于第 4 页的 Title.ai 文件的实例，并单击"转到链接"按钮（），以便在放大的视图下查看该图形，如图 10.7 所示。更新链接时并非一定要执行这一步，但如果要核实将更新的是哪个导入的文件并查看结果，这是一种快速方法。

 提示：要同时更新图形的多个实例，可在没有展开的情况下进行更新。

图10.7

（2）单击"更新链接"按钮（⟳），文档中图像的外观将发生变化，以呈现最新的版本。在链接面板中，"已修改"警告图标消失了，同时，在页面中图形框架左上角的"已修改"警告图标（⚠）变成了 OK 图标（），如图 10.8 所示。

 提示：要更新链接，也可在链接面板中双击"已修改"警告图标，还可单击图形框架左上角的"已修改"警告图标。

（3）为更新其他所有已修改的图形文件，可以从链接面板的面板菜单中选择"更新所有链接"。

下面将第一个跨页（第 2 ～ 4 页）中的蝴蝶图像替换为修改后的图像。你将使用"重新链接"按钮给这个链接指定另一个图形。

（1）切换到第一个跨页（第 2 ～ 4 页）并选择菜单"视图" > "使跨页适合窗口"。

图10.8

（2）使用选择工具选择图像"Butterfly-on-flower.psd"。如果在内容抓取工具中单击，选择的将是图形而非框架，但这里选择什么都行。可根据链接面板中选定的文件名来判断是否选择了正确的图像。

（3）在链接面板中单击"重新链接"按钮（）。

> **注意**：当你重新链接图像时，可能出现一个动画式工具提示，向你介绍 InDesign CC 2019 新增的"内容识别调整"功能。后面将介绍这项功能，就目前而言，单击"确定"按钮关闭动画即可（见图 10.9）。

（4）选择文件夹 Lesson10 中的 Cover-PinkFlower.psd，再单击"打开"按钮。新的图像版本将替换原来的图像，链接面板也将相应地更新。

（5）单击粘贴板的空白区域以取消选择跨页中的对象。

（6）选择菜单"文件" > "存储"保存所做的工作。

图10.9

在链接面板中查看链接状态

在链接面板中，链接图形以下列方式之一出现。

- 最新的图形只显示其文件名和所在的页面。

- 修改过的文件显示一个带惊叹号的黄色三角形（⚠）。该图标表明磁盘上的文件版本比文档中的版本新。例如，如果你将一个Photoshop图形置入到InDesign中，然后你或其他人使用Photoshop编辑并保存了原始图形，将出现该图标。当一个图形被修改，且只有指向该图形的部分链接被更新时，将出现稍微不同的"已修改"图标版本。要更新已修改的图形，可在链接面板中选择它，再从链接面板菜单中选择"更新链接"或单击"更新链接"按钮（🔄），还可单击链接面板或图形框架中的已修改警告图标。

- 缺失的文件显示一个带问号的红色六边形（❓）。这个图标意味着文件不在最初被导入时所在的位置，虽然它可能在其他地方。如果原始文件导入后，有人将其删除了或移到其他文件夹或服务器，将出现缺失链接的情形。在找到缺失文件之前，无法知道它是否是最新的。如果在出现该图标时打印或导出文档，相应的图形可能不会以全分辨率打印或导出。要修复缺失图形的问题，可在链接面板中选择它，再从链接面板菜单中选择"重新链接"，然后在"重新链接"对话框中找到正确的图形文件，并单击"打开"按钮。

- 被嵌入到InDesign文档中的图形显示一个嵌入图标（▣）。要嵌入图形，可在链接面板中选择相应的文件名，再从链接面板菜单中选择"嵌入链接"。嵌入链接的文件的内容后，将不受对链接执行的操作的影响；取消嵌入后，对链接的管理操作将重新发挥作用。

显示性能和GPU

InDesign CC 支持图形卡包含图形处理单元（GPU）的计算机。如果你的计算机安装了兼容的 GPU 卡，InDesign 将自动使用 GPU 来显示文档，并将默认"显示性能"设置为"高品质显示"。如果你的计算机没有兼容的 GPU 卡，"显示性能"的默认设置将为"典型显示"。本书假设读者的计算机没有 GPU 卡。如果你的计算机安装了兼容的 GPU，可忽略要求你切换到"高品质显示"的步骤。

10.6　调整显示质量

当解决了所有的文件链接问题后，便可以开始添加其他图形了。但在此之前，将调整本课前面更新的 Illustrator 文件 Title.ai 的显示质量。

用户将图像置入文档时，InDesign 根据当前在"首选项"的"显示性能"部分所做的设置自动创建其低分辨率（代理）版本。当前，该文档中所有的图像都是低分辨率代理，这就是图像的边缘呈锯齿状的原因。降低置入图形的屏幕质量可提高页面的显示速度，而不会影响最终输出的质量。可对 InDesign 用来显示置入图形的详细程度进行控制。

（1）在链接面板中，选择你在前一节中更新的图像"Title.ai"（在第 4 页上）。单击"转到链接"按钮（▣）在放大的视图中查看该图形。

（2）在图像 Songs of the Garden 上单击鼠标右键（Windows）或按住 Control 并单击鼠标左键（macOS），再从上下文菜单中选择"显示性能" > "高品质显示"。该图像将以全分辨率显示，如图 10.10 所示。通过使用这种方法，可确定在 InDesign 文档中置入的各个图形的清晰度、外观或位置。

使用"典型显示"

使用"高品质显示"

图10.10

（3）为修改整个文档的显示性能，选择菜单"视图" > "显示性能" > "高品质显示"，所有图形都将以高品质显示。

提示：使用的计算机较旧且文档包含大量导入的图形时，这种设置可能导致屏幕重绘速度降低。在大多数情况下，明智的选择是将"显示性能"设置为"典型显示"，再根据需要修改某些图形的显示质量。

10.7 导入图形并调整其大小

要在 InDesign 中导入图形，最简单的方式是使用菜单"文件">"置入"。使用这种功能的方式有多种，这些方式本节都会介绍。

10.7.1 导入、大小和裁剪

（1）导航到第 2 页面，并按 Ctrl + 加号（Windows）或 Command + 加号（macOS）组合键两次放大视图。打开图层面板并单击图层"Photos"，将导入的图像放到这个图层中。选择菜单"文件">"置入"，切换到文件夹 Lesson10，选择文件"Blue-Hydrangea.psd"，再单击"打开"按钮，鼠标将变成载入光栅图形图标。

注意：如果有必要，可以在放大视图后滚动到页面顶部，以便能够看到一点点粘贴板。

（2）将鼠标指针指向页面上方的粘贴板区域并单击（如图 10.11 所示），这将以独立于既有的框架的方式置入图形，因此 InDesign 将自动创建一个用于放置图形的框架，并将图形缩放到实际大小（100%）。

（3）在实际尺寸下，这张照片太大了，你需要调整其大小——缩小它。为此，可在控制面板中输入缩放百分比或尺寸，让 InDesign 根据选择的参考点沿相应的方向将图形缩放到指定的尺寸；也可用可视化的方式进行缩放。选择选择工具，按住 Shift + Ctrl（Windows）或 Shift + Command（macOS）组合键，并向左上方拖曳右下角的手柄。拖曳时注意观看控制面板中的大小和缩放比例值（或鼠标

图10.11

旁边的灰色框），等到图像的高度大约为 2 英寸时松开鼠标，如图 10.12 所示。拖曳时按住 Ctrl 或 Command 键将同时缩放框架及其包含的图像；而同时按住 Shift 键可保持图像的高宽比不变，以免图像被扭曲。

（4）将图像向右下方移动，直到出现智能参考线，显示出它与左边的空框架顶对齐后松开鼠标。

（5）你要将大部分叶子都裁剪掉。为此，可调整框架的大小，而不调整其包含的图形的大小。向内拖曳右下角的手柄，直到大部分叶子都不可见。再单击内容抓取工具图标，注意到图像的定界框比框架大得多，这表明图像比框架大。向左上方拖曳图像，让花朵在框架内居中，如图 10.13 所示。

图10.12

图10.13

10.7.2 将图像置入既有框架并使用框架适合选项

第二种使用菜单"文件">"置入"的方式是将图形置入既有框架中。

（1）单击图像"Blue-Hydrangea.psd"左边的空框架。选择菜单"文件">"置入"，选择Sunflower.jpg，再单击"打开"按钮。这次图像被置入到选定的框架中。同样，它也是以实际大小（100%）显示的，这样太大了，因为这里的目标只显示花朵。

（2）选择菜单"对象">"适合">"使内容适合框架"，结果如图10.14所示。从结果可知，图像确实在框架内，但向日葵花发生了扭曲（沿垂直方向拉伸）了。为确认这一点，单击框架中央的内容抓取工具图标（以便能够查看有关图像而不是框架的数据），再查看控制面板中的缩放值。水平缩放值和垂直缩放值差别很大，这表明图像确实被扭曲了，如图10.15所示。

图10.14

图10.15

提示：所有框架适合选项都以按钮的方式出现在来控制面板中，如图10.16所示。

图10.16

（3）为在不扭曲的情况下缩放图像，选择菜单"对象" > "适合" > "按比例适合内容"。图像没有扭曲，但太小了。选择菜单"对象" > "适合" > "按比例填充框架"，这个选项不会导致图像扭曲，但如果图像与框架的形状不同（这里就是这样），图像将被裁剪掉一部分。然而，花朵的主要部分都在框架外，因而被裁剪掉了，如图10.17所示。

（4）InDesign CC 2019新增了一项框架适合功能：内容识别调整。它在将图像置入框架时对图像各部分进行评估，并选出最佳的部分显示在框架中。选择菜单"对象" > "适合" > "内容识别调整"，向日葵花几乎在框架中居中，如图10.18所示。如果你愿意，可以微调花朵的位置。

图10.17   图10.18

（5）选择左下角的圆形图形框架，并置入图像"Calla-Lilly.psd"。这个框架被设置成以100%的比例显示图像，并让图像在框架中居中。然而，图片确实是居中了，但其中的主体（花朵）并不在图片中央。选择圆形框架或其中的图像，再选择菜单"对象" > "适合" > "内容识别调整"，现在花朵位于圆形框架中央了，如图10.19所示。

图10.19

10.7.3　通过在桌面拖曳将图形置入既有框架中

（1）另一种导入图形的方式是，将其从桌面拖曳到页面中。请切换到文件资源管理器

（Windows）或 Finder（macOS），并打开文件夹 Lesson10，其中包含文件 Startflower.jpg。

根据需要调整资源管理器窗口（Windows）或 Finder 窗口（macOS）和 InDesign 窗口的大小，并重新排列它们，以便能够同时看到文件夹 Lesson10 中的文件列表和 InDesign 文档窗口。确保能够看到第 2 页面的右边。

（2）选择圆形框架右边的空框架，将文件 Startflower.jpg 拖曳到这个空框架上，再松开鼠标，如图 10.20 所示。

图10.20

（3）这张照片比占位框架小，因此选择菜单"对象">"适合">"使框架适合内容"，再使用选择工具将照片移到你认为合适的地方。

10.7.4 使用 Adobe Bridge 导入图形

Adobe Bridge 是一个独立的应用程序，安装了任何 Adobe CC 应用程序的 Creative Cloud 的用户都可使用它。它是一个跨平台应用程序，让用户能够在本地和网络计算机上查找图形，再将其置入 InDesign 版面（使用 Bridge 还可置入文本文件）。这只是 Bridge 提供的众多功能之一（如果你没有安装 Bridge，可以使用菜单"文件">"置入"来完成本节的任务）。

（1）选择菜单"文件">"在 Bridge 中浏览"打开 Adobe Bridge。通过在收藏夹面板中单击文件夹图标（或在文件夹面板中双击文件夹图标）切换到文件夹 Lesson10，如图 10.21 所示。

> **Id** | **注意**：如果你没有安装 Bridge，当选择菜单项"在 Bridge 中浏览"时，Creative Cloud 将安装它。

（2）Adobe Bridge 提供了一种查找并重命名文件的简单途径。由于能够看到预览，因此即便不知道图形的名称，也能够找到它。单击名为 maple-leaf-.psd 图形（如图 10.22 所示），再单击文件名以选择它。将这个文件重命名为 maple-leaf-yellow，再按回车提交修改。

> **Id** | **提示**：要更深入地了解使用 Bridge 可以做什么，请参阅 Adobe 网站的 Bridge 页面。

Adobe Bridge让你能够查看所有图像
的缩览图。使用右下角的滑块可增大或缩小缩览图

图10.21 图10.22

（3）通过拖曳右下角来缩小 Bridge 窗口，再调整其位置，以便能够看到 InDesign 文档的第 4
页。将文件 "maple-leaf-orange.psd" 拖曳到 InDesign 文档的粘贴板中，如图 10.23 所示。在
Windows 中，在粘贴板上单击，这将切换到 InDesign 并将图像以 100% 的比例置入；在 macOS 中，
在粘贴板上单击切换到 InDesign，再次单击将图像以 100% 的比例置入。

图10.23

（4）使用选择工具将这个枫叶图形放到第 4 页左上角空的 Blue-Bright 框架上面。按住 Shift +
Ctrl（Windows）或 Shift + Command（macOS）组合键，并拖曳框架的一角以缩放它。通过使用这
种组合键，可同时缩放框架及其内容。将这个框架及其中的图片缩放到大致与 Blue-Bright 框架的
大小一致，并使其上边缘和右边缘分别与 Blue-Bright 框架的上边缘和右边缘对齐。

将图形从 Bridge 拖曳到 InDesign 的一个很大的优点是，可快速修改框架中的图片，且能够同
时在 Bridge 和 InDesign 中看到图像和结果。这在版面重复但需要导入不同的图片时很有用。下面
就来尝试这样做。

（5）在依然选择了黄色枫叶的情况下，切换到 Bridge 并选择文件 maple-leaf-red.psd。将其拖曳到黄色枫叶上，InDesign 将保持缩放比例不变。你只用了几秒，就使用一幅图像替换了另一幅图像，并保持图像的位置不变。请尝试再将图像替换为 maple-leaf-orange.psd。通过内容抓取工具选择这幅图像，并将参考点设置为中心位置，再在框架内将图像向左旋转一点点（大约 6 度）。再将图像替换为红色枫叶图像，注意到缩放比例和旋转角度都没变，但更换了图像，如图 10.24 所示。

图10.24

（6）为搞明白参考点对旋转中心的影响，尝试选择不同的参考点（如左上角或右下角）并旋转图像。

（7）选择菜单"文件">"存储"保存所做的工作。

10.8 编辑置入的图片

在 InDesign 中工作时，要修改置入的图形，最快的方式是使用"编辑原稿"功能。这将在相应的程序（通常是 Adobe Illustrator 或 Adobe Photoshop）中打开图形。你可以做所需的修改，等你保存文件后，所有的修改将自动在 InDesign 中反映出来。

（1）使用选择工具选择前面导入到第 2 页的图像 Blue-Hydrangea.psd。

（2）如果链接面板没有打开，选择菜单"窗口">"链接"打开它。在链接面板中，选择了这幅图像的文件名，单击文件名右边的页码让图像出现在文档窗口中央。

（3）在链接面板中，单击"编辑原稿"按钮，如图 10.25 所示。这将在可用来查看或编辑这幅图像的程序中打开它。这幅图像是在 Photoshop 中存储的，因此如果你的计算机中安装了 Photoshop，InDesign 将启动 Photoshop，并打开这幅图像。

图10.25

> **Id**
>
> **注意**：单击"编辑原稿"按钮时，启动的可能不是 Photoshop 或最初用来创建这幅图像的应用程序。当你安装软件时，有些安装程序会修改操作系统中将文件类型与应用程序关联的设置，而"编辑原稿"按钮根据这些设置将文件关联到应用程序。要修改这些设置，请参阅操作系统的帮助文档。

（4）在 Photoshop 中修改这幅图像，如应用滤镜或使用调整图层做大量的修改，再存储文件，

InDesign 将自动更新它。在文件 Garlandnd.indd 提供的示例中，通过应用滤镜背景更模糊了。

同时重新链接多个文件

在很多工作流程中，都会遇到这样的情况，即项目链接的文档被移到其他地方。在这种情况下，当你打开InDesign项目时，所有的链接都遭到了破坏，因此在链接面板中，对很多图像都会显示缺失图标。InDesign能够以两种不同的方式处理这种问题。

一是当你重新链接某幅图像后，InDesign会在你重新链接时指定的文件夹中查找其他所有缺失的图像。在"重新链接"对话框中，务必选择复选框"在此文件夹中搜索缺失的链接"（默认被选中）。

二是在链接面板中选择缺失的图像，再从面板菜单中选择"重新链接到文件夹"，切换到缺失的图像所在的文件夹，再单击"选择"按钮。

10.9　处理各种背景

带背景的图像分两大类，它们都被广泛地使用。这两类图像的差别在于前景和背景之间的边缘是清晰还是模糊的。具体使用哪类边缘取决于图像的内容。

对于前景和背景之间边缘清晰的图像，可使用矢量路径将前景和背景分开，这种路径被称为剪切路径。

 提示：蒙版是用来包含和裁剪图像的形状：位于蒙版形状内的图像部分是可见的，而位于蒙版形状外面的图像部分不可见。

如果在 Photoshop 中绘制一条路径并将其随图像保存，就可在 InDesign 中选择这条路径，你还可以选择同一幅图像中的不同路径。

如果图像背景的颜色很淡或为白色，或者主体颜色较淡而背景颜色较深，InDesign 将能够自动检测出主体和背景之间的边缘，并创建一条剪切路径。然而，正如第 4 课介绍的，这种方法最适合用于简单形状或创建用于文本绕排的路径。

对于前景和背景之间的边缘不清晰的图像，要在 Photoshop 中删除背景，需要使用透明度和柔和画笔。

10.9.1　在 InDesign 使用在 Photoshop 中创建的剪切路径

（1）在页面面板中双击第 7 页的图标切换到该页，再选择菜单"视图" > "使页面适合窗口"。

（2）在图层面板中，确保选择了图层"Photos"，以便将导入的图像放在该图层。你可以锁定

图层 "Background photos"，以防不小心在这个框架内单击。选择菜单 "文件" > "置入"，再双击文件夹 Lesson10 中的文件 Pears.psd，鼠标将变成载入光栅图形图标。

（3）将鼠标指针指向第 7 页中央的蓝色方框外面，即该方框上边缘的左下方一点（确保没有将鼠标放在该方框内），再单击鼠标置入一幅包含两个梨子的图像，如图 10.26 所示。必要时调整图形框架的位置，使其如图 10.26 所示。

> **提示**：如果不小心在既有框架内面单击了，请选择菜单 "编辑" > "还原"，再重做。

在Photoshop中，
矢量路径类似于
这样

图10.26

（4）选择菜单 "对象" > "剪切路径" > "选项"。如果有必要，可以拖曳 "剪切路径" 对话框以便能够看到梨子图像。

（5）从下拉列表 "类型" 中选择 "Photoshop 路径"，并选择名为 "Two Pears" 的路径。如果复选框 "预览" 没有选中，现在选中它。这条路径将背景隐藏起来了，如图 10.27 所示。

图10.27

（6）单击 "确定" 按钮。

（7）切换到选择工具并单击右下角的手柄。按住 Shift + Ctrl（Windows）或 Shift + Command（macOS）组合键并向左上方拖曳，这将同时缩小框架及其内容。让梨子位于紫色方框内，如图 10.12 所示。然后，选择菜单 "对象" > "适合" > "使框架适合内容"，再使用选择工具将梨子移到紫色方框底部，如图 10.28 所示。

图10.28

（8）按住 Alt（Windows）或 Option（macOS）键并向右上方拖曳，这将创建这幅图像的拷贝。选择菜单"对象" > "剪切路径" > "选项"，并从"类型"下拉列表中选择"Photoshop 路径"，但这次选择名为"Right Pear"的路径，并单击"确定"按钮。选择菜单"对象" > "适合" > "使框架适合内容"。切换到选择工具，并使用前面的方法将这个梨子缩小到大约原来的 80%（当你缩放对象时，控制面板中会显示缩放比例），再将鼠标指针指向定界框的外面，等鼠标变成旋转图标（↺）后向右旋转大约 −28 度，再将这幅图像稍微向下移一点，放在紫色方框内，如图 10.29 所示。

> **Id** 注意：当你按住 Alt（Windows）或 Option（macOS）键并单击对象时，会出现一个双箭头，这表明如果你此时拖曳，将创建对象的拷贝，而原来的对象将留在原地。

图10.29

（9）按住 Alt（Windows）或 Option（macOS）键并向左下方拖曳单梨图像，以创建其拷贝。选择菜单"对象" > "剪切路径" > "选项"，并从"类型"下拉列表中选择"Photoshop 路径"，但这次选择名为"Left Pear"的路径，并单击"确定"按钮。选择菜单"对象" > "适合" > "使框架适合内容"。切换到选择工具，将鼠标指针指向定界框的外面，等鼠标变成旋转图标（↺）后向左旋转大约 22 度，再将这幅图像稍微向下移一点，如图 10.30 所示。

（10）我们注意到通过使用剪切路径，可让图像与其他多个对象重叠。你还可以将图像移到其他对象前面或后面，请花点时间尝试这样做。

（11）选择菜单"文件">"存储"将文件存盘。

图10.30

10.9.2　在 InDesign 中使用在 Photoshop 中创建的透明背景

（1）向左拖曳滚动条切换到第 5 页。按住空格键，等鼠标变成抓手图标拖曳，让第 5 页位于文档窗口中央。

（2）在工具面板中选择矩形框架工具，并在页面底部绘制一个框架，它跨过了第 5 ~ 6 页的边界。

（3）选择菜单"对象">"适合">"框架适合选项"，从"适合"下拉列表中选择"按比例适合内容"，在"对齐方式"部分单击上边缘的中点，再单击"确定"按钮，如图 10.31 所示。

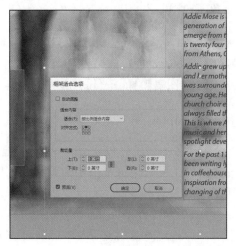

图10.31

（4）选择菜单"文件">"置入"，并双击文件夹 Lesson10 中的文件"Tulips.psd"，InDesin 将按比例调整图像，使其适合框架，如图 10.32 所示。选择菜单"编辑">"全部取消选择"。

（5）接下来，在不缩放框架的情况下缩放图片。切换到选择工具，注意到当你将鼠标指针指向图片的右边时，包含文本的框架呈高亮显示，这是因为图层"Text"在图层"Graphics"上面。打开图层面板，并锁定图层"Text"，以便能够轻松地处理图片。单击刚才导入的图片，注意到出现了圆形的内容抓取工具，还有图片定界框（而非框架）的手柄。在控制面板中，将参考点设置为顶部中间（ ），在文本框"缩放比例"中输入 70% 并按回车。注意到图片的很大一部分都被裁剪掉了，只留下上面的花朵和叶子，如图 10.33 所示。

注意到相比于前面的梨子图像，这幅图像与背景的边缘完全不同。在这里，边缘完全融合到了背景中，这正是在 Photoshop 中使用透明度来删除背景的目的所在：使用柔边画笔来删除背景，从而生成柔和的边缘。

在Photoshop中，
透明背景是这样的

图10.32   图10.33

10.10　置入 Adobe 原生图形文件

　　InDesign 让用户能够以独特的方式导入在 Adobe 应用程序中存储的文件，如 Photoshop 文件（.psd）、Illustrator 文件（.ai）和 Acrobat 文件（.pdf），并提供了控制如何显示文件的选项。例如，在 InDesign 中，用户可调整 Photoshop 图层和 Illustrator 图层的可视性。

10.10.1　导入带图层的 Photoshop 文件

　　在前一节中，你导入了一个包含多条路径的 Photoshop 文件，但这个文件只有背景图层。导入包含多个图层的 Photoshop 文件时，可调整每个图层的可视性。如果你在前一节锁定了图层"Background photos"，请在图层面板中将其解锁。

　　（1）在链接面板中单击文件"Cover-PinkFlower.psd"的链接，再单击"转到链接"按钮（ ⬀ ）以选择该图像并使其位于文档窗口中央。这个文件是你在本课前面重新链接的，它包含 4 个图层。

　　（2）选择菜单"对象"＞"对象图层选项"打开"对象图层选项"对话框。在该对话框中，可显示 / 隐藏图层。

　　（3）移动"对象图层选项"对话框，以便能够看到尽可能多的选定图像。选中复选框"预览"，这让你能够在不关闭"对象图层选项"对话框的情况下看到图像变化。

　　（4）在"对象图层选项"对话框中，单击图层"Cobblestones"左边的眼睛图标（ 👁 ），这将隐藏这个图层，只留下图层"Pink Flower"可见。

　　（5）在图层"Green Texture"左边的方框中单击以显示该图层。隐藏这个图层，并显示图层"Purple Texture"（如图 10.34 所示），再单击"确定"按钮。

　　（6）选择菜单"文件"＞"存储"保存所做的工作。

10.10.2　创建定位的图形框架

　　如果编辑导致文本重排，定位的图形框架将随之移动。在本小节中，你将把 CD 封套徽标定位到第 6 页的文本框架中。

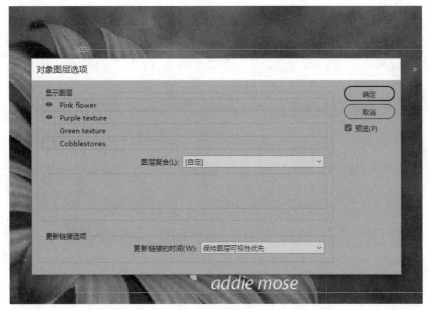

图10.34

（1）在页面面板中双击第 2 个跨页，再选择菜单"视图">"使跨页适合窗口"。打开图层面板，并解除对图层"Text"的锁定（如果必要）。在粘贴板底部有徽标"Songs of the Garden"，下面将该图形插入到该页的一个段落中。

（2）按 Z 键暂时切换到缩放工具或选择缩放工具，再通过单击放大视图，以便能够看清这个徽标及其上方的文本框架。

（3）使用选择工具单击该徽标（务必单击内容抓取工具外面，以选择框架而不是其中的图形）。注意到该框架右上角附近有一个小型的红色方块。你可以拖曳这个方块，将对象定位到文本中。

Id	提示：选择这个徽标后，如果看不到表示定位对象控件的红色方块，请选择菜单"视图">"其他">"显示定位对象控件"。

（4）选择菜单"文字">"显示隐含的字符"以显示文本中的空格和换行符。这有助于你确定要将框架定位到哪里。

Id	注意：在置入定位的图形时，并非必须显示隐含的字符；这里这样做旨在帮助用户了解文本的结构。

（5）选择文字工具，并在第二段开头的单词"Addie"前面单击。按回车键，以便让定位的图形本身独占一段。

（6）使用选择工具单击前面选择的徽标，按住 Shift 键并拖曳徽标右上角附近的红色方块，将徽标拖曳到第二段开头，你将看到很粗的光标，指出定位图形将插入到什么地方，如图 10.35 所示。按住 Shift 键可将徽标内嵌在文本内（而不是浮动在文本框架外面）。将图形定位后，图形框架上的红色方块变成了定位图标，如图 10.36 所示。现在如果编辑第一个段落，这个图形将依然停留在两个段落之间，而无须调整其位置。

图10.35

图10.36

下面通过设置段前间距增大图形与其周围的文本之间的间距。当定位图形后，就可使用文字工具选择它，并应用影响其位置的文本属性。

（7）使用文字工具单击内嵌图形的右边，将光标放在这个段落中。

（8）在控制面板中单击"段落格式控制"按钮（ ）。按住 Shift 键并单击文本框"段前间距"（ ）旁边的上箭头，将值改为 1 英寸。

提示：单击箭头时如果按住 Shift 键，可增大 InDesign 调整数值时使用的步长。具体的步长随使用的度量单位而异。如果度量单位为英寸，按住 Shift 时步长为 0.25 英寸，而不按 Shift 键时步长为 0.0625 英寸；当度量单位为毫米时，按住 Shift 时步长为 10 毫米，而不按住时步长为 1 毫米。

当你增大这个值时，定位的图形框架及其后面的文本将向下移动，如图 10.37 所示。

图10.37

（9）在编辑文本时，定位的图形将相应地移动，为看到这种情况，单击第一段末尾的句点右边，并按回车键两次。注意到每当你按下回车键时，定位的图形都将向下移动。按 Backspace

（Windows）或 Delete（macOS）键两次，将刚才添加的换行符删除。

（10）选择菜单"文件"＞"存储"保存所做的工作。

10.10.3　给定位的图形框架设置文本绕排

给定位的图形设置文本绕排非常容易。文本绕排让你能够沿图形框架或其中的图形排文，并可使用众多不同的选项。

（1）使用选择工具选择刚定位的包含徽标"Songs of the Garden"的图形框架。

（2）按住 Ctrl + Shift（Windows）或 Command + Shift（macOS）组合键，并向右上方拖曳框架右上角的手柄，直到将这个图形及其框架放大到有大约 20% 位于第 2 栏中，再将图形向下拖曳，使其上边缘位于第一个段落下方，如图 10.38 所示。

（3）选择菜单"窗口"＞"文本绕排"打开文本绕排面板。在文本绕排面板中单击"沿对象形状绕排"按钮（ ），给图形设置文本绕排方式。

（4）为增大图形定界框与环绕文本之间的间距，单击文本框"上位移"（ ）旁边的上箭头，将值增大到 0.1875 英寸，结果如图 10.39 所示。

图10.38

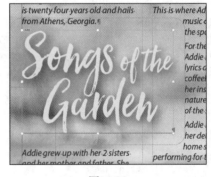

图10.39

也可让文本沿图形形状而不是其定界框绕排。

（5）在文本绕排面板中，从下拉列表"类型"中选择"检测边缘"。边缘检测生成一条矢量路径。由于该图像是矢量图形，因此将沿该图中的字母构成的形状绕排文本，如图 10.40 所示。

（6）为了更清楚地查看文档，选择菜单"编辑"＞"全部取消选择"，再选择菜单"文字"＞"不显示隐藏字符"以隐藏换行符和空格。

（7）使用选择工具选择包含徽标"Songs of the Garden"的图形框架。

（8）在文本绕排面板中，尝试下拉列表"绕排至"中的各个选项，并最终选择"最大区域"，文字将移到文本绕排边界的空间较大的一侧。

在使用轮廓选项"检测边缘"时，生成的路径是可编辑的。例如，可通过拖曳手工调整锚点的位置；还可使用钢笔工具添加或删除锚点，以及在角点和平滑点之间转换。可使用直接选择工具调整锚点的手柄，从而修改曲线的形状。

（9）使用直接选择工具单击该图形，以查看用于文本绕排的锚点，如图 10.41 所示。尝试移动各个锚点，这将导致文本重排。

图10.40

图10.41

（10）查看文件 Garlandnd.indd 中的这条路径，注意到在图形底部，很多锚点都删除了，旨在更好地控制下一个段落中第一行的排列。

 提示：在选择了钢笔工具的情况下，将鼠标指针指向锚点时，鼠标图标将包含一个减号，指出单击该锚点可将其删除。

（11）关闭"文本绕排面板"。

（12）选择菜单"文件">"存储"。

10.10.4　导入 Illustrator 文件

InDesign 可充分利用矢量图形（如来自 Adobe Illustrator 的矢量图形）的平滑边缘。大多数矢量图形不需要剪切路径，因为大多数程序都将它们存储为采用透明背景。在本小节中，将把一个 Illustrator 图形置入到 InDesign 文档中。

 提示：在 InDesign 中使用高品质屏幕显示时，在任何尺寸或放大比例下，矢量图形和文字的边缘都是平滑的。

（1）在图层面板中选择图层"Graphics"。选择菜单"编辑">"全部取消选择"确保没有选择文档中的任何对象。

（2）选择菜单"视图">"使跨页适合窗口"以便能够看到整个跨页。

（3）选择菜单"文件">"置入"，选择文件夹 Lesson10 中的 Illustrator 文件"Garland.ai"，确保没有选中复选框"显示导入选项"，再单击"打开"按钮，鼠标将变成载入矢量图形图标（ ）。

（4）单击第 5 页的左上角，将这个 Illustrator 文件加入到该页面中，再使用选择工具将其移到

图 10.42 所示的位置。在 Illustrator 中创建的图形的背景默认是透明的。

注意：如果导入的 Illustrator 文件带白色背景，将其删除并重新置入，并在"置入"对话框中选择复选框"显示导入选项"，再选中复选框"透明背景"。

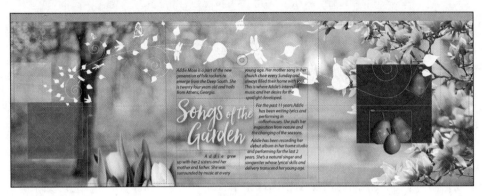
图10.42

（5）选择菜单"文件" > "存储"保存所做的工作。

10.10.5　导入包含多个图层的 Illustrator 文件

可以将包含图层的 Illustrator 文件导入 InDesign 版面中，并控制图层的可视性以及调整图形的位置，但不能编辑路径、对象或文本。

（1）单击文档窗口中的粘贴板以确保没有选择任何对象。单击这个跨页最左边的红色框左边的空框架。

（2）选择菜单"文件" > "置入"，在"置入"对话框的左下角，选中复选框"显示导入选项"，再选择文件"Flower-Title.ai"并单击"打开"按钮。选中了复选框"显示导入选项"时，将打开"置入 PDF"对话框，这是因为 Illustrator 文件使用的是 PDF 文件格式。

（3）在"置入 PDF"对话框中，确保选中了复选框"显示预览"。在"常规"选项卡中，从下拉列表"裁切到"中选择"定界框（所有图层）"，并确保选中了复选框"透明背景"。

（4）单击标签"图层"以查看图层。该文件包含 3 个图层：由花朵构成的背景图像（Layer 3）、包含英文文本的图层（English Title）以及包含西班牙语文本的图层（Spanish Title），如图 10.43 所示。

虽然在这里可指定要在导入的图形中显示哪些图层，但过小的预览区域使得难以看清结果。

（5）单击"确定"按钮。你将在版面中选择要显示哪些图层。

（6）使用缩放工具（🔍）放大这个图形。

（7）在控制面板中，将参考点设置为中心，单击这个图形的内容抓取工具，再将缩放比例设置为 70%，结果如图 10.44 所示。

（8）切换到选择工具，并通过拖曳（也可使用方向键微调）将这个图形放置到红色框的中央。

图10.43

（9）在依然选择了该图形的情况下，选择菜单"对象">"对象图层选项"。如果有必要，可以移动"对象图层选项"对话框以便能够看到文档中的图形。

（10）选中复选框"预览"，再单击图层"English Title"左边的眼睛图标（👁）将该图层隐藏。

（11）单击图层"Spanish Title"左边的空框以显示该图层。单击"确定"按钮，再选择菜单"编辑">"全部取消选择"，结果如图 10.45 所示。

图10.44

图10.45

使用包含多个图层的 Illustrator 文件让你能够将插图用于不同的用途，而无须根据每种用途创建不同的文档。

（12）选择菜单"文件">"存储"保存所做的工作。

10.11 使用 InDesign 库管理对象

对象库让你能够存储和组织常用的图形、文本和设计元素。InDesign 库作为文件存储在硬盘或共享设备中，也可以将标尺参考线、网格、绘制的形状和编组的图像加入库中。每个库都出现在一个独立的面板中，你可以根据喜好将其同其他面板编组。可以根据需要创建任意数量的库，如每个项目或客户一个库。在本节中，我们将导入一个存储在库中的图形，再创建自己的库。

提示：可使用库来存储出版物撰稿人的照片、模板元素和常用的页面元素（如带标注的图像）。

（1）如果当前不在第 5 页，在文档窗口左下角的下拉列表"页面"中输入 5 并按回车键。

（2）选择菜单"视图">"使页面适合窗口"以便能够看到整个页面。

（3）选择菜单"文件">"打开"，选择文件夹 Lesson10 中的文件 Lesson_10_Elements.indl，再单击"打开"按钮。拖曳库面板 Lesson_10_Elements 的右下角以显示其中包含的所有项目，如图 10.46 所示。

图10.46

注意：打开 Lesson_10_Elements 库时，它可能与默认库"样本按钮和表单"组合在一起。你可以将这个默认库拖离这个面板组，再关闭它。

（4）在库面板 Lesson_10_Elements 中，单击"显示库子集"按钮（🔍）。在"显示子集"对话框中，在"参数"部分的最后一个文本框中输入"flower"，再单击"确定"按钮，如图 10.47 所示。这将在库中搜索所有名称包含 flower 的对象，最终找到了 3 个这样的对象。

图10.47

（5）在图层面板中确保选择了图层"Graphics"，再打开链接面板。

（6）库面板 Lesson_10_Elements 中有 3 个可见的对象，将其中的 Blue-Flower.ai 拖曳到第 5 页。该图像将加入到第 5 页，同时其文件名出现在链接面板中。

注意：由于你将 Blue-Flower.ai 从原始位置复制到了硬盘中，因此将它拖曳到页面中后，链接面板可能显示一个链接缺失图标（🔘）或链接已修改图标（⚠）。要消除这种警告，可单击链接面板中的"更新链接"按钮；也可单击"重新链接"按钮，再切换到文件夹 Lesson10 并选择文件"Blue-Flower.ai"。

（7）使用选择工具移动图像"Blue-Flower.ai"，将其放在页面最左端的淡蓝色背景框架上面，如图 10.48 所示。

图10.48

（8）选择菜单"文件"＞"存储"保存所做的工作。

创建和使用CC库

Creative Cloud库让你能够在任何地方使用喜欢的素材。在Creative Cloud桌面应用程序和移动应用中，你可以使用CC库来创建并共享颜色、字符和段落样式、图形、Adobe Stock素材，并在需要时在其他Creative Cloud应用程序中访问它们。你还可以与任何有Creative Cloud账户的人分享库，从而轻松地进行协作、确保设计的一致乃至制定供多个项目使用的样式指南。

CC库的工作原理与刚才使用的InDesign库很像，要新建CC库，可采取如下步骤。

（1）选择菜单"窗口"＞"CC Libraries"打开CC Libraries面板，也可单击CC Libraries面板图标（ ）来打开它。

（2）从CC Libraries面板菜单中选择"创建新库"。

提示：CC Libraries面板菜单中包含多个让你能够创建和管理CC库以及指定如何在面板中显示库元素的命令。

图10.49

（3）在文本框"新建库"中输入"CD Elements"，再单击"创建"按钮。

（4）使用文字工具选择第3页底端所有的地址文本，单击CC Libraries面板底部的加号，再单击列出的各个素材，将它们添加到CD Elements库，如图10.49所示。除与文本相关联的样式和颜色外，还可将格式化文本和非格式化文本添加到库中。

（5）使用选择工具选择第4页的图形"Songs of the Garden"，再将其拖曳到CC Libraries面板中。双击名称"图稿1"，并通过输入将名称改为"Songs of the Garden logo"。请务必双击名称（而不是表示图形的图标）。再将一个图形（如第4页的红色枫叶）拖曳到库中，并给它命名。看看库中素材是如何组织的，如图10.50所示。

提示：将素材添加到CC库中时，会给它指定一个默认名称。如果你要修改素材的名称，可双击它，再输入新的名称。

将素材存储到CC库中后，就可在其他InDesign文档以及诸如Photoshop和Illustrator等其他Adobe CC应用程序中使用它们。

图10.50

（6）选择菜单"文件"＞"新建"＞"文档"，单击"边距和分栏"按钮，再单击"确定"按钮，从而使用默认设置新建一个文档。

（7）使用文字工具创建一个文本框架，再输入一行文本。选择这行文本，再单击CC Libraries面板中的段落样式（这个段落样式将填色设置为"[纸色]"，因此要看到这些白色文本，你必须给文本框架指定填充色）。这个段落样式也将添加到段落样式面板的段落样式列表中。

（8）将素材"Songs of the Garden logo"从CC Libraries面板拖曳到页面中，鼠标将变成载入图形图标。单击鼠标置入该图形。

（9）关闭这个文档，但不保存所做的修改，这将返回到前面一直在处理的文档。

你还可与小组成员及其他同事共享CC库，有关这方面的更详细信息，请参阅本课末尾的"练习"一节。

创建 InDesign 库

接下来，你将创建自己的库，并向其中添加文本和图形。将图形加入 InDesign 库中时，InDesign 并不会将原始文件复制到库中，而是建立一个到原始文件的链接。要以高分辨率显示和打印存储在库中的图形，需要使用高分辨率的原始文件。

（1）选择菜单"文件"＞"新建"＞"库"（如果出现"CC 库"对话框，询问你是否要立即尝试使用 CC 库，单击"否"按钮）。将库文件命名为 CD Projects，切换到文件夹 Lesson10 并单击"保存"按钮。

（2）切换到第 3 页，使用选择工具将徽标 Ricky Records 拖曳到刚创建的库中，如图 10.51 所示。这个徽标将存储在 CD Projects 库中，让你能够在其他 InDesign 文档中使用它。

（3）在库面板 CD Projects 中双击徽标"Ricky Records"，在文本框"项目名称"中输入"Ricky

Records Logo"，再单击"确定"按钮。

（4）使用选择工具将地址文本块拖曳到库面板 CD Projects 中。

（5）在库面板中双击该地址文本块，在文本框"项目名称"中输入"Ricky Records Address"，再单击"确定"按钮。从 CD Projects 库面板菜单中选择"大缩览视图"，以便更容易看清项目，如图 10.52 所示。

图10.51

图10.52

现在，这个库包含文本和图形。对库进行修改后，InDesign 将立刻存储所做的修改。

（6）单击库面板组右上角的关闭按钮将两个库面板都关闭。

祝贺你完成了本课！

使用片段

片段是一个文件，用于存放对象并描述对象在页面或跨页中的相对位置。使用片段可以方便地重用和定位页面对象。通过将对象导出为扩展名为.idms（以前的InDesign版本使用扩展名.inds）的片段文件，可创建片段。在InDesign中置入片段文件时，可决定是将对象按原始位置放置，还是将对象放在单击鼠标的位置。可将片段存储在对象库和Adobe Bridge中，也可存储在硬盘中。在InDesign中，添加到CC Libraries面板中的图稿也被存储为片段。

要创建片段，请执行如下操作之一。

- 使用选择工具选择一个或多个对象，再选择菜单"文件">"导出"。从下拉列表"保存类型"（Windows）或"存储格式"（macOS）中选择"InDesign片段"。输入文件名称，再单击"保存"按钮。

- 使用选择工具选择一个或多个对象，再将所选对象拖曳到桌面。这将创建一个片段文件。重命名该文件。

要将片段添加到文档中，可执行如下步骤。

（1）选择菜单"文件">"置入"。

（2）选择一个或多个片段（IDMS或INDS）文件，再单击"打开"按钮，鼠标将变成载入片段图标。

（3）在希望片段文件左上角出现的位置单击。

如果光标位于文本框架中，片段将作为定位对象置于该文本框架中。当置入片段后，其中的所有对象都保持选中状态。通过拖曳可调整所有对象的位置。

（4）如果载入了多个片段，可按箭头键切换到不同的片段文件，再单击鼠标来置入当前片段文件。

可以将片段对象按其原始位置置入，而不是根据单击位置置入片段对象。例如，如果文本框架在作为片段的一部分导出时出现在页面中间，则将该文本框架作为片段置入时，它将出现在同样的位置。

要将片段置入到原始位置，可采取下面两种方式之一。

- 选择菜单"编辑">"首选项">"文件处理"，在"片段导入"部分，从下拉列表"位置"中选择"原始位置"。
- 在鼠标变成载入片段图标后，按住Alt（Windows）或Option（macOS）键并单击，这将覆盖当前的片段导入设置。换句话说，如果在首选项中设置的是当前位置，片段将置入到原始位置。

10.12　练习

有一些处理导入文件的经验后，请独立完成下面的练习。

（1）置入不同格式的文件，在"置入"对话框中选中复选框"显示导入选项"，以了解对于每种格式将出现哪些导入选项。你可以使用本书的任何图形文件，还可使用任何可获得的图形文件。有关每种格式的所有导入选项的完整描述，请参阅 InDesign 帮助文档。

（2）置入一个多页 PDF 文件（或包含多个画板的 Adobe Illustrator（.ai）文件），在"置入"对话框中选中复选框"显示导入选项"，以便该 PDF（或 Illustrator）文件中导入不同的页面（或画板）。

（3）根据工作需要创建一个包含文本和图形的库。

（4）在本课中，你创建了一个名为"CD Elements"的 CC 库。在 CC Libraries 面板中，除访问使用多个 Adobe 图形应用程序创建的素材外，还可与小组成员和其他同事共享素材，确保每个人使用的素材都是最新的。

选择菜单"窗口">"CC Libraries"打开 CC Libraries 面板，再从该面板顶部的下拉列表中选择"CD

Elements"。从面板菜单中选择"协作"，再浏览器中打开的"邀请协作者"窗口中，输入你要与之共享库的同事的电子邮件地址。从下拉列表中选择"可编辑"或"可查看"，以指定收件人能够查看并编辑元素（"可编辑"），还是只能查看元素（"可查看"），再单击"邀请"按钮。收件人将收到协作开发库的电子邮件邀请函。

（5）要将 Illustrator 图形导入 InDesign，另一种方法是在 Illustrator 中复制矢量形状，切换到 InDesign 并粘贴它们，Illustrator 矢量对象将转换为 InDesign 矢量对象。对于这些对象，你可以像它们是在 InDesign 中绘制的一样使用它们。如果你安装了 Illustrator，可尝试这样做。将对象粘贴到 InDesign 后，将其颜色修改为 InDesign 色板面板中的颜色，再使用钢笔工具选择锚点并修改矢量形状。

如果你没有安装 Illustrator，可使用文件 Start.indd 中的蝴蝶矢量图形来完成这个练习，它位于第 2 页左边的粘贴板中。

（6）尝试使用菜单"对象">"适合"中的选项，尤其是新增选项"内容识别调整"。尝试时可使用本课或其他课的图像，也可使用自己的图像。

10.13　复习题

1. 如何获悉导入到文档中的图形的文件名？
2. 使用剪切路径来删除背景与使用透明度来删除背景有何不同？
3. 更新文件的链接和重新链接文件之间有何不同？
4. 当图形的更新版本可用时，如何确保在 InDesign 文档中该图形是最新的？
5. 如何同时缩放导入的图形及其框架？
6. 使用什么方法可快速复制对象并将其放到所需的位置。

10.14　复习题答案

1. 先选择图形，再选择菜单"窗口">"链接"，并在链接面板中查看被选中的文件名。如果图形是通过选择菜单"文件">"置入"或从资源管理器（Windows）、Finder（macOS）、Bridge 拖曳到版面中来导入的，其文件名将出现在链接面板中。
2. 剪切路径是矢量路径，生成的边缘清晰而锐利。在 Photoshop 中使用透明度来删除背景时，使用柔边画笔来遮盖背景，因此生成的边缘柔和而模糊。
3. 更新文件的链接只是使用链接面板来更新屏幕上的图形表示，使其呈现原稿的最新版本。重新链接是使用"置入"命令在选定图形的位置插入另一个图形。例如，你可能通过重新链接将 .png 图形替换为其 .jgp 版本。
4. 在链接面板中，确保没有针对该文件的警告图标。如果有警告图标，只需选择对应的链接并单击"更新链接"按钮（如果文件没有移到其他地方）；如果文件被移到其他地方，可单击"重新链接"按钮并找到它。
5. 按住 Shift + Ctrl（Windows）或 Shift + Command（macOS）组合键，并通过拖曳来缩放它。
6. 按住 Alt（Windows）或 Option（macOS）组合键并使用选择工具将对象拖曳到所需的位置。这将在指定的位置创建对象的拷贝，而原始对象还留在原来的地方。

第11课　制作表格

课程概述

在本课中，你将学习以下内容：

- 将文本转换为表格、从其他应用程序导入表格以及新建表格；
- 修改表格的行数和列数；
- 重新排列行和列；
- 调整行高和列宽；
- 使用描边和填色设置表格的格式；
- 为长表格指定重复的表头和表尾；
- 在单元格中置入图形；
- 创建和应用表样式和单元格样式。

　　学习本课需要大约 45 分钟。要下载本课的课程文件，请登录异步社区网站，详情请参阅本书前言后的"资源与支持"一节。请将下载的文件放在方便使用的地方。

Urban Oasis Gardens — Summer Schedule

DAILY DROP-IN ACTIVITIES

Activity	Day	Time	Fee	
Attracting Butterflies	Su	8–10 a.m.	$10	
Illustrating Botanicals ✍	M	noon–2 p.m.	$25	
Creating Garden Flags	T	10 a.m.–2 p.m.	$25	
Making Hummingbird Feeders	W	2–5 p.m.	$50	
Tending Flowers	Th	9–11 a.m.	$10	
Growing Edible Flowers	F	1–3 p.m.	$10	
Making and Flying Kites ✍	Sa	8–11 a.m.	Free	

✍ Indicates off-site activity.

1

在 Adobe InDesign CC 中，可以轻松地创建表格、将文本转换为表格或导入在其他程序中创建的表格。可将众多格式选项（包括表头、表尾以及行和列的交替模式）存储为表样式和单元格样式。

11.1 概述

在本课中，你将处理一个虚构的植物园传单，旨在让该传单具有吸引力、易于使用和修改。你先将文本转换为表格，再使用"表"菜单、控制面板和表面板中的选项设置表格的格式。如果这个表横跨多页，将包括重复的表头行。最后创建一个表样式和一个单元格样式，以便将这种格式快速、一致地应用于其他表格。

> **Id** **注意**：如果还没有下载本课的项目文件，现在就去下载，详情请参阅"资源与支持"。

（1）为确保你的 InDesign 首选项和默认设置与本课使用的一样，将文件 InDesign Defaults 移到其他文件夹，详情请参阅"前言"中的"保存和恢复文件 InDesign Defaults"。

（2）启动 InDesign。

（3）在出现的 InDesign 起点屏幕中，单击左边的"打开"按钮（如果没有出现起点屏幕，就选择菜单"文件">"打开"）。

（4）打开硬盘文件夹 InDesignCIB\Lessons\Lesson11 中的文件 11_Start.indd。

（5）为确保面板和菜单命令与本课使用的相同，选择菜单"窗口">"工作区">"高级"，再选择菜单"窗口">"工作区">"重置'高级'"。

（6）为以更高的分辨率显示这个文档，请选择菜单"视图">"显示性能">"高品质显示"。

> **Id** **注意**：为提高对比度，本书的屏幕截图显示的界面都是"中等浅色"的。在你的屏幕上，诸如面板和对话框等界面元素要暗些。

（7）选择菜单"文件">"存储为"，将文件重命名为 11_Tables.indd，并存储到文件夹 Lesson11 中。

（8）如果要查看最终的文档，可打开文件夹 Lesson11 中的 11_End.indd，如图 11.1 所示。可让该文件打开供工作时参考。

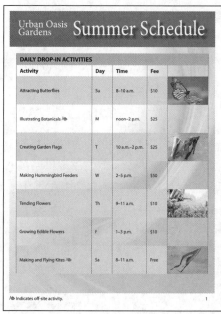

图11.1

11.2 创建表格

表格是一组排成行（垂直）和列（水平）的单元格。要创建表格，可将既有文本转换为表格，在文本框架的插入点插入新表格（这将把表格添加到文本流中），或创建独立的表格。在这里，你将尝试创建一个新表格，再将其删除，因为本课要使用的表格将通过转换文本来创建。

（1）在文档 11_Tables.indd 中，确保第 1 页位于文档窗口中央，并选择菜单"表">"创建表"。

（2）在"创建表"对话框中，保留"正文行"和"列"的默认设置（如图 11.2 所示），再单击"确定"按钮，鼠标将变成表格创建图标（ ）。

> **提示**：当鼠标变成表格创建图标后，如果在栏参考线之间单击鼠标，创建的表格将与当前分栏同宽。

（3）在页面中单击并拖曳鼠标，等你松开鼠标后，InDesign 将创建一个表格，其尺寸与你绘制的矩形相同，如图 11.3 所示。

图11.2

图11.3

（4）使用选择工具选择刚创建的表格所在的文本框架。

（5）选择菜单"编辑">"清除"将该文本框架以及其中的表格删除。

（6）选择菜单"文件">"存储"。

11.3　将文本转换为表格

通常，表格使用的文本已经以"用制表符分隔的文本"形式存在，即列之间用制表符分隔，行之间用换行符分隔。在这里，文档是由植物园提供的。下面选择这些文本并将其转换为表格。

> **提示**：使用文字工具来编辑表格以及设置其格式。

（1）使用文字工具（ T ）在包含文本 DAILY DROP-IN ACTIVITIES 的文本框架中单击。

（2）选择菜单"编辑">"全选"，如图 11.4 所示。

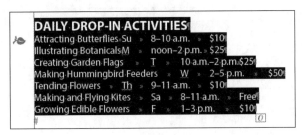

图11.4

注意：在本课中，请根据你的显示器尺寸和视力调整缩放比例。

（3）选择菜单"表">"将文本转换为表"。

在"将文本转换为表"对话框中，你将指出选定文本当前是如何分隔的。由于在"文字"菜单中选择了"显示隐含的字符"，因此可以看到列是由制表符（ >> ）分隔的，而行是由换行符（ ¶ ）分隔的。

注意：如果看不到换行符、制表符和空格，请选择菜单"文字">"显示隐含的字符"。

（4）从"列分隔符"下拉列表中选择"制表符"，从"行分隔符"下拉列表中选择"段落"。

（5）确认"表样式"被设置为"[无表样式]"，再单击"确定"按钮，如图11.5所示。

提示：如果当前文档包含要使用的表样式，可在将文本转换为表格时选择它，这样将自动对生成的表格设置格式。

图11.5

新表格将自动定位于包含文本的文本框架中，如图11.6所示。

DAILY DROP-IN ACTIVITIES	#	#	#
Attracting Butterflies	Su	8–10 a.m.	$10
Illustrating Botanicals	M	noon–2 p.m.	$25
Creating Garden Flags	T	10 a.m.–2 p.m.	$25
Making Hummingbird Feeders	W	2–5 p.m.	$50
Tending Flowers	Th	9–11 a.m.	$10
Making and Flying Kites	Sa	8–11 a.m.	Free
Growing Edible Flowers	F	1–3 p.m.	$10
#	#	#	#

图11.6

（6）选择菜单"文件">"存储"。

导入表格

在InDesign中，可导入在其他应用程序（包括Microsoft Word和Microsoft Excel）中创建的表格。置入表格时，可创建到外部文件的链接，这样如果更新了Word或Excel文件，将可轻松地在InDesign文档中更新相应的信息。

要导入表格，可采取如下步骤。

（1）使用文字工具通过单击将光标放在文本框架中。

（2）选择菜单"文件">"置入"。

（3）在"置入"对话框中，选中复选框"显示导入选项"。

（4）选择包含表格的 Word 文件（.doc 或 .docx）或 Excel 文件（.xls 或 .xlsx）。

（5）单击"打开"按钮。

（6）在"导入选项"对话框中，指定如何处理 Word 表格的格式。对于 Excel 文件，可指定要导入的工作表和单元格范围以及如何处理格式，如图 11.7 所示。

导入 Excel 电子表格时出现的"导入选项"对话框

图11.7

要在导入表格时链接到它，可采取如下做法：

（1）选择菜单"编辑">"首选项">"文件处理"（Windows）或"InDesign">"首选项">"文件处理"（MacOS）。

（2）在"链接"部分，选中复选框"在置入文本和电子表格文件时创建链接"，再单击"确定"按钮。

（3）如果源文件中的数据发生了变化，可以使用链接面板更新InDesign文档中的表格。

请注意，要确保Excel文件更新后，链接的InDesign表格的格式保持不变，必须使用单元格样式和表样式给InDesign表格中的所有单元格指定格式。更新链接后，必须重新指定表头行和表尾行的格式。

11.4 修改行和列

当你将客户提供的数据转换为表格时，通常需要在表格中添加一些行、重新排列文本等。创建表格后，可轻松地添加行和列、删除行和列、重新排列行、调整行高和列宽以及指定单元格的内边距。在本节中，你将确定这个表格的轮廓，确保在设置格式前知道其大小。

11.4.1 添加行和列

可以在选定行的上方或下方添加行。添加或删除列的控件与添加和删除行的一样。下面在表格顶部添加一行用于包含列描述。

> Id 提示：在本课中，你将尝试使用各种选择表格元素和修改表格的方式。这包括使用"表"菜单、表面板和控制面板。熟悉表格的处理方法后，你就可选择使用最适合的方式。

（1）使用文字工具（T）单击表格第一行（该行以 DAILY 打头）以激活一个单元格。你可以在任何单元格中单击。

（2）选择菜单"表">"插入">"行"。

（3）在"插入行"对话框中，在"行数"文本框中输入 1，选中单选按钮"下"（如图 11.8 所示），再单击"确定"按钮添加一行。

（4）在新建行的第一个单元格中单击，并输入"Activity"。为在余下的单元格中添加列标题，可以使用文字工具单击每个空单元格，或按 Tab 键从一个单元格跳到下一个单元格。在各个单元格中输入如下文本（如图 11.9 所示）。

- 第 2 个单元格：Day。
- 第 3 个单元格：Time。
- 第 4 个单元格：Fee。

图11.8

图11.9

（5）使用文字工具在第 2 行的第 1 个单元格中单击，再向右拖曳以选择所有包含列标题的单元格。

（6）选择菜单"文字">"段落样式"。

（7）在段落样式面板中，单击样式"Table Column Heads"，如图 11.10 所示。

图11.10

（8）单击包含单词"Fee"的单元格以激活它。

下面在该列右边添加一列，用于包含图像。

（9）选择菜单"表">"插入">"列"。

（10）在"插入列"对话框中，在"列数"文本框中输入 1，选择单选按钮"右"，再单击"确定"按钮添加一列，如图 11.11 所示。

图11.11

现在表格比框架和页面都宽，如图 11.12 所示。我们将在后面解决这个问题。

图11.12

（11）选择菜单"文件">"存储"。

11.4.2　删除行

可删除选定的行和列。在这里，你将删除表格末尾的空行。

> **提示：**要激活行或列，可在其中单击。要选择多行，以便将它们删除，可选择文字工具，再将鼠标指针指向表格左边缘，出现箭头后单击并拖曳以选择多行。要选择多列以便将它们删除，可选择文字工具，再将鼠标指针指向表格上边缘，出现箭头后单击并拖曳以选择多列。

（1）使用文字工具单击最后一行的左边缘，如图 11.13 所示。

图11.13

（2）选择菜单"表">"删除">"行"。

（3）选择菜单"文件">"存储"。

11.4.3　重新排列行和列

在处理表格时，你可能发现信息按不同的顺序排列更合适，或者发现表格有错。在这种情况下，可将行或列拖曳到不同的地方。这个表格是根据一周各天的顺序排列的，但星期五对应行所处的位置不正确。

 提示：要拖曳行或列，必须选择整行或整列。要复制行或列并将其拷贝到不同的地方，可按住 Alt（Windows）或 Option（macOS）键并拖曳。

（1）找到表格的最后一行，其第一个单元格的内容以"Growing"打头。

（2）选择文字工具，将表格指向这行的左边缘，出现水平箭头（➜）后单击选中这行。

（3）在选定行上单击并向上拖曳到"Tending Flowers"行的下面，蓝色粗线指出了选定行将插入到什么地方，如图 11.14 所示。

图11.14

（4）选择菜单"文件">"存储"。

11.4.4　调整行高、列宽和文本位置

经常需要根据内容和设计微调行高、列宽以及文本的位置。在默认情况下，表格中的单元格向垂直方向扩大以容纳其内容，因此如果你不断地在一个单元格中输入文字，该单元格增高。然而，可以指定固定的行高，也可以让 InDesign 在表格中创建高度相等的行和宽度相等的列。要让所有的列都等宽或所有的行都等高，可选择菜单"表">"均匀分布列"或"表">"均匀分布行"。

在这里，你将手动调整列宽，再修改文本在单元格中的位置。

（1）选择文字工具，再将鼠标指针指向两列之间的垂直分隔条，出现双箭头图标（↔）后单击并向左或右拖曳，以调整列宽。

（2）选择菜单"编辑">"还原"。再多次尝试调整列宽，以熟悉这种方法。每次尝试后都选

择菜单"编辑">"还原"。拖曳时注意看文档窗口顶部的水平标尺，如图 11.15 所示。

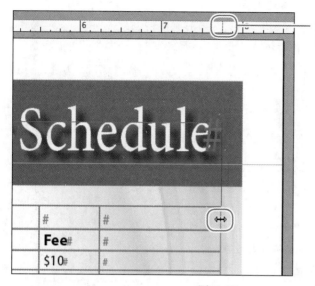

水平标尺上的参考线指
出了列的右边缘位置

图11.15

（3）拖曳每列的右边缘，根据文档窗口顶部的水平标尺将各列的右边缘拖曳到如下位置（结果如图 11.16 所示）。

- Activity 列：3.5 英寸。
- Day 列：4.25 英寸。
- Time 列：5.5 英寸。
- Fee 列：6.25 英寸。
- 空的图像列：7.75 英寸。

Id 提示：拖曳列分界线可调整列宽，而右边的所有列都将相应地向右或左移动（这取决于你是增大还是缩小列宽）。为确保在拖曳列分界线时，整个表格的宽度不变，可在拖曳时按住 Shift 键。这样，分界线两边的列将一个更宽、一个更窄，而整个表格的宽度保持不变。

DAILY·DROP-IN·ACTIVITIES#	#	#	#	#
Activity#	Day#	Time#	Fee#	#
Attracting·Butterflies#	Su#	8–10·a.m.#	$10#	#
Illustrating·Botanicals#	M#	noon–2·p.m.#	$25#	#
Creating·Garden·Flags#	T#	10·a.m.–2·p.m.#	$25#	#
Making·Hummingbird·Feeders#	W#	2–5·p.m.#	$50#	#
Tending·Flowers#	Th#	9–11·a.m.#	$10#	#
Growing·Edible·Flowers#	F#	1–3·p.m.#	$10#	#
Making·and·Flying·Kites#	Sa#	8–11·a.m.#	Free#	#

图11.16

让列宽更适合文本量后，下面让文本和单元格边框的距离更大些。在这里，你将修改整个表格的设置，但也可只修改选定单元格的设置。

（4）选择菜单"窗口">"文字和表">"表"打开表面板。

（5）在表格的任何地方单击，再选择菜单"表">"选择">"表。

（6）在表面板中，在文本框"上单元格内边距"（▣）中输入 0.125 英寸，并按回车。如果有必要，单击"将所有设置设为相同"按钮（▣），将单元格每边的内边距都增大。

> **Id** 提示：可单击文本框旁边的箭头来增大或降低其值。

（7）在依然选中了表格的情况下，单击表面板中的"居中对齐"按钮，如图 11.17 所示。

这让每个单元格中的文本都垂直居中对齐。

（8）在表格内的任何地方单击以取消选择单元格。

（9）选择菜单"文件">"存储"。

图11.17

11.4.5 合并单元格

可将选定的几个相邻单元格合并成一个单元格。下面合并第一行的单元格，让表头"DAILY DROP-IN ACTIVITY"横跨整个表格。

（1）使用文字工具在第 1 行的第 1 个单元格中单击，再拖曳以选择该行的所有单元格。

（2）选择菜单"表">"合并单元格"，结果如图 11.18 所示。

> **Id** 提示：控制面板中也有很容易访问的"合并单元格"图标。

DAILY·DROP-IN·ACTIVITIES#				
Activity#	Day#	Time#	Fee#	#
Attracting·Butterflies#	Su#	8–10·a.m.#	$10#	#

图11.18

（3）选择菜单"文件">"存储"。

11.5 设置表格的格式

表格边框是整个表格周围的描边。单元格描边是表格内部将各个单元格彼此分隔的线条。InDesign 包含很多易于使用的表格格式设置选项，使用这些选项可让表格更具吸引力且让阅读者更容易找到所需的信息。在本节中，你将指定表格的填色和描边。

11.5.1 添加填色模式

在 InDesign 中，可给行或列指定填色模式，以实现诸如每隔一行应用填色等效果。你可以指定模式的起始位置，从而将表头行排除在外。当你添加、删除或移动行和列时，模式将自动更新。下面在这个表格中每隔一行应用填色。

（1）选择文字工具（T）单击表格的任何地方以激活它。

（2）选择菜单"表">"表选项">"交替填色"。

（3）从"交替模式"下拉列表中选择"每隔一行"，保留其他选项的默认设置不变，如图 11.19 所示。

图11.19

（4）单击"确定"按钮，每隔一行为灰色背景，如图 11.20 所示。

DAILY DROP-IN ACTIVITIES#				
Activity#	Day#	Time#	Fee#	#
Attracting·Butterflies#	Su#	8–10·a.m.#	$10#	#
Illustrating·Botanicals#	M#	noon–2·p.m.#	$25#	#
Creating·Garden·Flags#	T#	10·a.m.–2·p.m#	$25#	#
Making·Hummingbird·Feeders#	W#	2–5·p.m.#	$50#	#

图11.20

（5）选择菜单"文件">"存储"。

11.5.2 对单元格应用填色

整个表格可以有填色，而每个单元格也可有自己的填色。通过使用文字工具进行拖曳，可选择相连的单元格，以便对它们应用填色。在本节中，你将对表头行应用填色，让其中的灰色文本更容易看清楚。

（1）选择文字工具（T），将鼠标指针指向"DAILY DROP-IN ACTIVITIES"行的左边缘，当出现水平箭头后单击以选中这行。

（2）选择菜单"窗口">"颜色">"色板"。

（3）在色板面板中，单击填色框（🖋），再单击色板"Purple Cool"。

Id　　**提示**：也可使用控制面板中的填色框给单元格指定填色。

（4）将"色调"滑块拖曳到50%，如图11.21所示。

（5）选择菜单"编辑">"全部取消选择"以便能够看清颜色，再选择菜单"文件">"存储"。

图11.21

11.5.3　编辑单元格描边

单元格描边是各个单元格的边框。你可以删除或修改选定的单元格或整个表格的描边。在本节中，你将删除所有水平描边，因为交替模式足以将不同行区分开来。

（1）选择文字工具（T）单击表格的任何地方，再选择菜单"表">"选择">"表"。

（2）在控制面板的中央，找到代理预览（▦）。

其中每条水平线和垂直线都表示行描边、列描边或边框描边，你可以通过单击来选择/取消选择这些线条。当选择线条后，可设置相应描边的格式。

（3）单击代理中的全部3条水平线以选择它们。在代理中，确保选择了所有水平线，同时没有选择任何垂直线。选定的线条呈蓝色。

（4）在控制面板的"描边"文本框中，输入0并按回车。

（5）在代理中单击全部3条垂直线以选择它们，再取消选择所有的水平线。

（6）从控制面板的"描边"下拉列表中选择0.5点，如图11.22所示

图11.22

（7）选择菜单"编辑">"全部取消选择"以查看结果，如图11.23所示。

（8）选择菜单"文件">"存储"。

11.5.4　添加表格边框

表格边框是表格周围的描边。与其他描边一样，也可以定制边框的粗细、样式和颜色。在本节中，你将给这个表格添加边框。

（1）使用文字工具单击表格的任何地方。

DAILY DROP-IN ACTIVITIES#				
Activity#	Day#	Time#	Fee#	#
Attracting·Butterflies#	Su#	8–10·a.m.#	$10#	#
Illustrating·Botanicals#	M#	noon–2·p.m.#	$25#	#
Creating·Garden·Flags#	T#	10·a.m.–2·p.m#	$25#	#
Making·Hummingbird·Feeders#	W#	2–5·p.m.#	$50#	#
Tending·Flowers#	Th#	9–11·a.m.#	$10#	#
Growing·Edible·Flowers#	F#	1–3·p.m.#	$10#	#
Making·and·Flying·Kites#	Sa#	8–11·a.m.#	Free#	#

图11.23

（2）选择菜单"表">"选择">"表"。

（3）选择菜单"表">"表选项">"表设置"，这将打开"表选项"对话框，并显示其中的"表设置"选项卡。

（4）选择左下角的复选框"预览"。

（5）在"表设置"选项卡的"表外框"部分，从"粗细"下拉列表中选择"0.5点"，如图 11.24 所示。

图11.24

（6）单击"确定"按钮，再选择菜单"编辑">"全部取消选择"。

（7）选择菜单"视图">"屏幕模式">"预览"以查看格式设置结果。

（8）选择菜单"视图">"屏幕模式">"正常"，再选择菜单"文件">"存储"。

11.6 在单元格中添加图形

在 InDesign 中，可以使用表格高效地将文本、照片和插图组合在一起。在默认情况下，单元格实际上就是小型文本框架，但可将文本单元格转换为图形单元格，这样单元格实际上就是大小受表格控制的图形框架。在这里，你将在一些课程描述中添加照片。

提示：除将单元格转换为图形单元格外，还可将对象和图像定位到单元格内的文本中。

11.6.1 将单元格转换为图形单元格

首先，你将使用"表"菜单和表面板将一个选定的单元格转换为图形单元格，然后你将看到，通过置入图像可自动将单元格转换为图形单元格。

（1）使用文字工具单击第一个表体行（包含 Attracting Butterflies 的行）中最右边的单元格。

（2）选择菜单"表">"选择">"单元格"以选择该单元格。

（3）在选中了这个单元格的情况下，选择菜单"表">"将单元格转换为图形单元格"，结果如图 11.25 所示。

DAILY DROP-IN ACTIVITIES#				
Activity#	**Day**#	**Time**#	**Fee**#	#
Attracting·Butterflies#	Su#	8–10·a.m.#	$10#	
Illustrating·Botanicals#	M#	noon–2·p.m.#	$25#	#

图11.25

（4）在选择了转换后的单元格的情况下，选择菜单"表">"单元格选项">"图形"，以查看用于指定图形在单元格中位置的选项，如图 11.26 所示。

 提示：只需在文本单元格中置入图像，就可以将其转换为图形单元格，但如果你要创建模板，指出要将图像放置在什么地方，可采取这里介绍的方法将单元格转换为图形单元格。

图11.26

（5）在"单元格选项"对话框中，查看"图形"选项卡中的选项后，单击"取消"按钮。

（6）在第 3 个表体行（包含 Creating Garden Flags 的行）最右边的单元格中单击并向右拖曳，以选择这个单元格。

（7）如果有必要，选择菜单"窗口">"文字和表">"表"打开表面板。

（8）从表面板菜单中选择"将单元格转换为图形单元格"，如图 11.27 所示。

提示：要编辑单元格选项或将图形单元格转换为文本单元格，必须先选中单元格。要使用文字工具选择图形单元格，可在其中单击并拖曳。

图11.27

11.6.2 在图形单元格中置入图像

下面在这两个被转换为图形单元格的单元格中置入图像，再在两个文本单元格中置入图像，自动将它们转换为图形单元格。

（1）使用选择工具在 "Attracting Butterflies" 行的图形单元格中单击。

（2）选择菜单 "文件" > "置入"。在 "置入" 对话框中，选择文件夹 Lesson11 中的文件 Butterfly.jpg。

注意：如果有必要，请在 "置入" 对话框中取消选择复选框 "显示导入选项"。

（3）选择复选框 "替换所选项目"，再单击 "打开" 按钮。

（4）为了让单元格适合图像，可以选择菜单 "对象" > "适合" > "使框架适合内容"，结果如图 11.28 所示。

图11.28

提示：要调整图像的大小及其在单元格中的位置，可在控制面板中使用诸如 "按比例适合内容" 等选项。

（5）在"Creating Garden Flag"行的图形单元格中单击。

（6）选择菜单"文件">"置入"。在"置入"对话框中，选择文件夹 Lesson11 中的文件 GardenFlag.jpg，再单击"打开"按钮。

（7）为让单元格适合图像,使用菜单项"使框架适合内容"的快捷键:Ctrl + Alt + C（Windows）或 Command + Option + C（macOS）组合键。

（8）使用文字工具双击"Tending Flowers"行最右边的单元格。

（9）选择菜单"文件">"置入"。在"置入"对话框中，选择文件"WateringCan.jpg"，再按住 Ctrl（Windows）或 Command（macOS）键并单击文件"Kite.jpg"，以加载这两个文件，然后单击"打开"按钮，鼠标将变成载入图形图标（ ）。

（10）在"Making and Flying Kites"行最右边的那个单元格中单击。

（11）在"Creating Garden Flag"行最右边的那个单元格中单击。

> **Id** **注意**：如果在单元格中置入了错误的图像，可选择菜单"编辑">"还原"，再重做。

（12）使用选择工具单击洒水壶图像，再选择菜单"对象">"适合">"使框架适合内容"或使用其键盘快捷键让单元格适合图像。使用选择工具单击风筝图像，再在控制面板中单击"框架适合内容"图标（ ），如图 11.29 所示。

图11.29

（13）选择菜单"文件">"存储"。

11.6.3 调整行高

前面置入的图像的高度都是 1 英寸，因此下面将所有表体行的高度都设置为 1 英寸。

（1）如果有必要，可以选择菜单"窗口">"文字和表">"表"打开表面板。

（2）选择文字工具，并将鼠标指针指向第一个表体行的左边缘。

（3）等出现水平箭头后，从第一个表体行（其第一个单元格包含 Attracting Butterflies）拖曳到最后一个表格行（其第一个单元格包含 Making and Flying Kites）。

（4）在选中了所有表体行的情况下，在表面板中的"行高"下拉列表中选择"精确"，再在右边的"行高"文本框中输入 1 英寸并按回车键，如图 11.30 所示。

图11.30

（5）选择菜单"编辑">"全部取消选择"以查看结果，如图 11.31 所示。

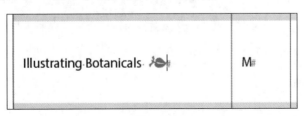

图11.31

（6）选择菜单"文件">"存储"。

11.6.4　将图形定位到单元格中

通过将图像定位到文本中，你可以在单元格中同时包含文本和图形。在本节中，你将置入校外课程表格旁边的叶子图标。

（1）选择菜单"视图">"使页面适合窗口"，让第 1 页显示在文档窗口中央。

（2）使用选择工具选择表头行旁边的叶子图标，如图 11.32 所示。

（3）选择菜单"编辑">"剪切"。

（4）选择文字工具，或在表格中双击自动切换到文字工具。

（5）在第二个表体行中"Illustrating Botanicals"的后面单击。

（6）选择菜单"编辑">"粘贴"，结果如图 11.33 所示。

图11.32

图11.33

（7）在"Making and Flying Kites"后面单击，再选择菜单"编辑">"粘贴"。

（8）选择菜单"文件">"存储"。

11.7 创建表头行

通常对表格名称和列标题应用格式，使其在表格中更突出。为此，可选择包含表头信息的单元格并设置其格式。如果表格横跨多页，可能需要重复表头信息。在 InDesign 中，可以指定将表格延续到下一栏、下一个框架或下一页时需要重复的表头行和表尾行。下面设置表格前两行（表格名称和列标题）的格式，并将它们指定为要重复的表头行。

Id 提示：在编辑表头行的文本时，其他表头行的文本也将自动更新。你只能编辑源表头行的文本，其他表头行被锁定。

（1）选择文字工具，将鼠标指针指向第 1 行的左边缘，直到鼠标变成水平箭头。

（2）单击以选中第 1 行，再拖曳鼠标以选中前两行，如图 11.34 所示。

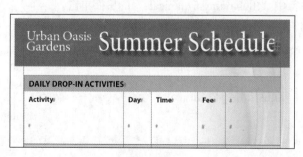

图11.34

（3）选择菜单"表">"转换行">"到表头"。

（4）使用文字工具单击表格的最后一行。

（5）选择菜单"表">"插入">"行"。

（6）在"插入行"对话框中，在"行数"文本框中输入 4，选中单选按钮"下"，再单击"确定"按钮。

（7）选择菜单"版面">"下一页"以查看第 2 页。注意到表格延续到第 2 页时，重复了表头行，如图 11.35 所示。

图11.35

注意：你可以使用这些空行来练习在单元格中输入文本。别忘了，选择文字工具，按 Tab 键跳到下一个单元格，按 Shift + Tab 组合键跳到前一个单元格。

（8）选择菜单"版面">"上一页"返回到第 1 页，再选择菜单"文件">"存储"。

11.8 创建并应用表样式和单元格样式

为快速且一致地设置表格的格式，可以创建表样式和单元格样式。表样式应用于整个表格，而单元格样式应用于选定的单元格、行和列。下面创建一个表样式和一个单元格样式，以便将这种格式迅速应用于其他表格。

11.8.1 创建表样式和单元格样式

在这个练习中，你将创建一种表样式（用于设置表格的格式）和一种单元格样式（用于设置表头行的格式）。这里将基于表格使用的格式创建样式，而不是指定样式的格式。

（1）使用文字工具（ **T** ）在表格中的任何位置单击。

（2）选择菜单"窗口">"样式">"表样式"，再从表样式面板菜单中选择"新建表样式"，如图 11.36 所示。

 提示：在默认情况下，表面板、表样式面板和单元格样式面板都位于一个面板组中。

图11.36

（3）在"样式名称"文本框中输入"Activity Table"，如图 11.37 所示。

（4）单击"确定"按钮，新建的样式将出现在表样式面板中。

（5）使用文字工具（ **T** ）在表格第 1 行（其中包含 DAILY DROP-IN ACTIVITIES）中单击。

（6）选择菜单"窗口">"样式">"单元格样式"，再单击单元格样式面板底部的"创建新样式"按钮，如图 11.38 所示。

（7）双击新建的样式"单元格样式 1"打开"单元格样式选项"对话框。在"样式名称"文本框中输入"Table Header"。

图11.37

图11.38

下面修改单元格样式"Table Header"的段落样式。

（8）从"段落样式"下拉列表中选择"Table Header"（如图 11.39 所示），这是已应用于表头行文本的段落样式。

图11.39

（9）单击"确定"按钮。

（10）选择菜单"文件">"存储"。

11.8.2 应用表样式和单元格样式

下面将这些样式应用于表格。这样以后要对表格的格式进行全面修改时，只需编辑表样式或单元格样式。

> **Id** **提示**：为自动设置格式，可以在表样式中给表头行指定段落样式。

（1）使用文字工具（**T**）在表格内的任何地方单击。

（2）在表样式面板中单击样式"Activity Table"。

（3）使用文字工具在第一个表头行中单击，再选择菜单"表">"选择">"行"以选择这行。

（4）在单元格样式面板中单击样式"Table Header"，如图 11.40 所示。为查看差别，在单元格样式面板中单击"[无]"，再单击"Table Header"。

图11.40

（5）全部取消选择，选择菜单"视图">"使页面适合窗口"，再选择菜单"文件">"存储"。

作为最后一步，我们将预览这张传单。要完成这张传单，可在第 2 页的空单元格中输入数据，并在必要时添加更多的行。

（6）在应用程序栏中，从"屏幕模式"下拉列表中选择"预览"（如图 11.41 所示）以查看最终的表格。

图11.41

祝贺你学完了本课！

11.9　练习

掌握在 InDesign 中处理表格的基本技能后，可尝试其他表格创建技巧。

（1）首先创建一个新文档。页面大小和其他规格都无关紧要。

（2）选择菜单"表">"创建表"，输入所需的行数和列数，再单击并拖曳鼠标创建一个任意尺寸的表格。

（3）使用文字工具单击第一个单元格并输入数据。使用方向键单元格之间移动。

（4）要通过拖曳来添加一列，选择文字工具，并将鼠标指针指向表格中某列的右边缘，当鼠标变成双箭头（ ↔ ）后，按住 Alt（Windows）或 Option（MacOS）并向右拖曳一小段距离（可能是大约半英寸）。当你松开鼠标后，将出现一个新列，其宽度与拖曳的距离相等。

（5）要旋转单元格中的文本，可以使用文字工具在单元格中单击以放置一个插入点。选择菜单"窗口">"文字和表">"表"，再在表面板中从下拉列表"排版方向"中选择"直排"，再在单元格中输入文本。必要时增大单元格的高度，以便能够看到其中的文本。

（6）要将表格转换为文本，选择菜单"表">"将表转换为文本"。你可以使用制表符来分隔同一行中不同列的内容，使用换行符来分隔不同行的内容，也可以修改这些设置。同样，要将用制表符分隔的文本转换为表格，可选择这些文本，再选择菜单"表">"将文本转换为表"。

11.10 复习题

1. 相比于输入文本并使用制表符将各列分开，使用表格有什么优点？

2. 在表格横跨多页时，如何让表格标题和列标题重复？

3. 在处理表格时最常用的是哪种工具？

11.11 复习题答案

1. 表格提供了更大的灵活性，格式化起来更容易。在表格中，文本可在单元格中自动换行，因此无须添加额外的行，单元格就能容纳很多文本。另外，可给选定的单元格、行或列指定样式（包括字符样式甚至段落样式），因为每个单元格都像是一个独立的文本框架。

2. 选择要重复的标题行，再选择菜单"表">"转换行">"到表头"。你还可以重复表尾行，为此可选择菜单"表">"转换行">"到表尾"。

3. 要对表格做任何处理，都必须选择文字工具。可以使用其他工具来处理单元格中的图形，但要处理表格本身，如选择行或列、插入文本或图形、调整表格的尺寸等，必须使用文字工具。

第12课　处理透明度

课程概述

在本课中，你将学习以下内容：

- 给导入的灰度图像着色；
- 修改在 InDesign 中绘制的对象的不透明度；
- 给导入图形指定透明度设置；
- 给文本指定透明度设置；
- 设置重叠对象的混合模式；
- 给对象应用羽化效果；
- 给文本添加投影效果；
- 将多种效果应用于对象；
- 编辑和删除效果。

学习本课需要大约 75 分钟。要下载本课的课程文件，请登录异步社区网站，详情请参阅本书前言后的"资源与支持"一节。请将下载的文件放在方便使用的地方。

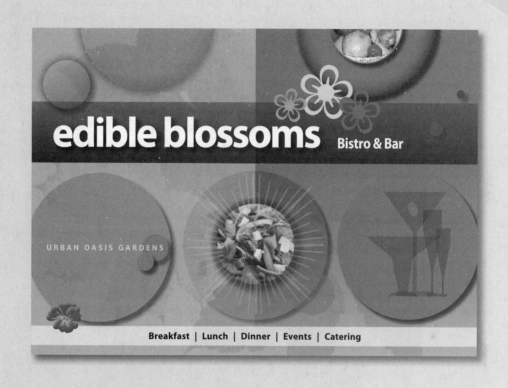

　　Adobe InDesign CC 提供了一系列的透明度功能，以满足用户的想象力和创造性，这包括控制不透明度、特殊效果和颜色混合。用户还可以导入带透明度设置的文件并对其应用其他透明度效果。

12.1 概述

本课的项目是一家虚构餐厅 Edible Blossoms Bistro & Bar 的菜单。你将通过使用一系列图层来应用透明度效果，创建出视觉效果丰富的设计。

> **Id** | **注意**：如果还没有下载本课的项目文件，现在就去下载，详情请参阅"资源与支持"。

（1）为确保你的 InDesign 首选项和默认设置与本课使用的一样，请将文件 InDesign Defaults 移到其他文件夹，详情请参阅"前言"中的"保存和恢复文件 InDesign Defaults"。

（2）启动 InDesign。为确保面板和菜单命令与本课使用的相同，选择菜单"窗口">"工作区">"高级"，再选择菜单"窗口">"工作区">"重置'高级'"。为开始工作，你将打开一个已部分完成的 InDesign 文档。

（3）选择"文件">"打开"，打开硬盘文件夹 InDesignCIB\Lessons\Lesson12 中的文件 12_Start.indd。

（4）选择"文件">"存储为"，将文件重命名为 12_Menu.indd，并存储到文件夹 Lesson12 中。

由于所有包含对象的图层都被隐藏，因此该菜单呈现为一个狭长的空页面。你将在需要时显示各个图层，以便能够将注意力集中在特定对象及本课要完成的任务上。

（5）如果想查看最终的文档，可打开文件夹 Lesson12 中的文件 12_End.indd，如图 12.1 所示。

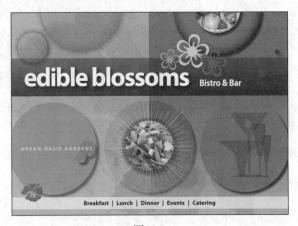

图12.1

（6）当查看完毕后，可关闭文件 12_End.indd，也可让它打开供工作时参考。要返回到课程文档，可选择菜单"窗口">"12_Menu.indd"，也可单击文档窗口左上角的标签"12_Menu.indd"。

12.2 导入灰度图像并给它着色

你将首先处理菜单的 Background 图层。该图层用作带纹理的菜单背景，将透过它上面的带透明度设置的对象显示出来。通过应用透明度效果，可创建透明对象，可透过它看到下面的对象。

由于图层 Background 位于图层栈的最下面，因此无须对该图层中的对象应用透明效果。

（1）选择菜单"窗口"＞"图层"打开图层面板。

（2）如果有必要，可以在图层面板中向下滚动，找到并选择位于最下面的图层 Background。你将把导入的图像放到该图层中。

（3）确保该图层可见（有眼睛图标）且没有被锁定［没有图层锁定图标（🔒）］，如图 12.2 所示。图层名右边的钢笔图标（🖊）表明，导入的对象和新建的框架将放在该图层中。

（4）选择菜单"视图"＞"网格和参考线"＞"显示参考线"。你将使用页面中的参考线来对齐导入的背景图像。

（5）选择菜单"文件"＞"置入"，再打开文件夹 Lesson12 中的文件 12_Background.tif。这是一个灰度 TIFF 图像。

> **Id** 提示：TIFF 指的是标签图像文件格式（Tag Image File Format），这是一种常见的位图图形格式，常用于印刷出版。TIFF 文件使用文件扩展名 .tif。

（6）鼠标将变成光栅图形图标（🖼），将其指向页面左上角的外面，并单击红色出血参考线的交点。这样置入的图像将占据整个页面，包括页边距和出血区域。让图形框架处于选中状态，如图 12.3 所示。

图12.2

图12.3

（7）选择菜单"窗口"＞"颜色"＞"色板"。下面使用色板面板给这幅图像及其所在的图形框架着色。

（8）在色板面板中，选择填色框。向下滚动色板列表，找到色板"Green-Bright-Medium"并选中它；单击"色调"框右边的箭头，并将滑块拖曳到 80% 处。

> **Id** 提示：InDesign 提供了很多应用颜色的方式。也可双击工具面板底部的填色框来选择填色，还可在控制面板中从下拉列表"填色"中选择填色。

图形框架的白色背景变成了 80% 的绿色，但灰色区域没有变化，如图 12.4 所示。

（9）切换到选择工具，将鼠标指针指向框架中央，等鼠标指针变成手形（✋）后单击左键以选中框架中的图形，再在色板面板中选择"Green-Medium"。颜色"Green-Medium"将替换图像中的灰色，但框架的填色没变。将图像颜色的色调设置为 73%，结果如图 12.5 所示。

给框架应用填色
和色调后

给图形应用颜色
和色调后

图12.4   图12.5

在 InDesign 中，可将颜色应用于下述格式的灰度和位图图像：PSD、TIFF、BMP 和 JPEG。如果选择了图形框架中的图形再应用填色，填色将应用于图像的灰色部分，而不像第 8 步选择了框架时那样应用于框架的背景。

（10）在图层面板中单击图层名"Background"左边的空框将该图层锁定，如图 12.6 所示。让图层"Background"可见，以便能够看到在其他图层中置入透明度对象的结果。

（11）选择菜单"文件">"存储"保存所做的工作。

你学会了给灰度图像快速着色的方法。虽然这种方法对于合成图像很有效，但对于创建最终的作品而言，Adobe Photoshop CC 的颜色控制功能可能更有效。

图12.6

12.3　设置透明度

InDesign 有大量透明度控件。例如，通过降低对象、文本和导入图形的不透明度，可让它下面原本不可见的对象显示出来。另外，诸如混合模式、投影、边缘羽化和发光以及斜面和浮雕效果等透明度功能提供了大量的选项，让用户能够创建特殊视觉效果，本课后面将介绍这些功能。

　　提示：通过指定混合模式，可改变重叠对象的颜色混合方式。

在本节中，我们将对菜单中不同图层的几个对象使用各种透明度选项。

12.3.1　效果面板简介

使用效果面板（可选择菜单"窗口">"效果"打开它）可指定对象或对象组的不透明度和混合模式、应用透明度效果、对特定组执行分离混合以及挖空组中的对象，如图 12.7 所示。

图12.7

效果面板概述

- **混合模式**：指定如何混合重叠对象的颜色。
- **不透明度**：决定了对象、描边、填色或文本的不透明度，取值为100%（完全不透明）到0%（完全透明）。在降低对象的不透明度时，对象将更透明，因此它下面的对象将更清晰。
- **级别**：指出选定对象的不透明度设置以及是否应用了透明度效果，例如，对象的描边的不透明度可能为20%，且对其应用了一种效果，而填色没有透明度设置。单击字样"对象"（"组"或"图形"）左侧的箭头（∨）可隐藏或显示这些级别设置。为某级别应用透明度设置后，该级别将显示fx图标，双击该fx图标可编辑这些设置。
- **清除效果**：清除对象（描边、填色或文本）的效果，将混合模式设置为"正常"，并将选定的整个对象的不透明度设置更改为100%。
- **fx按钮**：打开透明度效果列表。
- **删除**：删除应用于对象的效果，但不删除混合模式和不透明度。
- **分离混合**：将混合模式应用于选定对象组。
- **挖空组**：使组中每个对象的不透明度和混合属性挖空或遮蔽组中的底层对象。

12.3.2　修改纯色对象的不透明度

当处理好背景图形后，便可给它上面的图层中的对象应用透明度效果了。首先处理一系列使用 InDesign 绘制的简单形状。

（1）在图层面板中，选择图层"Art1"使其成为活动图层，再单击图层名左边的锁图标解除对该图层的锁定。单击图层"Art1"最左边的方框以显示眼睛图标，这表明该图层是可见的，如图 12.8 所示。

图12.8

（2）使用选择工具单击页面中央使用颜色"Red-Dark"填充的圆圈，这是一个在 InDesign 中绘制的使用纯色填充的椭圆形框架。

> **Id**   **注意**：本课在提到形状时，使用填充它的颜色色板作为名称。如果色板面板没有打开，选择菜单"窗口">"颜色">"色板"打开它。

（3）选择菜单"窗口">"效果"打开效果面板，也可单击文档窗口右边的效果面板图标来打开它。

（4）在效果面板中单击下拉列表"不透明度"右边的箭头，打开不透明度滑块。将该滑块拖曳到 70%，如图 12.9 所示。也可在文本框"不透明度"中输入 70% 并按回车键。

图12.9

当调整圆圈 Red-Dark 的不透明度后，它将变成半透明的，最终的颜色是由圆圈的填充色"Red-Dark"和它下面覆盖页面右半部分的矩形以及背景图像混合而成的。

（5）选择页面左上角使用 Green-Brightest 填充的半圆，在效果面板中将不透明度设置为 50%。由于背景的影响，该半圆的颜色发生了细微的变化，如图 12.10 所示。

（6）重复第 5 步，对图层"Art1"中的下面两个圆进行处理。

- 左下角使用颜色"Medium Green"填充的圆：将不透明度设置为 60%。

将不透明度设置为50%之前　　　　　　　　　　将不透明度设置为50%之后

图12.10

- 右上角使用颜色"Purple-Warm"填充的圆：将不透明度设置为70%。

（7）选择菜单"文件">"存储"保存所做的工作。

12.3.3　指定混合模式

当修改不透明度后，将得到当前对象颜色及其下面的对象颜色组合而成的颜色。混合模式提供了另一种指定不同图层中对象如何交互的途径。

在本小节中，将给页面中的对象指定混合模式。

（1）使用选择工具选择页面中央使用 Red-Dark 填充的圆。

（2）在效果面板中，从下拉列表"混合模式"中选择"叠加"，并注意颜色有何变化，如图 12.11 所示。

不透明度为70%，混合　　　　　　　　　　　不透明度为70%，混合
模式为"正常"　　　　　　　　　　　　　　　模式为"叠加"

图12.11

（3）选择页面左上角使用 Green-Brightest 填充的半圆，在效果面板中，从下拉列表"混合模式"中选择"正片叠底"，如图 12.12 所示。

不透明度为50%，混合模式　　　　　　　　　不透明度为50%，混合模式
为"正常"　　　　　　　　　　　　　　　　　为"正片叠底"

图12.12

（4）选择菜单"文件">"存储"。

有关各种混合模式的更详细信息，请参阅 InDesign 帮助文档中的"指定颜色混合方式"。

12.4　对导入的矢量和位图图形应用透明度效果

本课前面给在 InDesign 中绘制的对象指定了各种透明度设置，对于使用其他程序（如 Adobe Illustrator 和 Adobe Photoshop）创建并被导入的图形，也可设置其不透明度和混合模式。

12.4.1　设置矢量图形的不透明度

（1）在图层面板中，解除对图层"Art2"的锁定并使其可见。

（2）在工具面板中，确保选择了选择工具。在页面左边，选择包含黑色螺旋图像的图形框架，方法是在这个框架内单击。这个图形框架位于使用颜色"Green-Medium"填充的圆圈前面。

（3）在选择了黑色螺旋框架的情况下，按住 Shift 键并单击以选择页面右边包含黑色螺旋的框架。这个框架位于使用颜色"Purple-Cool"填充的圆圈前面。现在，两个包含螺旋的图形框架都被选中了。

（4）在效果面板中，从"混合模式"下拉列表中选择"颜色减淡"，并将不透明度设置为30%，结果如图 12.13 所示。

设置混合模式和不透明度前，先选择框架

设置混合模式和不透明度后

图12.13

> **Id**　**注意**：当使用"高品质显示"时，效果将更明显，但这可能降低计算机显示图形的速度。要让整个文档都使用"高品质显示"，可选择菜单"视图">"显示性能">"高品质显示"；要让特定的对象使用"高品质显示"，可选择菜单"对象">"显示性能">"高品质显示"。

下面设置沙拉图像的描边的混合模式。

（5）使用选择工具选择页面中央包含沙拉图像的圆形图形框架。

（6）在效果面板中，单击"对象"下方的"描边"，这样对不透明度或混合模式所做的修改将应用于选定对象的描边。

级别包括"对象""描边""填色"和"文本"等，它指出了当前的不透明度设置、混合模式以及是否应用了透明度效果。这意味着可对同一个对象的描边、填色和文本应用不同的透明度设置。要隐藏/显示这些级别设置，可单击"对象"（"组"或"图形"）左边的箭头（˅）。

（7）从下拉列表"混合模式"中选择"强光"，注意到位于不同背景上的描边完全不同，如图 12.14 所示。

图12.14

（8）选择菜单"编辑">"全部取消选择"，再选择菜单"文件">"存储"保存所做的工作。

12.4.2　设置位图图像的透明度

下面设置导入的位图图形的透明度。虽然这里使用的是单色图像，但也可在 InDesign 中设置彩色照片的透明度，方法与设置其他 InDesign 对象的不透明度相同。

（1）在图层面板中选择图层"Art3"，解除对该图层的锁定并使其可见。可隐藏或锁定图层"Art1"和图层"Art2"以便处理起来更容易。务必至少让图层"Art3"下面的一个图层可见，以便能够看到设置透明度后的结果。

（2）使用选择工具选择页面中央包含黑色星爆式图像的图形框架；由于它位于图层"Art3"中，因此框架边缘为蓝色（图层"Art3"的颜色），如图 12.15 所示。

图12.15

（3）双击黑色星爆式图像以选择内容而非框架，也可使用直接选择工具来选择内容。当选择了内容而非框架时，定界框指出了内容的大小，且定界框的颜色与图层颜色互补。

（4）在色板面板中，单击填色框，再选择色板"Red-Bright"用红色替换图像中的黑色。

（5）在效果面板中，从下拉列表"混合模式"中选择"滤色"，保留"不透明度"为 100%。星爆式图像将根据其下面可见的图层改变颜色，如图 12.16 所示。

（6）选择菜单"编辑">"全部取消选择"，再选择菜单"文件">"存储"保存所做的工作。

选择内容并设置填色后   对内容应用效果后

图12.16

12.5　导入并调整使用了透明度设置的 Illustrator 文件

用户将 Adobe Illustrator（.ai）文件导入 InDesign 文档时，InDesign 能够识别并保留在 Illustrator 中应用的透明度设置。在 InDesign 中，用户还可调整其不透明度设置、添加混合模式和应用其他透明度效果。

下面置入一幅玻璃杯图像并调整其透明度设置。

（1）选择菜单"视图" > "使页面适合窗口"。

（2）在图层面板中确保图层 Art3 处于活动状态，且图层"Art3"、图层"Art2"、图层"Art1"和图层"Background"都可见。

（3）锁定图层"Art2"、图层"Art1"和图层"Background"以防修改它们，如图 12.17 所示。

图12.17

（4）选择工具面板中的选择工具，再选择菜单"编辑" > "全部取消选择"以防将导入的图像置入到选定框架中。

（5）选择菜单"文件" > "置入"。在"置入"对话框中，选中复选框"显示导入选项"（你可能需要单击"选项"按钮才能看到这个复选框）。

 提示：要启用"显示导入选项"，同时避免在"置入"对话框中选择该复选框，可选择要导入的图形，再按住 Shift 键并单击"打开"按钮。

（6）找到文件夹 Lesson12 中的文件 12_Glasses.ai，再双击以置入它，或者先选择它再单击"打开"按钮。

（7）在"置入 PDF"对话框中，确保从下拉列表"裁切到"中选择了"定界框（所有图层）"，并选中了复选框"透明背景"，如图 12.18 所示。

（8）单击"确定"按钮关闭对话框，鼠标将变成载入矢量图形图标（），其中包含被导入的文件的预览。

（9）将鼠标（）指向页面右边用 Purple-Cool 填充的圆圈，再单击以实际尺寸置入图像。如果必要，拖曳该图形框架使其大概位于紫色圆圈中央（当框架居中时会出现智能参考线），如

图 12.19 所示。

图12.18

图12.19

 提示：调整该图像在紫色圆圈内的位置时，可利用智能参考线让它位于紫色圆圈的正中央。

（10）在图层面板中，通过单击隐藏图层"Art2"、图层"Art1"和图层"Background"，使得只有图层"Art3"可见，这让你能够看清置入的Illustrator图像的透明度（在InDesign中没有对其应用效果），如图12.20所示。

 提示：要显示图层"Art3"并隐藏其他所有图层，可按住 Alt（Windows）或 Option（macOS），并单击图层"Art3"的可视性图标。

图12.20

（11）在图层面板中通过单击使图层"Art2"、图层"Art1"和图层"Background"可见。注意到白色橄榄形状完全不透明，而其他玻璃杯形状是部分透明的。

（12）在依然选择了玻璃杯图像的情况下，在效果面板中将"不透明度"设置为60%。不要取消选择该图像。

（13）在效果面板中将"混合模式"设置为"颜色加深"，注意到图像的最终颜色完全不同了。

（14）选择菜单"编辑">"全部取消选择"，再选择菜单"文件">"存储"。

12.6　设置文本的透明度

修改文本的不透明度就像对图形对象应用透明度设置一样容易，下面修改一些文本的不透明度，改变文本的颜色。

（1）在图层面板中，锁定图层"Art3"，再解除对图层"Type"的锁定并使其可见。

（2）选择工具面板中的选择工具，再单击包含"URBAN OASIS GARDENS"的文本框架。如果有必要，放大视图以便能够看清文本。

要对文本或文本框架及其内容应用透明度设置，必须使用选择工具选择框架。如果使用文字工具选择文本，将无法指定透明度设置。

（3）在效果面板中选择"文本"级别，以便对不透明度或混合模式所做的修改只影响文本。

（4）从下拉列表"混合模式"中选择"叠加"，并将"不透明度"设置为70%，如图12.21所示。

图12.21

（5）双击抓手工具使页面适合窗口，再选择菜单"编辑">"全部取消选择"。

下面修改一个文本框架的填色的不透明度。

（1）使用选择工具单击页面底部包含文本"Breakfast | Lunch | Dinner | Events | Catering"的文本框架。如果有必要，请放大视图以便能够看清文本。

（2）在效果面板中选择级别"填充"，并将不透明度改为70%。注意到白色背景发生了变化，但文本还是黑色的，如图12.22所示。

图12.22

（3）在选择了级别"对象"的情况下尝试同样的设置，注意到这次文本也变成灰色的了，这不是我们想要的。这里演示了可将效果应用于对象不同部分的优点。选择菜单"编辑">"还原'设置透明度参数'"。

（4）选择菜单"编辑">"全部取消选择"，再选择菜单"文件">"存储"。

12.7 使用效果

在本课之前，你学习了如何修改在 InDesign 中绘制的对象、导入的图形以及文本的混合模式和不透明度。另一种应用透明度设置的方法是使用 InDesign 提供的 9 种透明度效果。创建这些效果时，很多设置和选项都是类似的。

下面尝试使用一些透明度效果来调整菜单。

透明度效果

在效果面板中，可添加如下效果（如图12.23所示）。

- 投影：在对象、描边、填色或文本的后面添加阴影。
- 内阴影：紧靠在对象、描边、填色或文本的边缘内添加阴影，使其具有凹陷外观。
- 外发光和内发光：添加从对象、描边、填色或文本的边缘外或内发射出来的光。
- 斜面和浮雕：添加各种高亮和阴影的组合，使文本和图像有三维外观。
- 光泽：添加形成光滑光泽的内部阴影。
- 基本羽化、定向羽化和渐变羽化：通过使对象的边缘渐隐为透明，实现边缘柔化。

透明度(T)...
投影(D)...
内阴影(I)...
外发光(O)...
内发光(N)...
斜面和浮雕(B)...
光泽(S)...
基本羽化(F)...
定向羽化(R)...
渐变羽化(G)...

图12.23

12.7.1 对图像边缘应用基本羽化

羽化是另一种对对象应用透明度的方法。通过羽化，可在对象边缘创建从不透明到透明的平滑过渡效果，从而能够透过羽化区域看到下面的对象或页面背景。InDesign 提供了 3 种羽化效果：

- 基本羽化对指定距离内的对象边缘进行柔化或渐隐；
- 定向羽化通过将指定方向的边缘渐隐为透明来柔化边缘；
- 渐变羽化通过渐隐为透明来柔化对象的区域。

下面首先应用基本羽化，再应用渐变羽化。

（1）在图层面板中，如果图层"Art1"被锁定，请解除该图层的锁定。

（2）如果有必要，请选择菜单"窗口">"使页面适合窗口"，以便能够看到整个页面。

（3）选择工具面板中的选择工具，再选择页面右上角使用颜色"Purple-Warm"填充的圆圈。

（4）选择菜单"对象">"效果">"基本羽化"，这将打开"效果"对话框，其中左边是透明效果列表，而右边是配套的选项。

（5）在"选项"部分做如下设置：

- 在"羽化宽度"文本框中输入 0.375 英寸；
- 将"收缩"和"杂色"都设置为 10%；
- 保留"角点"设置为"扩散"。

（6）确保选择了复选框"预览"。如果有必要，请将对话框移到一边以便查看效果。注意到紫色圆圈的边缘变得模糊了，如图 12.24 所示。

图12.24

（7）单击"确定"按钮让设置生效并关闭"效果"对话框。

（8）选择菜单"文件">"存储"。

> **注意**：要应用透明度效果，除选择菜单"对象">"效果"中的菜单项外，还可以从效果面板菜单中选择"效果"或单击效果面板底部的 fx 按钮，再从子菜单中选择一个菜单项。

12.7.2　应用渐变羽化

可使用渐变羽化效果让对象区域从不透明逐渐变为透明。

（1）使用选择工具单击用颜色 Purple-Warm 填充的垂直矩形，它覆盖了页面的右半部分。

（2）单击效果面板底部的 fx 按钮（ *fx.* ）并从下拉列表中选择"渐变羽化"，如图 12.25 所示。

这将打开"效果"对话框，并显示渐变羽化的选项。

（3）在"效果"对话框的"渐变色标"部分，单击"反向渐变"按钮（ ）以反转纯色和透明的位置，如图 12.26 所示。

图12.25 图12.26

（4）单击"确定"按钮。紫色矩形将从右到左渐隐为透明。

下面使用渐变羽化工具调整渐隐的方向。

（5）在工具面板中选择渐变羽化工具（▦），请小心不要选择渐变色板工具。按住 Shift 键并从紫色矩形底部向上拖曳以修改渐变方向（拖曳距离大约为紫色矩形高度的 2/3），如图 12.27 所示。通过按住 Shift 键，可将渐变方向限制为垂直的。

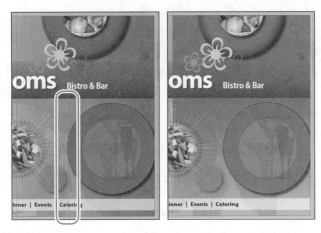

图12.27

（6）选择菜单"编辑" > "全部取消选择"，再选择菜单"文件" > "存储"。

下面将多种效果应用于同一个对象，再编辑这些效果。

12.7.3　给文本添加投影效果

在给对象添加投影效果时，将使对象看似漂浮在页面上，并在页面和下面的对象上投射阴影，从而呈现出三维效果。你可以给任何对象添加投影，还可以独立地给对象的描边/填色或文本框架中的文本添加投影。

注意：在"效果"对话框中，指出了哪些效果（对话框左边被选中的效果）被应用于选定对象，用户可将多种效果应用于同一个对象。

下面尝试使用这种效果，给文本"edible blossoms"添加投影。请注意，只能给整个文本框架添加效果，而不能只给其中的某些文本添加效果。

（1）使用选择工具选择包含单词"edible blossoms"的文本框架。按 Z 键暂时切换到缩放工具或选择缩放工具（）并放大该框架，以便能够看清其中的文本。

（2）单击效果面板底部的 fx 按钮（ _fx._ ）并从下拉列表中选择"投影"。

（3）在"效果"对话框的"混合"部分，将"不透明度"设置为 55%；在"选项"部分，将"大小"和"扩展"分别设置为 0.125 英寸和 20%。确保选择了复选框"预览"以便能够在页面中看到效果，如图 12.28 所示。

图12.28

注意：你也可以通过输入数值或拖曳圆圈内的线条，在"位置"部分调整投影的距离和角度。

（4）单击"确定"按钮将投影效果应用于文本。

（5）选择菜单"文件">"存储"保存所做的工作。

12.7.4 将多种效果应用于同一个对象

可以将多种透明度效果应用于同一个对象，例如，可以使用斜面和浮雕效果让对象看起来是凸出的，还可使用发光效果让对象周围发光。

下面将斜面和浮雕效果以及外发光效果应用于页面中的两个矢量对象。

（1）选择菜单"视图">"使页面适合窗口"。

（2）使用选择工具选择页面左上角使用颜色"Green-Brightest"填充的半圆。

（3）单击效果面板底部的 fx 按钮（ _fx._ ）并从下拉列表中选择"斜面和浮雕"。

（4）在"效果"对话框中，确保选择了复选框"预览"以便能够在页面上查看效果，再在"结构"部分做如下设置（如图 12.29 所示）。

- 大小：0.3125 英寸。
- 柔化：0.3125 英寸。
- 深度：30%。

图12.29

（5）保留其他设置不变，且不要关闭该对话框。

（6）单击"效果"对话框左边的复选框"外发光"，给选定的半圆添加外发光效果。

（7）单击"外发光"字样以便能够编辑这种效果，再做如下设置（如图 12.30 所示）。

- 模式："正片叠底"。
- 不透明度：80%。
- 大小：0.25 英寸。
- 扩展：10%。

图12.30

（8）单击"模式"下拉列表右边的"设置发光颜色"色板。在出现的"效果颜色"对话框中，确保从"颜色"下拉列表中选择了"色板"，从颜色列表中选择黑色，再单击"确定"按钮。

（9）单击"确定"按钮让多种效果的设置生效，如图 12.31 所示。

下面将同样的效果应用于页面中的另一个圆，方法是将效果面板中的 fx 图标拖曳到该半圆上。

图12.31

12.7.5　在对象之间复制效果

（1）双击抓手工具（🖐）让页面适合窗口。

（2）如果有必要，使用选择工具选中页面左上角的绿色半圆。

（3）确保效果面板可见，并将其中的"对象"级别右边的 fx 图标拖曳到绿色半圆左边的绿色小圆上，如图 12.32 所示。

提示：在效果面板中，可双击"对象"级别右边的 fx 图标来打开"效果"对话框。

图12.32

（4）选择菜单"编辑" > "全部取消选择"，再像图 12.33 显示的那样切换到预览视图，在没有参考线和框架边缘影响的情况下查看结果。

图12.33

（5）选择菜单"文件">"存储"。

透明度设置和选项

在不同效果中，许多透明效果设置和选项是相同的。常用透明度设置和选项如下。

- 角度和高度：确定应用光源效果的光源角度。值为0表示沿着底边；值为90表示在对象的正上方。可以单击角度半径调整或输入角度值。如果你要为所有对象使用相同的光源角度，请选择"使用全局光"。
- 混合模式：指定透明对象中的颜色如何与其下面的对象相互作用。
- 收缩：与大小设置一起，确定阴影或发光不透明和透明的程度；设置的值越大，不透明度越高；设置的值越小，透明度越高。
- 距离：指定投影、内阴影或光泽效果的位移距离。
- 杂色：指定输入值或拖曳滑块时发光不透明度或阴影不透明度中随机元素的数量。
- 不透明度：确定效果的不透明度；通过拖曳滑块或输入百分比测量值进行操作（请参阅设置对象的不透明度）。
- 大小：指定阴影或发光应用的量。
- 扩展：确定大小设置中所设定的阴影或发光效果中模糊的透明度。百分比越高，模糊就越不透明。
- 方法：这些设置用于确定透明效果的边缘是如何与背景颜色相互作用的。外发光效果和内发光效果都可使用"柔和"和"精确"方法。
  - 柔和：将模糊应用于效果的边缘。在较大尺寸时，不保留详细的特写。
  - 精确：保留效果的边缘，包括其角点和其他锐化细节。其保留特写的能力优于柔和方法。
- 使用全局光：将全局光设置应用于阴影。
- X位移和Y位移：在X轴或Y轴上按指定的偏移量偏离阴影。

——摘自InDesign帮助文档

使用这种方法也可将效果应用于其他文档中的对象。

（1）选择菜单"文件">"打开"，并打开文件 12_Start.indd。

（2）选择菜单"窗口">"排列">"平铺"，以并排地显示两个文档。

（3）在文件 12_Start.indd 中，切换到第 2 页，再确保选择了图层 Background（因为它没有被锁定）。

（4）使用绘图工具绘制一个形状，如矩形框架或椭圆框架，并在色板面板中指定填色。

（5）切换到文件 12_menu.indd，并选择页面左上角用 Green-Brightest 填充的半圆——前面对其应用多种效果。

（6）使用本小节前面介绍的方法，将"效果"面板"对象"级别右边的 fx 图标拖曳到刚才绘制的形状上，如图 12.34 所示。

图12.34

（7）关闭文件 12_Start.indd，但不保存所做的修改。

要将效果应用于其他对象，另一种方法是创建对象样式，这在第 9 课介绍过。

12.7.6 编辑和删除效果

可轻松地编辑和删除应用的效果，还可快速获悉是否对对象应用了效果。

下面首先编辑餐馆名后面的渐变填充，再删除应用于一个圆圈的效果。

（1）在图层面板中，确保图层"Art1"没有锁定且可见。

（2）使用选择工具单击文本"edible blossoms"后面使用渐变填充的框架。

（3）选择菜单"窗口">"属性"打开属性面板。在这个面板中，列出的属性之一是效果。在这里，效果为"渐变羽化"，它显示在 fx 按钮（ fx. ）右边，且带下划线，如图 12.35 所示。请单击 fx 按钮，在打开的下拉列表中，"渐变羽化"旁边有钩号，表明将这种效果应用到了选定对象。单击带下划线的字样"渐变羽化"，打开"效果"对话框。

（4）在"效果"对话框的"渐变色标"部分，单击渐变曲线左端的色标（小型黑色方块），再将"不透明度"改为 80%，如图 12.36 所示。

图12.35

图12.36

（5）单击"确定"按钮更新渐变羽化效果。

提示：要快速获悉文档的哪些页面包含透明效果，可从页面面板菜单中选择"面板选项"，再选择复选框"透明度"。这样，如果页面包含透明效果，其页面图标右边将有一个小图标（□）。

在什么情况下不使用透明度

透明度和色调：透明度效果是一个极佳的创意工具，但确实会导致文件更复杂，因此应有目的地使用它们。如果能够以更简单的方式实现所需的视觉效果，就不要使用它们。

一种最常见的情形是，你要让框架的颜色更淡些，而这个框架后面并没有需要显露出来的东西，如框架位于白色背景上，如图12.37所示。在这种情况下，应设置颜色的色调，而不使用"不透明度"设置。为此，可使用颜色面板或色板面板中的"色调"滑块，也可创建色调色板。有关色调的更详细信息，请参阅第8课。

色调为100%的颜色　　位于白色背景上的色调　　对位于白色背景上的颜色
　　　　　　　　　　　　　　　　　　　　　　　　设置不透明度

图12.37

提示：如果你喜欢在做出决策前使用"不透明度"滑块的滑动功能来查看颜色变化，在颜色面板中创建色调时也可使用这种功能，如图12.38所示。唯一的不同是，当你在颜色色板中移动色调滑块时，必须松开鼠标才能看到变化。

图12.38

下面删除应用于一个对象的所有效果。

（1）在图层面板中，让所有图层都可见，并对所有图层都解除锁定。

（2）按住 Ctrl（Windows）或 Command（macOS）键，并使用选择工具单击页面底部中央使用 Purple-Warm 色板填充的小圆，它位于沙拉图像的右下方。在第一次单击时，可能选择它前面的矩形框架；在这种情况下，可往右边一点再次单击以选中这个小圆。你也可以锁定图层"Art3"（刚才说的矩形位于这个图层），这样处理位于它下面的图层"Art2"中的对象时，将更容易。

提示：按住 Ctrl（Windows）或 Command（macOS）键并单击重叠的对象时，第一次单击将选择最上面的对象，再不断单击时，将按堆叠顺序依次选择下一个对象。

（3）从效果面板菜单中选择"清除效果"，将应用于这个圆的所有效果都删除，如图 12.39 所示。

图12.39

注意：选择菜单项"清除效果"也将导致对象的混合模式和不透明度设置分别恢复到"正常"和 100%。

（4）选择菜单"文件"＞"存储"。

祝贺你学完了本课！

12.8 练习

尝试下列使用 InDesign 透明度选项的方法。

（1）滚动到粘贴板的空白区域，并在一个新图层中创建一些形状（使用绘画工具或导入本课使用的一些图像文件）。对不包含内容的形状应用填色，并调整形状的位置让它们至少部分重叠，然后完成下列操作。

- 选择堆叠在最上面的形状，并在效果面板中试验使用其他混合模式，如"亮度""强光"和"差值"。然后选择其他对象并在效果面板中选择相同的混合模式，再对结果进行比较。
- 在效果面板中，修改一些对象的不透明度；再选择其他对象，并使用命令"对象"＞"排列"＞"后移一层"和"对象"＞"排列"＞"前移一层"来查看结果。
- 尝试将不同的不透明度和混合模式组合应用于对象，再将同样的组合应用于与该对象部分重叠的其他对象，以探索可创建的各种效果。

（2）在页面面板中，双击第 1 页的图标让该页位于文档窗口中央。打开图层面板，再尝试每次隐藏/显示一个 Art 图层，并查看文档的整体效果。

（3）在图层面板中，确保所有图层都没有锁定。在文档窗口中，通过单击选择玻璃杯图像，再使用效果面板对其应用投影效果。

（4）选择页面左下角的红花，它演示了"斜面和浮雕"效果的另一种用途。请打开"效果"面板，并尝试不同的设置。

12.9　复习题

1. 如何修改灰度图像中白色区域的颜色？灰色区域呢？
2. 将透明度效果应用于对象后，要将这些效果应用于其他对象，最简单的方法是什么？
3. 处理透明度时，图层及其中的对象的堆叠顺序有何重要意义？
4. 要删除对对象应用的多种透明度效果，最简单、最快捷的方式是什么？
5. 对文本应用效果时有何限制？
6. 在什么情况下，使用色调比使用不透明度设置更合适。

12.10　复习题答案

1. 要修改灰度图像的白色区域的颜色，可以使用选择工具选择图形框架，再在控制面板或色板面板中单击填色框，并在色板面板中选择所需的颜色；要修改灰色区域的颜色，可在内容抓取工具上单击以选中框架中的图形，再在色板面板中选择所需的颜色。
2. 选择对其应用了透明度效果的对象，再将效果面板右边的 fx 图标拖曳到另一个对象上。
3. 对象的透明度决定了它后面（下面）的对象是否可见。例如，透过半透明的对象，可看到它下面的对象，就像彩色胶片后面的对象一样。不透明的对象会遮住它后面的对象，而不管这些对象的不透明度是否更低以及相应的羽化设置、混合模式和其他效果如何。
4. 选中该对象，再单击效果面板底部的"清除效果"按钮。
5. 效果只能应用于整个文本框架，而不能应用于文本框架中的各个单词。
6. 在对象后面没有可供与透明度效果交互的东西，如对象位于白色背景上时，使用色调更合适。换而言之，如果你只想让对象的颜色更淡些，且后面没有要透过它显示的对象，则应使用色调。

第13课　打印及导出

课程概述

在本课中，你将学习以下内容：

- 检查文档是否存在潜在的印刷问题；
- 管理文档使用的颜色；
- 确认 InDesign 文件及其元素可以打印；
- 打印前在屏幕上预览文档；
- 生成用于校样和印刷的 Adobe PDF 文件；
- 创建可用于印刷的 Adobe PDF 预设；
- 为字体和图形选择合适的打印设置；
- 打印文档的校样；
- 创建打印预设以自动化打印工作；
- 收集所有必需的文件以便打印或交给服务提供商或印刷厂。

学习本课需要大约 45 分钟。要下载本课的课程文件，请登录异步社区网站，详情请参阅本书前言后的"资源与支持"一节。请将下载的文件放在方便使用的地方。

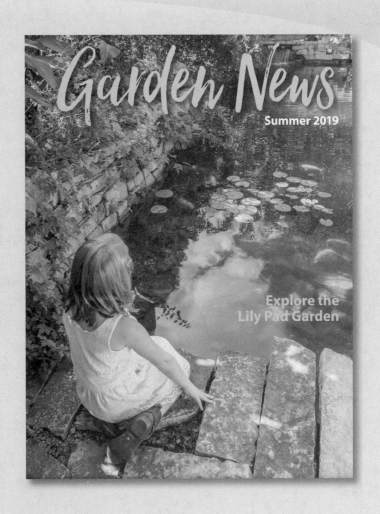

　　不管输出设备是什么，都可以使用 Adobe
InDesign CC 的高级打印和印前功能来管理打印设
置。可轻松地将文档输出到激光打印机和印版机，
还可将其输出为用于校样和印刷的 Adobe PDF 文件。

13.1 概述

在本课中，我们将对一个杂志封面做印前处理，该杂志封面中有彩色图像并使用了专色。将使用彩色喷墨打印机或激光打印机打印校样，再在高分辨率印刷设备（如印版机或胶印机）上印刷。在打印之前，我们把文件导出为 Adobe PDF，以便用于审阅。

Id	注意：如果还没有下载本课的项目文件，现在就去下载，详情请参阅"资源与支持"。

（1）为确保你的 Adobe InDesign 首选项和默认设置与本课使用的一样，将文件 InDesign Defaults 移到其他文件夹，详情请参阅"前言"中的"保存和恢复文件 InDesign Defaults"。

（2）启动 Adobe InDesign。为确保面板和菜单命令与本课使用的相同，选择菜单"窗口">"工作区">"印刷和校样"，再选择菜单"窗口">"工作区">"重置'印刷和校样'"。

（3）选择菜单"文件">"打开"，打开硬盘文件夹 InDesignCIB\Lessons\Lesson13 中的文件 13_Start.indd。

（4）将出现一个消息框，指出文档包含缺失或已修改的链接。单击"不更新链接"按钮，本课后面将修复这种问题。

当用户打印 InDesign 文档或生成用于打印的 Adobe PDF 文件时，InDesign 必须使用置入到版面中的原稿。如果原稿已移动、名称已修改或不存在，InDesign 将发出警告，指出原稿找不到或已修改。这种警告会在文档打开、打印或导出以及使用印前检查面板对文档进行印前检查时发出。InDesign 在链接面板中显示打印所需的所有文件的状态。

（5）选择菜单"文件">"存储为"，将文件重命名为 13_Press.indd，并将其存储到文件夹 Lesson13。

（6）如果想查看最终的文档，可打开文件夹 Lesson13 中的文件 13_End.indd。在本课中，通过预览无法看到起始文件和最终文件的差别；要看到这些差别，需要查看链接面板、颜色面板和色板面板。

（7）查看完毕后，可关闭文件 13_End.indd，也可让它打开供工作时参考。要返回到课程文档，可选择菜单"窗口">"13_Press.indd"，也可单击文档窗口左上角的标签"13_Press.indd"。

13.2 印前检查

在 InDesign 中，你可以对文档质量进行检查，在打印文档、将文档交给印刷服务提供商或以数字方式出版前，你可执行这样的检查，这被称为印前检查。在第 2 课的 2.3 节，你学习了如何使用 InDesign 的实时印前检查功能，这让用户能够在制作文档期间对其进行监视，以防发生潜在的印刷问题。

可通过印前检查面板核实文件使用的所有图形和字体都可用且没有溢流文本。在这里，你将使用印前检查面板，找出示例文档中两幅缺失的图形以及溢流文本。

（1）选择菜单"窗口">"输出">"印前检查"。

提示：要打开印前检查面板，也可双击文档窗口底部的字样"3个错误"，还可从字样"3个错误"右边的下拉列表中选择"印前检查面板"。

（2）在印前检查面板中，确保选中了复选框"开"并从下拉列表"配置文件"中选择了"[基本]（工作）"。注意到列出了两种错误（链接错误和文本错误），括号内的数字表明有两个与链接相关的错误以及一个与文本相关的错误。

（3）单击"链接"和"文本"左边的箭头（∨），以显示有关错误的更详细信息。单击"缺失的链接"左边的箭头（∨），这将显示缺失的图形文件的名称。双击链接名"GardenNews-Masthead-Spring.ai"，该图形将显示在文档窗口中央，且其所属的图形框架被选中。在印前检查面板底部，单击"信息"左边的箭头（∨）以显示有关这个缺失文件的信息，如图 13.1 所示。如果你仔细观察包含杂志名的框架，将发现其左上角有一个包含问号的红圈，这表明缺失原始图形文件。

图13.1

（4）在制作过程中，经常会遇到的一个问题是，已决定修改本期杂志名的颜色，但 InDesign 文件链接的依然是使用原来颜色的图形。下面来链接到新版本的杂志名。为修复这种错误，打开链接面板并向下滚动或增大这个面板，直到能够看到前述图形文件名。

（5）在链接面板中，确保选中了文件"GardenNews-Masthead-Spring.ai"，此时会注意到它也显示了一个包含问号的红圈（ ），再从面板菜单中选择"重新链接"。切换到文件夹 Lesson13\Links，并双击文件 GardenNews-Masthead-Summer.ai。现在链接的是新文件，而不是原始文件。

提示：无论当前的"显示性能"设置如何，已修改或缺失的图形都以较低的分辨率显示。

重新链接到图形"GardenNews-Masthead-Summer.ai"后，杂志名的颜色变了。注意到左上角包含问号的红圈变成了链接符号（●），这意味着图形已链接到 InDesign 文件，不再处于缺失或已修改状态。

（6）为以高分辨率显示文档,选择菜单"对象">"显示性能">"高品质显示",如图 13.2 所示。为输出而检查文档质量时，最好以"高品质显示"方式查看文档。

重新链接前缺失图形　　　　　　重新链接并选择菜单项"高品质显示"后

图13.2

> **提示**：在"首选项"对话框的"显示性能"部分，可修改格栅图像、矢量图形和应用了透明度的对象的默认显示品质。要打开"首选项"对话框，可选择菜单"编辑">"首选项">"显示性能"（Windows）或"InDesign CC">"首选项">"显示性能"（macOS）。

（7）单击链接面板顶部的状态图标（▲），按状态而不是名称或所在的页面对链接进行排序。状态包括链接是否缺失、已修改或嵌入的。当按状态排序时，可能有问题的图形将排在列表前面。你将看到，图形 Lily.jpg 显示了已修改警告图标（▲）。单击这个文件名右边的页码，InDesign 将切换到该图形所在的页面，选择该图形并使其显示在屏幕中央。

（8）我们注意到选定图形框架的左上角也有已修改警告图标（▲）。要更新这个图形，可单击这个警告图标，也可双击链接面板中的警告图标。现在就执行这两个操作之一。

你会注意到当重新链接后，图形 Lily.jpg 的颜色变了。

在制作过程中，经常会遇到的另一种情形是，摄影师对照片做颜色校正后，替换了文件夹 Links 中的文件，但没有在 InDesign 文件中更新它。另外，注意到左上角的已修改警告图标变成了链接符号，这意味着图形已链接到 InDesign 文件，不再处于缺失或已修改状态，如图 13.3 所示。

更新已修改的图形之前　　　　　　更新之后

图13.3

（9）再次打开印前检查面板。下面来查看与文本相关的错误。像定位缺失或已修改的图形那样定位这种错误：单击"溢流文本（1）"左边的箭头（∨），再单击列出的文本框架右边的页码，这将切换到相应的页面、选择这个文本框架并让它显示在文档窗口中央，如图 13.4 所示。

图13.4

（10）包含加号的红色方框表明这个框架不能容下所有文本。对于要用于审阅、发布或印刷的文件，不应有溢流文本。

（11）使用选择工具向下拖曳这个文本框架下边缘中央的手柄，直到显示了最后一行。

（12）现在印前检查面板底部显示的状态为"无错误"。当执行完印前检查后，必须确保印前检查面板中显示的状态为"无错误"。

（13）选择菜单"文件">"存储"保存对文档所做的修改，再关闭印前检查面板。

> **Id** **注意**：如果此时还有已修改的链接，请从链接面板菜单中选择"更新所有链接"。

13.3　预览分色

如果文档需要进行商业印刷，可使用分色预览面板来核实是否为特定的印刷方式设置好了文档使用的颜色。例如，要使用 CMYK 印刷油墨还是专色油墨来印刷文档？这个问题的答案决定了需要检查和修复哪些方面。下面来尝试使用这种功能。

（1）切换到第 1 页，再选择菜单"窗口">"输出">"分色预览"打开分色预览面板，你也可以单击停放区的分色预览面板图标来打开这个面板。

（2）在分色预览面板中，从下拉列表"视图"中选择"分色"。移动这个面板以便能够看到页面，调整面板的高度以便能够看到列出的所有颜色。如果有必要，可以选择菜单"视图">"使页面适合窗口"。

（3）单击 CMYK 颜色左边的眼睛图标（ ），隐藏使用所有 CMYK 颜色的元素，而只显示使用专色（PANTONE 颜色）的元素，如图 13.5 所示。

提示：在分色预览面板中，如果从"视图"下拉列表中选择"油墨限制"，InDesign 将以红色显示超过了指定最大油墨百分比（默认"油墨限制"值为 300%）的区域。

图13.5

（4）你可能注意到了，这个文档使用的两种 PANTONE 颜色的名称中的数字相同（PANTONE 136）。它们表示相同的油墨，差别在于印刷到不同的纸张：蜡光纸（Coated，C）和无涂层纸（Uncoated，U）。在大部分使用专色油墨印刷的项目中，每种油墨只使用一个印版。因此，如果要使用 PANTONE 136 油墨印刷这个文件，需要确保只制作一个 136 印版（分色）。本课后面将使用"油墨管理器"修复这种问题。

提示：在印刷过程中，有时通过使用专色油墨印刷两次来实现特殊效果，这被称为叠印（second hit），必须在文件中作为额外的颜色进行设置。

（5）单击"PANTONE 136 C"旁边的眼睛图标，杂志名消失了，这意味着杂志名使用的是"PANTONE 136 C"油墨。再次单击眼睛图标以显示使用这种颜色的元素。

（6）单击"PANTONE 136 U"旁边的眼睛图标，右下角的文本消失了，这意味着它使用的是这个版本的油墨。如果要使用"CMYK"和"PANTONE 136"油墨印刷这个文件，必须对文件进行校正，确保使用一个 136 印版来印刷这两项内容。

（7）单击"CMYK"旁边的眼睛图标以显示所有的颜色，再切换到第 2 页。单击"黑色"旁边的眼睛图标，注意到标题消失了，但有些正文依然可见（如图 13.6 所示），这意味着黑色正文将使用多个印版印刷。

（8）为找出其中的原因并修复这种问题，单击"黑色"旁边的空框。向左移动第 2 页，以便能够看到第 3 页的部分正文。你以为第 3 页的正文与第 2 页的正文一样，但情况并非如此。打开段落样式面板（选择菜单"窗口"＞"样式"＞"段落样式"），并在第 3 页的正文中单击，呈高亮显示的样式为"Body Copy No Indent"。现在在第 2 页的正文中单击，注意到没有段落样式呈高亮显示，这说明没有对这些文本应用段落样式。

选择第 1 段末尾的一些文本，再拖曳到第 3 段开头，然后单击段落样式"Body Copy No

Indent"以应用它，如图 13.7 所示。

图13.6

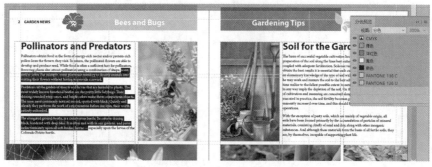

图13.7

（9）在分色预览面板中，单击"黑色"旁边的眼睛图标。现在，所有你期望为黑色的文本都消失了。这是因为这个段落样式包含字符颜色，并将其设置成了黑色。由此可知，使用段落样式可避免很多错误，包括文本的颜色不对这样的错误。

（10）在分色预览面板中，从下拉列表"视图"中选择"关"以显示所有颜色，再关闭这个面板。

（11）选择菜单"文件"＞"存储"。

蜡光纸和无涂层纸

　　图13.8说明了将同样的"CMYK"颜色印刷到蜡光纸（左）和无涂层纸（右）时，结果有何不同。对于包括"PANTONE"油墨在内的所有油墨，都存在这样的差别。

　　这种差异是纸张的物理特征导致的。相比于蜡光纸，无涂层纸吸收的油墨更多，导致油墨干后不那么有光泽。同样的颜色在无涂层纸上显得更暗，而在蜡光纸上显得更亮。

图13.8

创建印前检查配置文件

当启用了实时印前检查功能（在印前检查面板中选择了复选框"开"）时，将使用默认的印前检查配置文件（"[基本]（工作）"）对文档进行印前检查。该配置文件会检查基本的输出条件，如缺失或已修改的图形文件、未解析的字幕变量、无法访问的URL链接、溢流文本和缺失字体。

用户也可创建印前检查配置文件，还可载入印刷提供商或他人提供的印前检查配置文件。在创建自定义的印前检查配置文件时，可定义要检测的条件。下面创建一个配置文件，它在文档使用了非CMYK颜色时发出警告。

（1）如果没有打开印前检查面板，选择菜单"窗口"＞"输出"＞"印前检查"打开它，再从印前检查面板菜单中选择"定义配置文件"。

（2）单击"印前检查配置文件"对话框左下角的"新建印前检查配置文件"按钮（➕），新建一个印前检查配置文件。在文本框"配置文件名称"中输入"CMYK Colors Only"。

（3）单击"颜色"左边的箭头（ˇ）以显示与颜色相关的选项，再选中复选框"不允许使用色彩空间和模式"。

（4）单击复选框"不允许使用色彩空间和模式"左边的箭头（ˇ），再选中除CMYK和灰度外的其他所有模式（RGB、Lab和专色），如图13.9所示。之所以在CMYK印刷中可以使用灰色，是因为它只印刷到黑色印版。取消选择复选框"不允许使用青版、洋红版或黄版"（这非常适合用于专色印前检查配置文件）。

图13.9

（5）保留"链接""图像和对象""文本"和"文档"的印前检查条件不变，单击"存储"按钮，再单击"确定"按钮。

（6）在印前检查面板中，从下拉列表"配置文件"中选择"CMYK Colors Only"，你将注意到"错误"部分列出了其他错误。

（7）单击"颜色"左边的箭头（﹀），再单击"不允许使用色彩空间"左边的箭头（﹀），将看到一个没有使用CMYK颜色模型的对象列表。确保印前检查面板中的"信息"部分可见；如果看不到"信息"部分，单击"信息"左边的箭头（﹀）以显示该部分。单击各个对象，以查看有关问题及如何修复的信息。

（8）当查看完毕后，在印前检查面板中，从下拉列表"配置文件"中选择"[基本]（工作）"，以返回到本课使用的默认配置文件。

13.4 管理颜色

为确保文件可用于商业印刷，一种最佳实践是确保色板面板只显示实际使用了的颜色，且显示了所有被使用的颜色。

（1）选择菜单"窗口"＞"颜色"＞"色板"打开色板面板。要快速找出所有未使用的颜色，可从色板面板菜单中选择"选择所有未使用的样式"，结果如图13.10所示。我们注意到这个文件中有多种未使用的黄色，其中包含一个RGB版本。在设计过程中，经常会出现这样的情况，但这种问题必须修复。为此，从面板菜单中选择"删除色板"，将未使用的色板删除。

 提示：有一种名为THRUMATCH 38-b的颜色，THRUMATCH是InDesign内置的专用于CMYK印刷的颜色色板库。

（2）从色板面板菜单中选择"添加未命名颜色"，将出现3种之前未出现的颜色（当你在颜色面板中创建颜色并使用它们，但没有将它们添加到色板面板中时，这些颜色就是未命名颜色），如图13.10所示。在这里，我们关心的是这些颜色使用的是否是这个文件允许的油墨。这些颜色都是"CMYK"颜色，因此没有任何问题。

油墨管理器

"油墨管理器"让你能够控制输出时使用的油墨。使用"油墨管理器"所做的修改将影响输出，但不会影响文档中的颜色定义。

"油墨管理器"选项很有用，让你能够指定如何使用油墨，从而避免回过头去修改导入的图形。例如，使用CMYK印刷色印刷使用了专色的出版物时，"油墨管理器"提供了将专色转换为等价CMYK印刷色的选项。如果文档包含两种相似的专色，但只有一种专色是必不可少的。如果一种专色有两个名称，"油墨管理器"让你能够将这些变种映射到一种专色。

选择所有未使用的样式　　　　　添加未命名颜色

图13.10

接下来,你将学习如何使用"油墨管理器"将专色转换为"CMYK"印刷色,还将创建油墨别名,以便对文档进行分色以便在创建印版时创建所需的分色数。

(1)如果有必要,可以选择菜单"窗口">"颜色">"色板"打开色板面板,再从色板面板菜单中选择"油墨管理器"。

> **提示:**要打开油墨管理器,也可从分色预览面板菜单中选择"油墨管理器";要打开分色预览面板,可选择菜单"窗口">"输出">"分色预览"。

(2)在"油墨管理器"对话框中,单击颜色色板"PANTONE 136 C"左边的专色图标(◉),它将变成 CMYK 图标(▨)。这样,该颜色将以"CMYK"颜色组合的方式印刷,而不是在独立的印版上印刷。单击"确定"按钮关闭"油墨管理器"。

(3)现在再次打开分色预览面板,注意到其中不再包含"PANTONE 136 C",但"PANTONE 136 U"依然显示为一种独立的油墨(如图 13.11 所示),下面来处理它。

图13.11

在"油墨管理器"对话框的底部,有一个"所有专色转换为印刷色"复选框,让你能够将所有专色都转换为印刷色。这是一种不错的解决方案,可将印刷限制为使用 4 种印刷色,而无须在导入图形的源文件中修改专色。然而，如果专色图形使用了透明度，"油墨管理器"的转换结果将不可靠。在这种情况下，必须使用最初用来创建图形的应用程序打开它，并将专色改为印刷色。事实上，如果你在 Illustrator 文件中对专色对象应用了透明度效果，在存储该文件时 Adobe Illustrator 将发出图 13.12 所示的警告。

图13.12

（4）现在来合并相同专色的两个版本，以便只生成一个专色油墨印版。如果你要使用"CMYK"印刷油墨和"PANTONE 136"油墨印刷这个作业，就必须这样做。再次打开"油墨管理器"，并单击色板"PANTONE 136 C"左边的 CMYK 图标（），将其转换为专色油墨。再单击"PANTONE 136 U"，并从下拉列表"油墨别名"中选择"PANTONE 136 C"，如图13.13 所示。这将重新映射所有使用颜色"PANTONE 136 U"的对象，使其与"PANTONE 136 C"印刷到同一个印版。单击"确定"按钮。

（5）选择菜单"文件" > "存储"。

图13.13

选择合适的色板库

色板库可以提供大量的颜色，供设计时从中选择。但必须注意的是，有些色板库包含自定义油墨，如果你在印刷文档时没有使用这些油墨，可能无法得到期望的结果。最流行的自定义油墨色板库是"Pantone Solid Coated"。Pantone 油墨（和所有的专色）都类似于自己混合的颜料，它们不是通过混合"CMYK"油墨得到的。有些可能能够通过混合"CMYK"油墨来得到，但很多都不能。你应该先了解用于输出文档的印刷方式，并使用合适的色板库。

13.5 预览透明度效果

以前，如果对文档中的对象应用了透明度效果（如投影、不透明度和混合模式），那么打印或输出这些文档时，需要进行拼合处理。拼合将透明作品分割成基于矢量的区域和光栅化区域，这是因为以前的商业印刷机和办公激光打印机的图像处理器无法处理透明度。然而，即便在拼合时使用"高分辨率"设置，光栅化区域的分辨率也比商业印刷机的图像处理器支持的分辨率低得多，因此印刷效果没有不拼合时那么好。

现代图像处理器能够处理透明度，因此不需要拼合（保留实时透明度）。要获得最佳结果，不应在制作过程中进行拼合。在 InDesign 中，可使用拼合预览面板来确定哪些对象应用了透明度效果，进而确保你是有意（而不是不小心）使用它们的。

在这个杂志中，有些对象使用了透明度效果。接下来，你将使用拼合预览面板来确定对哪些对象应用了透明度效果以及这些效果将影响页面的哪些区域。

（1）切换到第 1 页并选择菜单"视图">"使页面适合窗口"。

（2）选择菜单"窗口">"输出">"拼合预览"或单击停放区中的拼合预览面板图标，再调整拼合预览面板的位置，以便能够看到整个页面。

（3）在拼合预览面板中，从下拉列表"突出显示"中选择"透明对象"。除应用了透明度效果的区域外，整个页面都呈灰色。

（4）从下拉列表"预设"中选择"[高分辨率]"，如图 13.14 所示。

图13.14

我们注意到使用红色突出显示了页面顶部的杂志名，这是因为对它应用了诸如混合模式、不透明度或投影等特殊效果（这里是投影）。可根据这种突出显示确定页面的哪些区域意外地受透明度设置的影响，进而相应地调整版面或透明度设置。

 提示：透明度设置可能是在 Photoshop、Illustrator 或 InDesign 中指定的。无论透明度设置是在 InDesign 中指定的还是从其他程序中导入的，拼合预览面板都能识别透明对象。

（5）切换到下一个跨页，你会注意到没有使用红色突出其中的任何对象，就像没有启用拼合预览一样。这是因为没有对这个跨页中的任何对象应用透明度效果。

（6）从下拉列表"突出显示"中选择"无"以禁用拼合预览，再关闭拼合预览面板。

13.6 预览页面

前面预览了分色和版面的透明区域，下面预览页面以了解杂志印刷出来是什么样的。

（1）在工具面板底部的"屏幕模式"按钮（）上单击鼠标，并从下拉列表中选择"预览"（如图13.15所示），这将隐藏所有参考线、框架边缘、不可见的字符、粘贴板和其他非打印项目。要了解文档印刷并裁剪后是什么样的，这是最合适的屏幕模式。

图13.15

> **Id** 提示：要在不同的屏幕模式之间切换，也可从应用程序栏的"屏幕模式"下拉列表中选择所需的模式。

（2）在"屏幕模式"按钮上单击鼠标，并从下拉列表中选择"出血"，这将显示最终文档周围的区域。这表明彩色背景延伸到了文档边缘外面，完全覆盖了打印区域。作业打印出来后，将根据最终文档大小裁剪掉多余的区域。

> **Id** 注意：有关出血的更详细信息，请参阅第3课的3.11节。

（3）在打印或导出之前，浏览整个文档，并检查各个方面。除在预览模式下检查各个对象外，还可在出血模式下确定位于文档边缘的对象是否延伸到了粘贴板。在印前检查面板中，再次确认印前检查状态为"无错误"。

（4）从"屏幕模式"下拉列表中选择"正常"，再选择菜单"文件">"存储"。

确认文档的外观可接受后，便可以打印文档。

13.7 创建 Adobe PDF 校样

如果文档需要由他人审阅，可以轻松地创建 Adobe PDF（便携文档格式）文件以便传输和共享。使用这种文件格式有多个优点：文件被压缩得更小；所有字体和链接都包含在单个复合文件中；在屏幕上显示和打印的文件都相同（不管在 macOS 还是 Windows 中打开）。InDesign 可将文档直接导出为 Adobe PDF 文件。

在印刷时，将出版物导出为 Adobe PDF 文档也有很多优点：将创建一个紧凑而可靠文件，其中包含 InDesign 文件中的所有元素（包括高分辨率的图形和所有字体）；你自己或服务提供商利用这个文件可以获得与使用 InDesign 文件一样的高品质结果。服务提供商还可以使用各种工具对导出的 PDF 文件执行印前检查、陷印、整版、分色等任务。

导出为 PDF 文件的目的有两个，它们的需求不同。你可以使用预设来存储适合不同目的的设置，这样就无须在每次导出时都在导出对话框中选择多个选项。换言之，预设让你能够根据不同的目的确定需求，再在导出时直接使用它们。你还可以与同事共享预设，确保所有人导出为 PDF 时使用的设置都相同。

下面使用内置预设创建一个用于审阅和校样的 Adobe PDF 文件。

（1）选择菜单"文件">"导出"。

（2）从下拉列表"保存类型"（Windows）或"格式"（macOS）中选择"Adobe PDF（打印）"，并在"文件名"文本框中输入 13_Press_Proof。如果有必要，可以切换到文件夹 Lesson13，再单击"保存"按钮，将出现"导出 Adobe PDF"对话框。

（3）从下拉列表"Adobe PDF 预设"中选择"[高质量打印]"。该设置创建适合在屏幕上校样以及在桌面打印机和校样机上输出的 PDF 文件；使用它生成的文件不太大，因此易于分享，同时分辨率不太低，可对光栅图形进行校样。

> **Id** 注意：下拉列表"Adobe PDF 预设"中的预设可用于创建各种 Adobe PDF 文件：从适合在屏幕上观看的小文件到适合高分辨率印刷输出的文件。

选择复选框"导出后查看 PDF"，这样导出后将直接在 Acrobat 中打开生成的 PDF 文件，而不用切换到 Acrobat 再打开它。

通过下拉列表"导出图层"可指定创建 PDF 时要导出哪些图层，这里使用默认设置"可见并可打印的图层"，如图 13.16 所示。

图13.16

> **Id** 注意：在 InDesign 中，导出 Adobe PDF 是在后台完成的，这让你在创建 Adobe PDF 时还能继续工作。在这个后台进程结束前，如果你试图关闭文档，InDesign 将发出警告。

（4）单击"导出"按钮。将生成一个 Adobe PDF 文件，并在 Adobe Acrobat Pro DC 或 Adobe Acrobat Reader DC 中打开它。

> **Id** 提示：要查看 PDF 导出进度，可选择菜单"窗口">"实用程序">"后台任务"打开后台任务面板。

（5）检查 Adobe PDF 文件。这种 PDF 适合与同事或客户分享，或者使用办公打印机打印，以便进行审阅。

（6）返回到 InDesign。在屏幕上，可能出现有关新增功能"PDF 注释"的小贴士，如图 13.17 所示。对审阅来说，这是一项重要的新功能，让你能够直接在 InDesign 中直接处理在 Acrobat 中创建的注释，而无须在 InDesign 和 Acrobat 之间切换。PDF 注释面板让你能够从 InDesign CC 2019 创建的 PDF 文件中导入注释。当你单击注释时，InDesign 将导航到相应的对象。

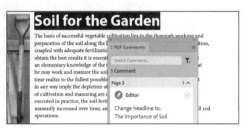

图13.17

（7）关闭小贴士和 PDF 注释面板，再选择菜单"文件">"存储"。

> **Id** **提示**：有关如何在 InDesign CC 2019 中使用 PDF 注释的更详细信息，请参阅在线帮助。

13.8 创建可用于印刷的 PDF 并保存 PDF 预设

对于 InDesign 文档，可以原生文件格式提交给印刷商（这将在本课后面介绍），也可以可用于印刷的 PDF 文件提交。可供印刷的 PDF 是高分辨率的，并包含出血区域。下面介绍如何创建可用于商业印刷的 Adobe PDF 文件。

InDesign 提供了一个名为"[印刷质量]"的 PDF 导出预设，其中定义了大部分必要的设置，但不适合包含出血对象的文档。你将以该预设为基础，创建一个包含出血的可用于印刷的预设。

（1）选择菜单"文件">"Adobe PDF 预设">"定义"。向下滚动到"[印刷质量]"并选择它，再单击"新建"按钮。这让你能够以预设"印刷质量"设置的选项为基础创建新的预设。

（2）在顶部的文本框中，将预设名改为"Press Quality with Bleed"。

（3）单击左边列表中的"标记和出血"，再做如下修改：在"标记"部分，从"类型"下拉列表中选择"默认"，选择复选框"裁切标记"，将位移设置为 0.125 英寸；在"出血和辅助信息区"部分，将上出血设置为 0.125 英寸，单击"将所有设置设为相同"图标（⬛），让所有出血设置都相同，如图 13.18 所示。

图13.18

（4）单击"确定"按钮，再单击"完成"按钮。现在，每当你导出 PDF 时，都可使用这个预设。

（5）选择菜单"文件">"Adobe PDF 预设">"Press Quality with Bleed"。将文件命名为 13_Press_HighRes.pdf，单击"保存"按钮，再单击"导出"按钮。导出的 PDF 文件在 Acrobat 中打开后，你会注意到封面照片延伸到了裁切标记外面，如图 13.19 所示。裁切标记指出了将杂志裁切为最终尺寸时，刀片将沿纸张的什么地方裁切。在这里，将在印刷出来的图像内裁切，避免边缘出现没有图像的空白区域。

图13.19

创建用于印刷的 PDF 预设时，最重要的设置如下：

- 栅格图形为高分辨率；
- 包含出血；
- PDF 兼容性至少为 Acrobat 5，这样不会拼合透明度效果。

刚才创建的预设满足上述所有要求，但你可能想编辑它。例如，你可能想提高 Acrobat 的兼容性版本，因为你知道，参与制作流程的每个人都紧跟潮流，没有理由向后与 Acrobat 5 兼容。

要核实前述 PDF 预设包含实时透明度还是对其进行了拼合，可查看当"兼容性"设置为"Acrobat 4"和更高版本时可设置的选项。

（1）选择"文件">"Adobe PDF 预设">"定义"，再从"预设"列表中选择"Press Quality with Bleed"，并单击"编辑"按钮。

（2）从左边的列表中选择"高级"。你会注意到"透明度拼合"设置呈灰色，无法修改，这意味着不会拼合透明度效果。将"兼容性"设置改为"Acrobat 4"，"透明度拼合"设置将变得可用（如图 13.20 所示），因为导出为"Acrobat 4"意味着导出为一种不支持透明度效果的文件格式，因此必须拼合透明度效果。单击"取消"按钮，再单击"完成"按钮。

图13.20

> Id 提示：如果要创建可用于印刷的拼合 PDF，可在"导出 Adobe PDF"对话框中单击左边列表中的"高级"，再从"预设"下拉列表中选择"[高分辨率]"。

分享预设

（1）选择菜单"文件" > "Adobe PDF 预设" > "定义"，打开"Adobe PDF 预设"对话框。选择"Press Quality with Bleed"，再单击"存储为"按钮。

（2）给这个预设指定文件名，切换到要将其保存到的硬盘位置，再单击"保存"按钮。现在就可以与人分享这个文件了。

（3）要分享预设，请再次选择菜单"文件" > "Adobe PDF 预设" > "定义"。这次在"Adobe PDF 预设"对话框中单击"载入"按钮，切换到预设文件所在的位置，选择它并单击"打开"按钮。单击"完成"关闭"Adobe PDF 预设"对话框，现在就可以使用这个预设了。

13.9 打印校样并保存打印预设

InDesign 使得使用各种输出设备打印文档非常容易。在本节中，你将创建一种打印预设来存储设置，这样以后在使用相同的设备打印时，无须分别设置每个选项，更加节省时间。保存打印预设与保存 PDF 预设很像，这里的预设供办公打印机打印校样时使用——假定该打印机只使用 Letter 或 A4 纸张。

（1）选择菜单"文件" > "打印"。

（2）从下拉列表"打印机"中选择喷墨或激光打印机。

在本节中，你看到的选项随选择的设备而异，请尽可能使用打印机来完成这里的步骤。

> Id 注意：如果你的计算机没有连接打印机，可从下拉列表"打印机"中选择"PostScript 文件"；如果有打印机，可选择一种 Adobe PDF PPD（如果有的话）并完成下面的全部步骤。如果没有其他 PPD，可将 PPD 设置为"设备无关"，但本节介绍的一些控件将无法使用。

（3）单击"打印"对话框左边的"设置"，并做如下设置（如图 13.21 所示）：
- 将纸张大小设置为 Letter（或 A4）；
- 将页面方向设置为纵向；
- 选中单选按钮"缩放以适合纸张"。

（4）单击"打印"对话框左边的"标记和出血"，再选择下列复选框：
- 裁切标记；
- 页面信息；
- 使用文档出血设置。

（5）在文本框"位移"中输入 0.125，如图 13.22 所示。

图13.21

图13.22

Id 提示："打印"对话框左下角的预览指出了将如何打印页面区域、标记和出血区域。

裁切标记打印在页面区域的外面，指出了打印最终文档后在什么地方进行裁切，就像我们在可印刷的 PDF 中看到的一样。选择了复选框"页面信息"时，将在文档底部自动添加文档名、页码以及打印日期和时间。由于裁切标记和页面信息打印在页面边缘的外面，因此需要选择单选按钮"缩放以适合纸张"，将所有内容打印到 Letter 或 A4 纸张上。

选择复选框"使用文档出血设置"将导致 InDesign 打印超出页面区域边缘的对象，这使得无须指定要打印的额外区域，因为这个值在"文档设置"中指定了。如果在文档设置中没有指定出血值，就需要在这里指定。

（6）单击"打印"对话框左边的"输出"选项，从下拉列表"颜色"中选择"复合 CMYK"或"复合 RGB"。如果要打印到黑白打印机，请选择"复合灰度"。

通过选择"复合 CMYK"，将导致打印时任何 RGB 颜色（包括 RGB 图像中的 RGB 颜色）都将转换为"CMYK"。该设置不会修改置入图形的原稿，也不会修改应用于对象的任何颜色。具体该选择什么样的设置取决于你要打印到的设备。

> **Id** 提示：如果你的文档包含将在打印时被拼合的透明设置，请在"打印"对话框的"输出"部分选择复选框"模拟叠印"，以获得最佳的打印效果。

（7）单击"打印"对话框左边的"图形"选项。从下拉列表"发送数据"中选择"优化次像素采样"。

选择"优化次像素采样"后，InDesign 只发送在"打印"对话框中选择的打印机所需的图像数据，这可缩短为打印而发送文件所需的时间。要将高分辨率图像的完整信息发送给打印机（这可能增长打印时间），从下拉列表"发送数据"中选择"全部"。

> **Id** 注意：如果将 PPD 设置为"设备无关"，将不能选择"优化次像素采样"，因为这种通用的驱动程序无法确定选择的打印机需要哪些信息。

（8）从下拉列表"下载字体"中选择"子集"，这将导致只将打印作业实际使用的字体和字符发送给输出设备，从而提高单页文档和文本不多的短文档的打印速度。

在"颜色管理"部分，可设置如何将颜色打印到不同的设备。这里使用默认设置。

（9）单击"打印"对话框左边的"高级"选项，并在"透明度拼合"部分从"预设"下拉列表中选择"[中分辨率]"。

（10）单击"打印"对话框底部的"存储预设"按钮，将其命名为"Proof fit to page"，并单击"确定"按钮，如图 13.23 所示。InDesign 将返回"打印"对话框，其中的设置还在。以后你要使用这些设置时，只需选择相应的预设即可。

图13.23

> **Id** 提示：要使用预设快速打印，可从菜单"文件">"打印预设"中选择一种设备预设。如果这样做时按住了 Shift 键，将使用选定预设中的设置直接打印，而不显示"打印"对话框。

（11）单击"打印"按钮。

通过创建打印预设，可存储打印设置，这样无须每次打印到相同的设备时都分别设置每个选项。你可以创建多种预设，以满足每种打印机和不同项目的各种质量需求。以后要使用这些设置时，可从"打印"对话框顶部的"打印预设"下拉列表中选择相应的预设。你还可以与同事分享打印预设。

打印小册子

对于要装订成小册子的文档，一种很有用的校样方式是使用"打印小册子"功能。这能让你创建出结构与印刷出来的小册子类似的校样。以这种方式打印文档时，可将一系列打印出来的纸张对折，在书脊上装订，再通过翻页进行审阅。

（1）选择菜单"文件">"打印小册子"，打开图 13.24 所示的"打印小册子"对话框。

图13.24

（2）单击"打印设置"按钮，在"打印"对话框左边的列表中选择"设置"，将"页面方向"改为横向（水平），再单击"确定"按钮返回"打印小册子"对话框。

（3）保留"小册子类型"的默认设置"双联骑马订"，再单击左边列表中的"预览"，注意到最后一页在封面旁边，如图 13.25 所示。这被称为打印机跨页（这里是封面和封底）。

图13.25

（4）单击"取消"按钮（如果你要打印该文档，可单击"打印"按钮）。打开文件 13_SixteenPager.indd，选择菜单"文件">"打印小册子"，再执行前面的第 2 ~ 3 步。单击预览窗口底部的滑块在跨页之间切换。这个文档包含很大的页码，让你能够明白页面是如何组合成打印机跨页的，如图 13.26 所示。单击"取消"按钮（如果你要打印该文档，可单击"打印"按钮），再关闭文件 13_SixteenPager.indd。

图13.26

13.10 将文件打包

可使用"打包"命令将 InDesign 文档及其链接的项目（包括图形）组合到一个文件夹中；InDesign 还将复制所有的字体供打印时使用。下面将杂志所需的文件打包，以便将它们发送给印刷提供商。打包可确保提供了输出时所需的所有文件。打包和创建可用于印刷的 PDF 是将 InDesign 项目提供给印刷商进行印刷的两种标准方式。

"打包"还可用于将项目的各个组成部分收集起来，从而将最终的项目归档。在你需要创建项目的新版本或与他人分享项目时，这既方便又高效。

下面将这份杂志使用的文件打包，以便将它们发送给印刷提供商。

（1）选择菜单"文件" > "打包"。在"打包"对话框中的"小结"部分，指出了另外一个印刷方面的问题（如图 13.27 所示）。

图13.27

由于这个文档包含 RGB 图形，InDesign 指出了这一点。这种警告是标准的做法，因为有些印刷商要求你提交文件前将所有图像都转换为"CMYK"。但有些印刷商要自己使用合适的标准将 RGB 转换为"CMYK"，因此请注意这种警告，但不要做任何修改。一种最佳实践是，询问印刷提供商喜欢哪种做法。

（2）不要选择复选框"创建印刷说明"。

InDesign 可创建包含印刷说明和联系信息的文本文件，并将其同 InDesign 文件、链接和字体一起存储在包文件夹中。接收方可根据该文件了解你要做什么以及有问题时如何与你联系。

（3）单击"打包"按钮，如果 InDesign 询问是否要保存 InDesign 文档，单击"存储"按钮。

（4）在"打包出版物"对话框中，切换到文件夹 Lesson13。注意到为这个包创建的文件夹名为"13_Press"，InDesign 自动根据本课开始时指定的文档名给该文件夹命名，但如果你愿意，也可以对其进行修改。

（5）确保选择了下列复选框：

- "复制字体"（从 Adobe Fonts 激活的字体和非 Adobe CJK 字体除外）；
- "复制链接图形"；
- "更新包中的图形链接"；
- "包括 IDML"（让人能够在必要时使用以前的 InDesign 版本打开这个文件）；
- "包括 PDF（打印）"（以防忘记要随原生文件发送 PDF 校样）。

（6）从"选择 PDF 预设"下拉列表中选择"[高质量打印]"，如图 13.28 所示。

图13.28

（7）单击"打包"按钮。

（8）阅读出现的"警告"消息框，其中指出了许可限制可能影响你能否复制字体，再单击"确定"按钮。

（9）打开资源管理器（Windows）或 Finder（macOS），切换到硬盘中的文件夹 InDesignCIB\Lessons\Lesson13，并打开文件夹"13_Cover"。

注意到 InDesign 创建了 InDesign 文档及其 IDML 和 PDF 版本，将所有字体都复制到了文件夹 Document fonts 中，并将高分辨率打印所需的图形和其他链接文件复制到了文件夹 Link 中。由于选择了复选框"更新包中的图形链接"，因此该 InDesign 文档链接的是包文件夹中的图形文件，而不是原来链接的文件。这让印刷商和服务提供商更容易管理该文档，同时使包文件夹适合用于存档。

（10）查看完毕后，关闭文件夹"13_Cover"并返回到 InDesign。另外，查看打包过程创建的 PDF 文件，确认所有的文本和图形都正确无误。通常，将这个文件夹压缩并发送给服务提供商，其中的 PDF 文件将作为校样，供服务提供商用来检查印刷情况。

祝贺你学完了本课！

13.11　练习

（1）通过选择菜单"文件">"打印预设">"定义"来创建一种新的打印预设。使用打开的对话框，创建用于特大型打印或各种可能使用的彩色或黑白打印机的打印预设。例如，如果你的打印机使用小报纸张，创建一个让你能够以全尺寸打印 Letter 页面并包含出血的预设。

（2）练习使用本课存储的预设"Press Quality with Bleed"来打印其他文档，如本书其他课程中的文档或自己的文件。

（3）练习使用"打包"命令来将其他文档打包，如本书其他课程中的文档或自己的文件。查看生成的文件夹的内容，以熟悉将文件发送给印刷厂等服务提供商时，需要提供哪些内容。

（4）学习如何打开导入的文件，以修复存在的印刷问题。在链接面板中，单击一个图形，在链接面板菜单中选择"编辑工具"，再选择 Photoshop（如果要打开的是栅格图像）或 Illustrator（如果要打开的是矢量图形）。对导入的文件进行修改，再保存并关闭它；然后回到 InDesign 并更新链接。

13.12 复习题

1. 在印前检查面板中，使用配置文件"[基本]（工作）"进行印前检查时，InDesign 将检查哪些问题？

2. InDesign 打包时收集哪些元素？

3. 对于可用于印刷的 PDF 文件来说，最重要的 3 个特征是什么？

4. "油墨管理器"提供了哪些功能？

5. 要向诸如印刷厂等服务提供商发送文件，有哪两种标准方式？

13.13 复习题答案

1. 在默认情况下，配置文件"[基本]（工作）"检查文档使用的所有字体以及所有置入的图形是否可用，它还查找链接的图形文件和链接的文本文件，看它们在导入后是否被修改，并在图形文件缺失、字幕变量未解析、URL 链接无法访问、缺失字体或文本框架有溢流文本时发出警告。

2. InDesign 收集 InDesign 文档及其使用的所有字体和图形的拷贝，而保留原件不动。如果你选择了复选框"包括 IDML"，InDesign 将创建文档的 IDML 版本，这种文件可在以前的 InDesign 版本中打开。如果你选择了复选框"包括 PDF（打印）"，InDesign 将创建文档的 Adobe PDF 版本。选择了复选框"包括 PDF（打印）"时，还可选择 PDF 预设。

3. 最重要的 3 个特征确保栅格图形为高分辨率、包含出血、使用较晚的 Acrobat 版本（Acrobat 5 或更高的版本）作为文件格式以保留透明度效果（不被拼合）。

4. "油墨管理器"让你能够控制输出时使用的油墨，这包括将专色转换为印刷色以及将油墨颜色映射到其他颜色（而无须在 InDesign 或导入的图形中修改颜色）。

5. 包含出血的可用于印刷的 PDF 以及使用 InDesign "打包"命令生成的文件夹。

第14课 创建包含表单域的 Adobe PDF文件

课程概述

在本课中，你将学习以下内容：

- 定制表单创建工作区；
- 添加并配置各种表单域；
- 了解不同表单域的差别；
- 使用预制的表单元素；
- 设置表单域的跳位顺序；
- 在表单中添加提交按钮；
- 导出包含表单域的 Adobe PDF 交互式文件；
- 在 Adboe Acroabat Reader 中测试表单。

学习本课需要大约 45 分钟。要下载本课的课程文件，请登录异步社区网站，详情请参阅本书前言后的"资源与支持"一节。请将下载的文件放在方便使用的地方。

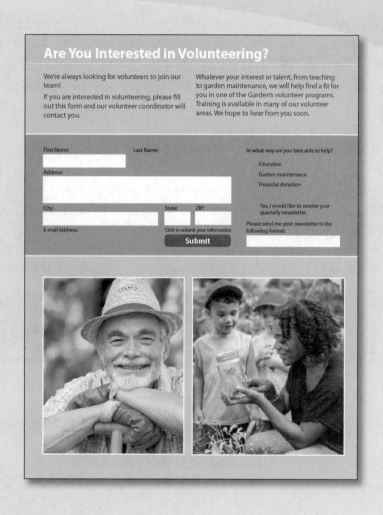

Adobe InDesign CC 提供了创建简单表单所需的全部工具，但用户依然可以使用 Adobe Acrobat Pro DC 来添加 InDesign 未提供的功能。

14.1 概述

在本课中，你将在一个志愿者登记表中添加多个类型各异的表单域，将其导出为 Adobe PDF 交互式文件，再在 Adobe Acrobat Reader 中打开所导出的文件并对使用 InDesign 创建的表单域进行测试。

> **Id** **注意**：如果还没有下载本课的项目文件，现在就去下载，详情请参阅"资源与支持"。

（1）为确保你的 InDesign 首选项和默认设置与本课使用的一样，请将文件 InDesign Defaults 移到其他文件夹，详情请参阅"前言"中的"保存和恢复文件 InDesign Defaults"。

（2）启动 InDesign。为确保面板和菜单命令与本课使用的相同，选择菜单"窗口"＞"工作区"＞"交互式 PDF"，再选择菜单"窗口"＞"工作区"＞"重置'交互式 PDF'"。为开始操作，你将打开一个已部分完成的 InDesign 文档。

（3）选择菜单"文件"＞"打开"，并打开硬盘文件夹 InDesignCIB\Lessons\Lesson14 中的文件 14_Start.indd。这个单页文档是一张登记表。

> **Id** **注意**：如果出现一个警告对话框，指出文档链接的原文件已修改，请单击"更新链接"按钮。

（4）要查看最终文档，打开硬盘文件夹 Lesson14 中的文件 14_End.indd，如图 14.1 所示。

初始文件

最终文档

在Acrobat中打开的PDF表单

图14.1

（5）查看完毕后关闭文件 14_End.indd，也可让它打开供后面参考。

（6）选择菜单"文件"＞"存储为"，将文档 14_Start.indd 重命名为 14_PDF_Form.indd，并存储到文件夹 Lesson14 中。

14.2 定制表单创建工作区

在使用 InDesign 创建可填写的表单时，你将从已设计好的页面着手，使用专用工具将设计好的表单转换为可填写的 PDF 表单。工作区"交互式 PDF"提供了很多你需要的工具，但如果稍微定制一下这个工作区，就能极大地提高效率。

（1）首先，将创建表单时不需要的面板拖离停放区，其中包括页面过渡效果、超链接、书签、媒体和 SWF 预览等。单击这些面板，并向左拖曳到粘贴板中。对其他类型的交互式 PDF 来说，这些面板很有用，但创建表单时不需要。另外，将面板链接、颜色和渐变也拖曳到粘贴板中，因为创建表单时不会用到它们。在拖曳时，如果有些面板停放在一起，也没有关系。

（2）将刚才拖曳到粘贴板中的每个面板都关闭。

（3）将样本按钮和表单面板拖曳到按钮和表单面板下面，如图 14.2 所示。这个 InDesign 库包含预制的复选框、单选按钮、用于提交或打印表单的按钮以及其他一些表单域。

图14.2

（4）保存这个工作区以便能够重用它。为此，选择菜单"窗口"＞"工作区"＞"新建工作区"，将工作区命名为"PDF Forms-Basic"或你认为合适的名称，再单击"确定"按钮。在制作更复杂的表单时，你希望停放区有其他工具，这包括面板段落样式、字符样式、对象样式和文章。

14.3　添加表单域

为创建表单域设置工作区后，下面来完成这个表单：添加一些表单域，并修改一些既有表单域。

14.3.1　添加文本域

在 PDF 表单中，文本域是一个容器，填写表单的人可在其中输入文本。除两个框架外，其他框架都已转换为文本域，下面再添加两个框架，并将它们转换为文本域。

（1）打开图层面板。你会注意到在这个文件中，将属于表单的对象放在了一个独立的图层（Form Elements）中。请锁定另一个图层（Layer 1），以防处理表单对象时不小心移动其他元素。

（2）使用缩放工具放大页面上半部分包含表单对象的区域，本课的所有工作都将在这个区域中进行。

（3）选择选择工具，将鼠标指针指向"First Name"下方的文本域。注意到该对象周围出现了红色虚线，同时右下角显示了一个小图标，如图14.3所示。虚线表明这个对象是一个PDF表单元素，而文本框架图标表明这是一个文本域。在这个文本域中单击以选择它。

在不同类型的表单域中，右下角显示不同的图标

图14.3

（4）单击按钮和表单面板图标以打开这个面板，注意到其中包含选定文本域的设置，如图14.4所示。在"类型"下拉列表中，选择了"文本域"，而这个文本域的名称为"First Name"。文本框"说明"中的文本会在用户将鼠标指针指向表单元素时显示，这向表单填写人提供了额外的指南。这个文本域的说明也是"First Name"。选择了复选框"可打印"，这意味着打印出来的表单将包含这个文本域。保留默认的字体设置，但将字体大小改为10。

图14.4

（5）选择文本域"First Name"所在的框架，按住Alt（Windows）或Option（macOS）键并拖曳，将其复制到Last Name的下方。向右拖曳右边缘中央的手柄，将这个副本加宽，使其与下方的表单域对齐。当与下方表单域的右边缘对齐时，会出现智能参考线。

（6）在按钮和表单面板中，注意到这个表单域名为"First Name 1"。这是InDesign在你创建表单域时有意为之的：任何两个表单域都不能同名。为遵循这条规则，InDesign在你复制表单域时会在名称中添加序列号。为使用正确的信息让这个表单域独一无二，将名称和说明都改为Last Name。

（7）为从空白处开始创建表单域，在工具面板中选择矩形工具，并在文本框架"E-mail Address"下面绘制一个框架，并使其右边缘与文本域"City"的右边缘对齐，而上边缘与文本框

架"E-mail Address"的下边缘对齐,如图 14.5 所示。可将任何类型的框架(文本框架、图形框架、未指定框架)转换为 PDF 表单域。并非必须从文本框架创建文本域。

智能参考线可帮助调整对象大小以及对齐对象

图14.5

(8)下面给它指定与其他文本域相同的填色和描边。作者已创建好用于文本域的对象样式,为应用这个样式,选择菜单"窗口">"样式">"对象样式"打开对象样式面板,使用选择工具单击刚才创建的框架(如果没有选择它的话),再单击对象样式"Text Field Box",框架的大小发生了细微的变化,因为这种样式给它添加了描边。这就给这个框架应用了相同的填色和描边。接下来,让这个文本域与其他文本域等高。为此,向左上方拖曳右下角的手柄,等出现智能参考线后再松开鼠标。随后关闭对象样式面板。

(9)在按钮和表单面板中,从"类型"下拉列表中选择"文本域",再将名称和说明都设置为"E-mail Address"。将字体大小设置为 10 点,并确保选择了复选框"可打印"和"可滚动"。"可滚动"意味着在这个文本域容纳不下用户输入的内容时,用户也可继续输入,但无法看到所有的内容。对电子邮件地址来说,这种设置是合适的,因为电子邮件地址可能很长。

(10)选择菜单"文件">"存储"。

14.3.2 添加单选按钮

单选按钮向表单填写人提供多个选项,但只能选择其中一个。一组单选按钮被视为一个表单域,其中每个单选按钮都有独特的值。一组复选框类似于单选按钮,但其中每个复选框都可独立地设置。

单选按钮通常用简单的圆圈表示,但你可以自己设计更优雅的单选按钮,也可选择 InDesign 提供的几种样式之一。在这里,你将使用一种简单的单选按钮。样本库中预制的按钮都是矢量形状,包含用于设置填色、描边和效果的属性。

Id **注意**:在只能选其一时,使用单选按钮(如图 14.6 所示)。例如,指定只有一个答案的状态,如是组织的成员还是不是组织的成员时。

Acrobat中的
单选按钮

图14.6

（1）选择菜单"窗口">"使页面适合窗口"，再使用缩放工具放大表单的"In what way are you best able to help?"部分。

（2）单击样本按钮和表单面板图标，将这个面板打开（你在本课前面将它拖曳到了按钮和表单面板下方）。

（3）拖曳样本按钮和表单面板中名为"016"的单选按钮，将其放在包含文本"In what way are you best able to help?"的文本框架下方。让最上面的单选按钮的上边缘与右边的第一行文本的上边缘对齐，如图14.7所示。单击样本按钮和表单面板右上角的双箭头将这个面板关闭。

（4）在控制面板中，确保在参考点定位器中选择了左上角的参考点（ ），在文本框"X缩放百分比"中输入40%，确保按下了"相同设置"按钮（ ），再按回车键。如果有必要，请移动单选按钮，使其位置与图14.7所示的一致。

缩放前的单选按钮

缩放到40%后

图14.7

（5）在依然选择了这3个单选按钮的情况下，在按钮和表单面板中，在文本框"名称"和"说明"中输入Form of Assistance并按回车键。你会注意到"类型"已设置为"单选按钮"。

（6）选择菜单"编辑">"全部取消选择"，也可以单击页面或粘贴板的空白区域。

（7）使用选择工具选择第一个单选按钮（位于文本"Education"左边的那个）。

（8）在按钮和表单面板中，在文本框"按钮值"中输入"Education"并按回车键。在"外观"部分，单击"[正常关闭]"（如图14.8所示）。这意味着用户刚打开表单时，这个单选按钮不会被选中。

注意：为找到状态"[正常关闭]"，你可能需要在"外观"使用滚动条向上滚动到开头。

（9）重复第7～8步，将中间和最下面的单选按钮的按钮值分别设置为"Garden maintenance"和"Financial donation"。请注意，这3个按钮的名称相同，只是按钮值不同。

（10）选择菜单"文件">"存储"。

14.3.3　添加复选框

复选框让你做出是/否选择。在导出的PDF中，复选框默认未被选中，

图14.8

表单查看者可单击它加上钩号，也可以不选中它。下面来添加一个复选框。

> **注意**：在回答问题可选择全部正确的答案时，使用复选框。例如，培训学校可能这样问：你对哪些培训课程感兴趣？再列出多个课程，如 InDesign、Photoshop、Illustrator 和 Acrobat。填表人可能对多个培训课程感兴趣。

（1）使用选择工具拖曳样本按钮和表单面板中名为"001"的复选框，将其放在这样的位置：钩号上边缘与包含文本"Yes, I would like to receive your quarterly newsletter 的文本框架的上边缘对齐。

（2）按住 Shift + Ctrl（Windows）或 Shift + Command（macOS）组合键，缩小这个复选框，使其与右边的文本框架等高，如图 14.9 所示。

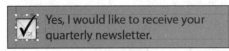

缩小后的复选框

图14.9

（3）在按钮和表单面板中，在"名称"文本框中输入"Receive Newsletter"并按回车键。注意到"类型"已设置为"复选框"。在外观部分单击"[正常关闭]"；在"说明"文本框中输入"Check here if you'd like to receive our newsletter"，如图 14.10 所示。

（4）对于你从样本按钮和表单面板中拖曳而来的复选框和单选按钮，被选中时边框应为红色，因为它们位于图层"Form Elements"中。从库中拖曳而来的对象将被添加到活动图层中。工作期间，最好检查元素是否在正确的图层中。这可确保作品组织有序，在处理复杂的表单时这非常重要。使用选择工具选择你从库中拖曳而来的所有元素，并打开图层面板。如果这些元素不在图层"Form Elements"中，在图层面板中将方块拖曳到图层"Form Elements"，以修复这种问题。

（5）选择菜单"文件">"存储"。

图14.10

14.3.4 添加组合框

组合框是一个下拉列表，包含多个预定义的选项，表单填写人只能选择其中的一个选项。下面创建一个包含 3 个选项的组合框。

（1）使用选择工具选择标题"Please send me your newsletter in the following format:"下方的文本框架。

注意：列表框类似于组合框，但组合框只允许选择一个选项。对于列表框，如果选中了复选框"多重选择"，表单填写人将能够从中选择多个选项。

（2）在按钮和表单面板中，从"类型"下拉列表中选择"组合框"，再在文本框"名称"中输入"Newsletter Format"。在文本框"说明"中输入"Choose which way you'd like to receive our newsletter"，并将字体大小设置为10。为向 PDF 表单填写人提供不同的选择，下面添加 3 个列表项。

（3）在按钮和表单面板的下半部分，在文本框"列表项目"中输入"Print Publication: Standard Mail"，再单击该文本框右边的加号按钮。你会注意到输入的文本出现在下方的列表中。

（4）重复第 3 步，再添加列表项"Adobe PDF: E-mail Attachment"和"Link to online newsletter: E-mail"，如图 14.11 所示。

图14.11

 提示：要将列表项按字母顺序排序，可在按钮和表单面板中选中复选框"排序项目"。你还可以将列表项向上或向下拖曳，以修改列表项的排列顺序。

（5）单击列表项"Print Publication: Standard Mail"，将其指定为默认设置。这样，表单填写人打开导出的 PDF 文件时，便已选择了列表项"Print Publication: Standard Mail"。

 提示：要在用户打开组合框时没有选择任何列表项，确保在按钮和表单面板中没有选择任何列表项。在该面板中选择了一个列表项时，它将在 PDF 表单打开时默认被选中。

（6）选择菜单"文件" > "存储"。

14.4　设置表单域的跳位顺序

你给 PDF 表单指定的跳位顺序，决定了当表单填写人不断按 Tab 键时，将以什么样的顺序选择各个表单域。为了让表单对用户是友好的，跳位顺序必须合乎逻辑。下面设置该页面中表单域的跳位顺序。

（1）选择菜单"对象" > "交互" > "设置跳位顺序"。

（2）在"跳位顺序"对话框中，单击"Last Name"（你创建的用于输入表单填写人姓氏的文本域的名称），再不断单击"上移"按钮，将其移到列表开头附近。使用"上移"和"下移"按钮或上下拖曳表单域名称，将它们重新排列，使其顺序与页面中的顺序相同，如图 14.12 所示。单击"确定"按钮关闭这个对话框。

（3）选择菜单"文件" > "存储"。

重新排列前的跳位顺序

可同时拖曳多个表单字段

重新排列后

图14.12

14.5　添加提交表单的按钮

如果打算分发 PDF 表单，就需要提供一种方式，让表单填写人能够以电子方式将表单交给你。为此，你将创建一个按钮，用于将填写好的表单通过电子邮件发送给自己。

（1）使用选择工具选择用红色填充并包含文本"Submit"的圆角文本框架。

（2）在按钮和表单面板中，从"类型"下拉列表中选择"按钮"，在"名称"文本框中输入"Submit Form"并按回车键，再在"说明"文本框中输入"Send the completed form via email"。

提示：任何对象或对象组都可以转换为按钮。例如，带填色且包含文本"Submit"的文本框架可以转换为提交按钮。要将选定的对象或对象组转换为按钮，可在按钮和表单面板中从"类型"下拉列表中选择"按钮"。

（3）单击"为所选事件添加新动作"按钮（ ），并从下拉列表中选择"提交表单"。

（4）在文本框"URL"中，输入"mailto:"。确保你在"mailto"的后面输入了冒号，且冒号前后都没有空格或句点。

（5）在"mailto:"后面输入你的电子邮件地址（如 pat_smith@domain.com，如图 14.13 所示），这将把填写好的表单返回给你。

（6）为在用户将鼠标指针指向"Submit"按钮时改变其外观，下面添加一个"悬停鼠标"外观。

提示：按钮的外观可包含 3 种不同的状态。显示什么样的状态取决于用户是如何与按钮交互的。在没有交互的情况下，默认显示"正常"状态；用户将鼠标指针指向按钮时，将显示"悬停鼠标"状态；而用户使用鼠标单击按钮时，将显示"单击"状态。

图14.13

在按钮和表单面板中，单击"[鼠标悬停]"。打开色板面板，选择填色框并在"色调"文本框中输入 50 并按回车键，再关闭这个面板。

（7）返回到按钮和表单面板，注意到"[鼠标悬停]"外观的颜色比"[正常]"外观的颜色浅，这是你修改色调的结果，如图 14.14 所示。单击"[正常]"以显示默认外观。

通过放大查看表示按钮的图标：
指向圆角矩形的手指

用户将鼠标指向提交按钮时，
它将变成这样的

图14.14

（8）选择菜单"窗口"＞"图层"打开图层面板，并确认所有的图层都是可见的（以防前面隐藏了图层"Layer 1"）。

（9）选择菜单"文件"＞"存储"。

表单域类型

按钮：最为多才多艺的交互式元素，该按钮可触发很多动作。

复选框：复选框供用户做出是/否选择，要么选中要么未选中。可使用复选框让用户提供多选题的答案。

组合框：用户只能从列表中选择一个答案。

列表框：类似于组合框，但用户可选择多个答案。

单选按钮：让用户从多个答案中选择一个。

签名域：让用户能够使用数字签名签署表单。

文本域：让用户能够输入文本信息。

14.6 导出为交互式 Adobe PDF 文件

当你制作好表单域后，可导出为交互式 Adobe PDF 文件，再对导出的文件进行测试了。

（1）选择菜单"文件"＞"导出"。

（2）在"导出"对话框中，从下拉列表"保存类型"（Windows）或"格式"（macOS）中选择

"Adobe PDF（交互）"，将文件命名为 14_PDF_Form.pdf，切换到硬盘文件夹 InDesignCIB\Lessons\Lesson14，并单击"保存"按钮。

（3）在"导出至交互式 PDF"对话框的"常规"选项卡中，确保在"选项"部分选择了单选按钮"包含全部"。这是确保表单域在 PDF 文件中能够发挥作用的最重要设置。

（4）在"查看"下拉列表中选择"适合页面"，以便打开导出的 PDF 时显示整个页面。保留其他设置不变，如图 14.15 所示。单击"导出"按钮，导出完成后将在 Acrobat 或 Acrobat Reader 中打开生成的 PDF 文件。

图14.15

14.7　在 Adobe Acrobat Reader 中测试表单

务必在 Adobe Acrobat Reader 中测试表单，因为最终用户很可能使用它来填写表单（大多数人都没有安装 Adobe Acrobat Pro）。如果你没有安装 Adobe Acrobat Reader，现在就安装它。该软件的最新版本名为 Adobe Acrobat Reader DC。

（1）启动 Adobe Acrobat Reader，再打开你刚导出的 PDF。首先，在文本域"First Name"中单击，并按 Tab 键。不断按 Tab 键遍历所有的表单域，确认跳位顺序正确无误。

（2）接下来，单击"In what way are you best able to help?"下方的单选按钮，注意到你每次只能选择其中的一个。

（3）单击复选框"Yes, I would like to receive your quarterly newsletter"，看看它是否被选中，再从该复选框下方的下拉列表中选择一种新闻稿格式。

（4）将鼠标指针指向每个表单域并停留一会儿，注意到此时弹出了工具，它们就是你在按钮和表单面板中给每个表单域指定的说明，如图 14.16 所示。

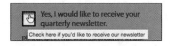

图14.16

如果发现错误，可以回到 InDesign 进行修复，再导出并进行测试。

（5）当测试完毕后，单击按钮"Submit"以电子邮件方式将填写好的表单发送给自己。Acrobat 将创建一封电子邮件，并将填写好的表单作为附件。在此过程中，可能显示一个安全警告对话框。在这个对话框中单击"允许"按钮。在接下来出现的对话框中单击"继续"按钮提交表单信息，也可单击"取消"按钮。继而返回到 InDesign。

（6）查看你收到的电子邮件，注意到主题为"返回的表单：14_PDF_Form.pdf"。这是 Submit 按钮的"提交表单"操作的默认功能。因此，要创建通过电子邮件发送的 PDF 时，给它指定合适的名称很重要。

祝贺你成功地创建并测试了一个 PDF 表单！

14.8 练习

（1）新建一个文档，在其中创建一个文本框架，并使用按钮和表单面板将其转换为签名域。PDF 表单中的签名域让用户能够对 PDF 文件进行数字签名。请给这个签名域指定名称，再导出为 Adobe PDF 交互文件。在 Adobe Acrobat Pro DC 或 Adobe Acrobat Reader DC 中打开所导出的 Adobe PDF 文件，并在签名域中单击，再按屏幕说明创建数字签名。如果出现有关信任证书的对话框，单击"取消"按钮。这个对话框是签名安全识别系统的一部分，没有它也能创建签名。

（2）使用椭圆工具（◯）创建一个小型的圆形框架。在渐变面板中，使用径向渐变填充这个圆圈。使用色板面板修改渐变的颜色。使用按钮和表单面板将这个框架转换为按钮。给按钮指定"转到 URL"动作，并在文本框"URL"中输入完整的 URL。为测试这个按钮，请将文件导出为 Adobe PDF，并在导出的 PDF 文件中单击这个按钮。

（3）尝试使用样本按钮和表单面板中的其他预制表单域：将其拖曳到页面上，并在按钮和表单面板中查看其属性。尝试修改其外观和属性，再将导出并进行测试。

14.9　复习题

1. 哪个面板让你能够将对象转换为 PDF 表单域以及指定表单域的设置？
2. 单选按钮和复选框有何不同？
3. 可给按钮指定哪种操作，让 PDF 表单填写人能够将填写好的表单发送到指定电子邮件地址？
4. 可使用哪些程序来打开并填写 Adobe PDF 表单？
5. 导出 InDesign 文件以创建可填写的 PDF 表单时，需要做哪两件最重要的事情？

14.10　复习题答案

1. 按钮和表单面板（可选择菜单"窗口">"交互">"按钮和表单"来打开它）让你能够将对象转换为 PDF 表单域以及指定表单域的设置。
2. 单选按钮用于让用户回答多选一问题，用户只能选择其中的一个。每个复选框都可选中或不被选中。因此，对于用户可选择多个答案的问题或者可做肯定或否定回答的问题，应使用复选框而不是单选按钮。
3. 要让表单填写人能够返回填写好的表单，可使用按钮和表单面板给按钮指定"提交表单"操作，再在文本框"URL"中输入 mailto: 和电子邮件地址（如 mailto:pat_smith@domain.com）。
4. 要打开并填写 PDF 表单，可使用 Adobe Acrobat Pro DC 或 Adobe Acrobat Reader DC。
5. 首先，在"导出"对话框中，从"保存类型"（Windows）或"格式"（macOS）下拉列表中选择"Adobe PDF（交互）"。其次，在"导出至交互式 PDF"对话框中，在"常规"选项卡的"选项"部分选择单选按钮"包含全部"。

第15课　创建版面固定的EPUB

课程概述

在本课中，你将学习如下内容：

- 新建要在移动设备上查看的文档；
- 使用移动预设和移动路径创建动画；
- 配置多个动画的计时；
- 创建触发各种动作的按钮；
- 在 InDesign 中预览动画和交互性；
- 添加电影、声音、幻灯片、按钮和超链接；
- 导出为版面固定的 EPUB，并在查看应用中进行预览。

学习本课需要大约 60 分钟。要下载本课的课程文件，请登录异步社区网站，详情请参阅本书前言后的"资源与支持"一节。请将下载的文件放在方便使用的地方。

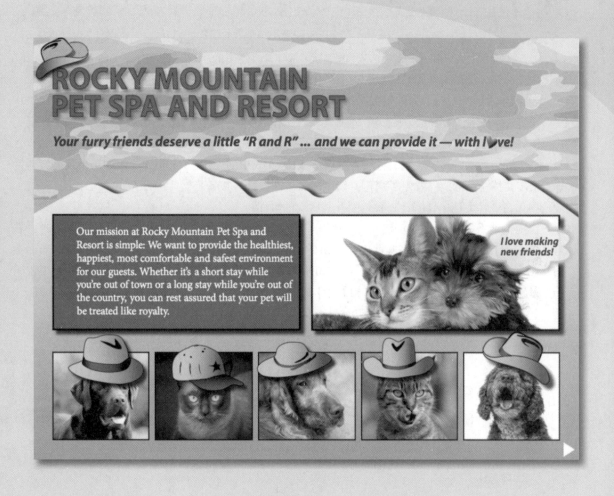

Adobe InDesign CC 支持固定版面 EPUB，让你能够创建富含多媒体的出版物，这包括动画、电影、幻灯片、声音和超链接。你还可以在出版物中添加按钮，让读者能够执行动作，包括翻阅幻灯片和播放声音文件。

15.1 概述

在本课中，你将首先新建一个适合导出为固定版面 EPUB 的 InDesign 文档，然后打开一个已部分完成的出版物，在其中添加多个多媒体和交互性元素，再将其导出为可在各种 EPUB 阅读器上查看的固定版面 EPUB 并对其进行预览。

> **Id** **注意**：如果还没有下载本课的项目文件，现在就去下载，详情请参阅"资源与支持"。

（1）为确保你的 InDesign 首选项和默认设置与本课使用的一样，将文件 InDesign Defaults 移到其他文件夹，详情请参阅"前言"中的"保存和恢复文件 InDesign Defaults"。

（2）启动 InDesign。为确保面板和菜单命令与本课使用的相同，选择菜单"窗口">"工作区">"[数字出版]"，再选择菜单"窗口">"工作区">"重置'数字出版'"。这根据本课要完成的任务优化了面板排列，让你能够快速访问所需的控件。

（3）要查看最终文档，请打开硬盘文件夹 Lesson15 中的文件 15_End.indd。如果出现警告对话框，指出文档链接的文件发生了变化，请单击"更新链接"按钮。

（4）在最终文档中导航，查看封面及其后面的页面。

在前面所有的课程中，示例文档都是打印文档，即当最终的 InDesign 版面打印出来时，看起来与屏幕上一样。然而，在本课中，导出的出版物是要在 EPUB 阅读器上查看的，因此当你在 InDesign 中打开示例文件时，在屏幕上看到的外观与导出的 EPUB 外观不完全相同。图 15.1 说明了在阅读器上查看时，文件 15_End.indd 是什么样的。

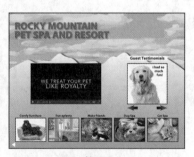

第1页   第2页

图15.1

（5）查看完毕后关闭文件 15_End.indd，也可让它打开供后面参考。

15.2 新建以固定版面导出的文档

由于导出的 EPUB 是在屏幕（如平板电脑等移动设备或台式机）上查看的，可包含按钮、动画和视频等打印文档无法包含的元素，因此创建要导出为 EPUB 格式的文档时，方法与创建打印文档有些不同。虽然如此，创建数字出版物时，本书介绍排版和页面布局功能依然可用，且工作原理没什么不同。下面首先来新建一个移动文档。

（1）选择菜单"文件"＞"新建"＞"文档"。

（2）在"新建文档"对话框中，单击"移动设备"标签，单击"查看全部预设信息"，再从"空白文档预设"列表中选择"iPad"。另外，指定如下设置：在"页面"文本框中输入 2，取消选择复选框"主文本框架"，如图 15.2 所示。保留其他设置不变，单击"边距和分栏"按钮，再单击"确定"按钮。

注意：在创建新文档时，如果选择的是移动设备或 Web 型文档预设，将取消选择文本框"对页"并将单位设置为像素。另外，还会在新文档中将透明混合空间（"编辑"＞"透明混合空间"）设置为 RGB，将色板面板中的默认颜色色板设置为印刷 RGB。

图15.2

（3）选择菜单"文件"＞"存储"，将文件命名为"15_Setup.indd"，切换到文件夹 Lesson15，再单击"保存"按钮。

本课不从空白处创建文档，而是打开一个已部分完成的文档，其中包含大部分必不可少的对象。你可以打开 15_Setup.indd，也可关闭它。

15.3　EPBU：可重排和固定版面

EPUB 文档创建用于在平板电脑等设备上查看，而不是要打印到纸上。有鉴于此，你可以在其中添加众多多媒体元素和交互式功能，还可支持根据查看设备重排文本。

除导出为固定版面 EPUB 外，还可导出为可重排 EPUB，它们之间最大的差别在于，前者像 PDF 一样，不管在什么设备上查看，都保持 InDesign 文档的设计，而后者连续地显示内容，并根据阅读器的屏幕尺寸和缩放比例重排内容。在可重排的 EPUB 中，阅读者可根据喜好修改字体和字号。

固定版面格式让你能够在出版物中包含按钮、动画、视频和音频，而阅读者可查看页面，并与按钮和多媒体元素交互。这种格式适合用于版面复杂的出版物，如儿童读物、教科书和漫画等视觉元素对改善阅读体验至关重要的出版物。对于文字密集型出版物，如视觉元素无关紧要的小说和非小说，可重排格式更合适。

15.4 添加动画

动画效果让你能够给 InDesign 对象和对象组添加移动和其他视觉效果。例如，你可以让图形框架从页面外飞入指定的位置，还可让文本框淡入——从不可见变得完全不透明。InDesign 提供了多种移动预设，你可以将这些预设动画快速应用于对象，你还可以将任何对象指定为其他对象或对象组的移动路径。

下面来查看一个对象组。给这个对象组指定了动画设置，使其在用户打开导出的 EPUB 文件时自动"飞"到页面上。你将在 InDesign 中预览这种动画，再创建一些在页面显示时自动播放的动画。在本节的最后，你将调整动画的计时，让它们按所需的顺序播放。

15.4.1 使用移动预设创建动画

要让对象或对象组动起来，最快速、最容易的方式是应用内置的移动预设，这样的预设有 40 多种。应用预设后，你可以通过多个选项控制动画将如何播放，这包括触发动画的事件以及动画的持续时间。

（1）选择菜单"文件">"打开"，打开文件夹 Lesson15 中的文件"15_FixedLayoutPartial.indd"。

（2）选择菜单"文件">"存储为"，将文件重命名为"15_FixedLayout.indd"，并保存到文件夹 Lesson15 中。

在创建动画之前，先来看一个应用了动画效果的对象组。

（3）使用缩放工具放大第 1 页的标题下方以"and we can provide it"打头的文本框架，再使用选择工具通过单击选择它。虚线边界表明你选择的是一个对象组，这包括前述文本框架和一个红心对象。

请注意这个对象组右下角的小图标，它表明对这个对象组应用了动画。另外，注意到有一条绿线从粘贴板延伸到该对象组的中心。该绿线右端的圆圈表示它是路径的起点，而左端的箭头表示它是路径的终点，如图 15.3 所示。

右下角的图标表明对这个对象组应用了动画

绿线表示对象组的移动路径

图15.3

（4）选择菜单"窗口">"交互">"动画"或单击动画面板图标（ ）打开动画面板。注意到这个对象组名为"Animated Group"，同时从下拉列表"预设"中选择了"自定（从右侧飞入）"。

该预设名开头的"自定"表明修改了预设"从右侧飞入"的默认设置,在本课后面,你将修改其他预设。在"事件"下拉列表中,选择了"载入页面",这意味着动画将在页面显示时自动开始播放。

在动画面板中,如果你单击字样"属性"旁边的箭头(﹀),将展开这个面板,让你能够访问另外几个动画控件,如图 15.4 所示。

图15.4

(5)为了预览动画,你可以单击动画面板底部的"预览跨页"按钮(,如图 15.5 所示),这将打开 EPUB 交互性预览面板。拖曳这个面板的右下角或左下角,使其大到能够预览出版物。单击面板左下角的"播放预览"按钮,选定的对象组将从页面右侧飞入。有关 EPUB 交互性预览面板的全面介绍,请参阅接下来的旁注。

图15.5

(6)将 EPUB 交互性预览面板拖曳到停放区底部,因为贯穿本课都将使用它。在停放区中,将显示这个面板的图标( )。

下面对另一个对象组和一个文本框应用动画预设并定制动画设置。

(1)选择菜单"视图">"使页面适合窗口"。

(2)使用选择工具单击页面底部的任何一个小狗或小猫图形(最左边的那个除外,你将在本课后面单独处理它),这将选择一个对象组,其中包括 4 个图形。

(3)如图 15.6 所示,打开动画面板,并从"预设"下拉列表中选择"从底部飞入",注意到代理预览使用粉色蝴蝶图像指出了这个预设动画是什么样的,如图 15.7 所示。尝试其他一些预设,再重新选择"从底部飞入",并确保从"事件"下拉列表中选择了"载入页面"。

图15.6

提示：当你选择移动预设时，动画面板顶部将出现动画的代理预览。要重新播放选定动画预设的预览，可将鼠标指针指向代理窗口。

（4）选择包含白色文本的红色文本框架。在动画面板中，选择预设"渐显"，并将持续时间设置为 2 秒。修改持续时间后，"渐显"前面将出现字样"自定"，如图 15.8 所示。

图15.7   图15.8

（5）在 EPUB 交互性预览面板中，单击左下角的"播放预览"按钮，以查看这些动画。注意到最先出现的是页面顶部的对象组，不久后页面底部的图形组出现，最后出现的是红色文本框架。这种播放顺序是由我们创建动画的顺序决定的，下面来修改这些动画的播放顺序。

EPUB交互性预览面板

EPUB交互性预览面板（如图15.9所示）让你无须切换到其他程序就能预览包含多媒体、动画和交互性的InDesign文档。要显示这个面板，可选择菜单"窗口">"交互">"EPUB交互性预览"，也可在动画面板、计时面板、媒体面板、对象状态面板或按钮和表单面板中单击左下角的"预览跨页"按钮。

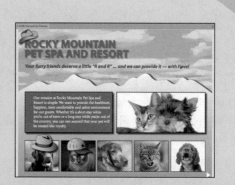

图15.9

在EPUB交互性预览面板中，可执行如下操作。

- 播放预览（▶）：单击以播放文档预览。按住Alt（Windows）或Option（macOS）并单击以重播预览。
- 清除预览（■）：单击以清除预览。

- 转至上一页（◀）和转至下一页（▶）：单击以导航到上一页或下一页。要导航到上一页或下一页，必须启用预览文档模式，再单击"播放预览"按钮以启用这两个按钮。
- 设置预览跨页模式（▯）：单击它将模式设置为预览跨页模式。这是默认模式，适合用于测试当前页面的交互性元素。
- 设置预览文档模式（▢）：单击它将模式设置为预览文档模式。这种模式让你能够在文档中翻页并测试交互性元素。
- 折叠/展开面板（◌）：单击它将折叠/展开EPUB交互性预览面板。

15.4.2　调整动画的计时

计时面板列出了当前页面或跨页中的动画，让你能够修改动画的播放顺序、同时播放动画或延迟动画播放。下面使用计时面板来修改第 1 页中 3 个动画的播放顺序，并让其中两个动画同时播放。

（1）选择菜单"窗口">"交互">"计时"或在停放区单击计时面板图标（◌）打开计时面板。确保在下拉列表"事件"中选择了"载入页面"。这个面板列出了前一小节处理的 3 个动画，如图 15.10 所示。

（2）单击动画列表中的"Animated Group"。由于它是最先创建的，因此位于列表开头，且将最先播放。

（3）将"Animated Group"拖曳到列表末尾，使其最后播放。

（4）选择"Dog And Cat Group"，再按住 Shift 键并单击动画"Our mission…"以同时选择这两个动画。

（5）单击计时面板底部的"一起播放"按钮，如图 15.11 所示。

图15.10

图15.11

（6）单击"Dog And Cat Group"，并将延迟设置为 1.5 秒。这将在页面打开时延迟这个动画的播放。延迟时间过后，"Dog And Cat Group"将飞入，而红色文本框架也将同时渐显。

（7）单击计时面板底部的"预览跨页"按钮打开 EPUB 交互性预览面板，再单击"播放预览"按钮预览这个页面，以检查计时设置修改的效果。

（8）选择菜单"文件">"存储"保存所做的工作。

15.5　按钮

在出版物中添加多媒体功能方面，按钮是最为多才多艺的工具之一。按钮可以触发很多动作。下面来配置动画播放按钮并添加两个使用不同操作的按钮。你将用来创建按钮的图形位于一个名为"Buttons"的图层中，而这个图层放在包含其他内容的图层上面。这可保持文件组织有序并确保按钮位于其他内容上面。

15.5.1　使用按钮播放动画

前一节处理的动画被配置成在页面显示时自动播放。在创建动画时，也指定它在用户执行其他操作时播放，例如将鼠标指针指向相应的对象或单击作为按钮的对象或对象组时。

在本节中，你将首先查看一个对象：对其应用了动画并将其转换成了按钮，当用户单击它时将播放应用的动画。然后，你将创建一个按钮，让用户单击它时能播放应用于另一个对象的动画。

（1）向下滚动到能够看到页面下方的粘贴板，你将看到两顶帽子。根据需要放大视图，以便能够看清页面左下角。使用选择工具将左边那顶帽子移到如图 15.12 所示的位置，再选择菜单"视图">"使页面适合窗口"。

注意到这个对象组的定界框的右下角有两个图标：右边那个表明对这个对象组应用了动画；左边那个表明这个对象组也是一个按钮。

（2）这顶帽子是由多条路径组成的，这些路径是使用钢笔工具创建的，且被编成组（"对象">"编组"）。

图15.12

在选择了这个对象组的情况下，打开动画面板，注意到它名为"HatGroup1"。

你会注意到应用了动画预设"旋转"，并从"事件"下拉列表中选择了"释放鼠标"，这意味着这个按钮将触发动画。"持续时间"和"播放"的设置表明，这个动画的播放时间为 1 秒并将播放两次。

（3）关闭动画面板并打开按钮和表单面板，在使用工作区"[数字出版]"时，这个面板位于右边的停放区。除通过单击面板图标来打开按钮和表单面板外，还可选择菜单"窗口">"交互">"按钮和表单"来打开它。注意到这个对象组被配置为播放动画"HatGroup1"的按钮，如图 15.13 所示。

（4）在按钮和表单面板中，单击底部的"预览跨页"按钮打开 EPUB 交互性预览面板。动画播放完毕后，单击前述帽子播放动画，再关闭 EPUB 交互性预览面板。

图15.13

注意:在本课中,每当你在EPUB交互性预览面板中无法使用交互功能时,都可先单击"清除预览"按钮,再单击"播放预览"按钮。

下面来配置一个按钮,使其播放应用于另一个对象的动画。

(1)选择页面右下角小狗头上的帽子。

其右下角的图标表明,对这个对象组应用了动画,但你可能注意到了,预览页面时看不到这个对象组。这是因为虽然这个对象组被配置成从页面顶部飞入,但没法播放这个动画。为解决这个问题,你将把与之配套的宠物图形转换为按钮。

(2)在工具面板中选择矩形框架工具,并绘制一个框架,它覆盖了页面右下角的小狗照片。当前,应该依然处于图层"Buttons",如果不是,打开图层面板,将这个框架移到图层"Buttons"中。确保这个框架的填色和描边设置都为"无",这让用作按钮的对象看起来像是页面上的视觉元素,但实际上是一个位于图层"Buttons"中的独立对象,从而避免影响图稿。

在EPUB中,框架区域是可单击或点按的,因此你可以使用没有填色和描边的框架来创建很大的可点按区域,而使用较小的图形无法做到这一点。这让创建的EPUB使用起来更容易。

(3)在按钮和表单面板中,单击"动作"旁边的加号,并从下拉列表中选择"动画"。再从包含当前文件中动画的"动画"下拉列表中选择"HatGroup5"。

(4)将这个按钮命名为"AddHat"。务必给按钮命名,否则将很乱,因为InDesign自动给按钮指定名称"按钮1""按钮2"等。确保从"事件"下拉列表中选择了"在释放或点按时",如图15.14所示。

图15.14

你无须先选择类型,因为当你添加动作时,这个对象将自动转换为按钮。请查看可能的动作列表，但最后一组只能用于 PDF。在按钮和表单面板中，单击"PDF 选项"旁边的箭头（⌄）以折叠这个部分。在处理 EPUB 时，不需要它。

（5）在按钮和表单面板中，单击底部的"预览跨页"按钮打开 EPUB 交互性预览面板。等页面载入动画播放完毕后，将鼠标指针指向右下角的小狗照片并单击以播放刚指定的动画，再关闭这个面板。注意到当你将鼠标指针指向可通过单击来激活的对象（如刚创建的按钮）时，鼠标指针将变成手形。

（6）选择菜单"文件">"存储"保存所做的工作。

15.5.2　使用按钮触发自定义的动画移动路径

在 InDesign 中，很多移动预设都导致对象沿特定的路径移动。除使用这种预设对对象应用动画外，还可以将任何 InDesign 对象作为另一个对象的移动路径，为此可将其转换为移动路径。下面来配置一个按钮，使其播放一个有自定义路径的动画，再创建一个自定义路径，并将其用作移动路径。

（1）向上滚动到以便能够看到粘贴板，你将在第 4 栏上方看到一顶帽子。使用选择工具选中这个图形。

正如你在前面处理的动画中看到的，绿色移动路径指出了在播放动画时这顶帽子将如何移动，如图 15.15 所示。这条自定义路径是在 InDesign 中使用钢笔工具创建的。

接下来，你将把该栏底部的图形转换为按钮，用于播放给这顶帽子配置好的动画，再为另一顶帽子创建一条自定义路径，并配置用于播放动画的按钮。

图15.15

（2）选择菜单"视图">"使页面适合窗口"。选择矩形框架工具，并绘制一个框架，使其覆盖第 4 栏底部的小猫照片，确保它没有描边和填色且位于图层"Buttons"中。

（3）在按钮和表单面板中，单击"动作"旁边的加号，并从下拉列表中选择"动画"，再从"动画"下拉列表中选择"HatGroup4"。

（4）将这个按钮命名为"FloatingHat1"，并确保在"事件"下拉列表中选择了"在释放或点按时"。

（5）单击在按钮和表单面板底部的"预览跨页"按钮，打开 EPUB 交互性预览面板。等页面载入动画播放完毕后，将鼠标指针指向第 4 栏底部的小猫照片。注意到鼠标指针变成了手形，因为它检测到了你刚创建的按钮。单击鼠标播放指定的动画，再关闭这个面板。

知道自定义移动路径的工作原理后，下面来创建自定义动画路径，再配置一个播放动画的按钮。

（1）向上滚动以便能够看到粘贴板，你将在第 3 栏上方看到另一顶帽子，它名为"HatGroup3"。

（2）使用钢笔工具绘制一条"之"字形路径，它始于帽子中央附近，终于第 3 栏底部小狗的头上面一点。为创建直线路径段而不是曲线路径段，确保每次创建点时都在单击鼠标后立即松开（如果你愿意，可以使用钢笔工具或铅笔工具创建更复杂的路径）。

（3）使用选择工具选择第 3 栏上方的帽子和刚才创建的路径，再单击动画面板底部的"转换为移动路径"按钮（　），如图 15.16 所示。在"事件"下拉列表中，如果选择了"载入页面"，请取消选择它，并将持续时间设置为 2 秒。

（4）选择矩形框架工具并绘制一个框架，确保它覆盖了第 3 栏底部的小狗照片、没有填色和描边且位于图层 Buttons 中。

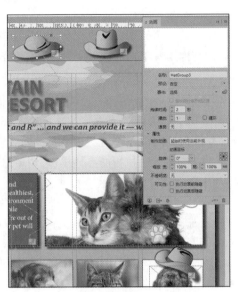

| 使用钢笔工具创建路径 | 转换为移动路径后 |

图15.16

（5）在按钮和表单面板中，单击"动作"旁边的加号，并从下拉列表中选择"动画"。从"动画"下拉列表中选择"HatGroup3"，并将这个按钮命名为"FloatingHat2"。

（6）单击在按钮和表单面板底部的"预览跨页"按钮打开 EPUB 交互性预览面板，再单击播放按钮。等页面载入动画播放完毕后，单击第 3 栏的小狗照片（这是你刚才配置的用于播放新动画的按钮）核实正确地播放了动画，再关闭这个面板。

如果需要修改移动路径的终点位置，使得动画结束时帽子位于正确的位置，可使用选择工具选择这个对象组并单击其绿色移动路径，再切换到直接选择工具，并使用它来移动路径的终点。在此过程中，你也可修改路径的其他点和段。

（7）现在只有一只宠物没有帽子了。向下滚动以显示第 1 页下方的粘贴板以及余下的那顶帽子。使用前面介绍的动画技术或别的动画技术将这顶帽子放到它上方的小猫头上（请注意，在文件 15_End.indd 中，使用的是预设"从底部飞入"）。

（8）选择菜单"文件" > "存储"保存所做的工作。

15.5.3　创建导航按钮

下面创建一个导航按钮，供读者用来翻页。这是按钮最常见的用途之一。

> **提示:**很多用来查看 EPUB 文件的应用都包含导航按钮，但每个应用导航的方式都不同。当添加自己的按钮时，务必确保读者一眼就能看到导航按钮。

（1）选择矩形框架工具，并绘制一个覆盖页面右下角白色三角形的框架，确保它没有描边和填色且位于图层"Buttons"中。让这个框架比白色三角形大（如图 15.17 所示），这样读者单击的位置无须在这个三角形内。

图15.17

图15.18

（2）打开按钮和表单面板，单击"动作"旁边的加号并选择"转到下一页"，如图 15.18 所示。将这个按钮命名为 Next Page。

（3）打开 EPUB 交互性预览面板，单击"预览文档模式"按钮，以便能够预览多个页面。如果无法执行交互性操作，请单击"清除预览"按钮，核实已按下了"预览文档模式"按钮，再单击"播放预览"按钮。

Id 提示：在长文档中，应在主页中创建导航按钮。如果有多个主页，可在父主页中创建导航按钮，这样只需创建导航按钮一次且所有页面中的导航按钮都相同。

（4）等页面载入动画播放完毕后，单击刚才创建的白色导航按钮，这将显示下一页。你将在第 2 页中看到一些动画，本课后面将对它们进行处理。

（5）单击左下角的白色三角形返回到第 1 页。

15.5.4　创建弹出字幕

在 EPUB 中经常使用弹出字幕。创建弹出字幕的方式有很多，但最简单的方式是使用 InDesign 的对象隐藏和显示功能，下面就来学习如何这样做。

（1）选择大型小狗和小猫照片上方的爪子图形。首先，你将添加一些动画，提示读者单击这个爪子图形。

（2）打开动画面板。将动画命名为"Paw Caption Trigger"，选择预设"渐显"，将持续时间设置为 2.5 秒，将播放次数设置为 4。

（3）打开按钮和表单面板，单击"动作"旁边的加号并选择"显示 / 隐藏按钮和表单"，将这个按钮命名为"Caption Trigger"。

（4）选择字幕"I love making new friends."，这是一个应用了效果的 InDesign 文本和路径对象组。在按钮和表单面板中，单击"动作"旁边的加号并选择"显示 / 隐藏按钮和表单"，再将这个按钮命名为"Caption"。

（5）在"可视性"部分，对除"Caption"和"Caption Trigger"外的其他按钮都保留默认设置"忽略"（✗）。对于按钮"Caption"，单击它旁边的"忽略"符号（✗），再单击一次将其设置为"隐藏"（◉）。对于按钮"Caption Trigger"，采取同样的做法将其设置为"显示"（👁）。另外，选择"外观"部分下方的复选框"触发前隐藏"。

（6）选择第 3 步将其转换成了按钮的爪子图形。在按钮和表单面板中，将"Caption"的可视性设置为"显示"（ ），将"Caption Trigger"的可视性设置为"隐藏"（ ），如图 15.19 所示。

> **提示**：选择了动作"显示 / 隐藏按钮和表单"时，将出现可视性列表，其中包含当前页面或跨页中的所有按钮。在这种动作中，不能设置位于文档其他地方的按钮的可视性。

按钮Caption的设置

按钮Caption Trigger的设置

图15.19

上述设置导致当用户打开页面时，"Caption Trigger"按钮是可见的，而"Caption"按钮被隐藏。用户单击或点按"Caption Trigger"按钮时，这个按钮将消失，而"Caption"按钮将显示出来。用户单击或点按"Caption"按钮时，这个按钮将消失，而"Caption Trigger"按钮将显示出来。

（7）在按钮和表单面板中，单击底部的预览跨页按钮打开 EPUB 交互性预览面板并单击播放按钮，再对弹出字幕进行测试：单击爪子图形再单击字幕。

（8）关闭 EPUB 交互性预览面板，再选择菜单"文件"＞"存储"。

15.6　添加多媒体和交互式元素

对于将导出为固定版面 EPUB 的 InDesign 文档，可在其中添加电影和声音，这意味着你可以创建富含多媒体的交互式出版物，这在以打印方式出版时无法做到。

从很多方面说，导入的电影和声音都类似于其他 InDesign 对象。例如，可像其他对象一样，复制、粘贴、移动和删除电影和声音，但电影和声音也有其独特的属性，你可以在 InDesign 中调整它们。

15.6.1　添加电影

在要导出为固定版面 EPUB 的 InDesign 文档中，添加电影的方式与在打印文档中添加照片或插图的方式类似。下面将一个电影导入到这个文档中、对其进行缩放并使用媒体面板选择电影未播放时显示的海报图像。

> **注意**：你可以导入使用 H.264 编码的 MP4 格式的视频文件以及 MP3 格式的音频文件。要将其他格式的视频或音频转换为 MP4 或 MP3，可使用 Creative Cloud 应用程序 Adobe Media Encoder。

（1）切换到第 2 页。选择菜单"文件">"置入"，在文件夹 Lesson15\Links 中，选择文件 RMPetSpa.mp4，再单击"打开"按钮，鼠标将变成载入视频图标（ ）。

（2）将鼠标指针指向山峰下方的水平标尺参考线与第一栏中央的垂直标尺参考线的交点（如图 15.20 所示），单击鼠标以实际尺寸置入这个视频。对这个版面来说，这太大了，因此需要缩小它。

图15.20

（3）在控制面板的最左端，确保选择了参考点指示器的左上角（ ），在文本框"X 缩放比例"或"Y 缩放比例"中输入 43 并按回车键，电影将位于预先绘制的参考线内。

> **提示**：在 EPUB 中使用视频时，视频将嵌入最终的文件中。需要注意的是，视频文件可能很大，导致最终的 EPUB 文件非常大，因此你需要在视频质量和文件大小之间取得平衡。

（4）选择菜单"窗口">"交互">"媒体"打开媒体面板，也可单击停放区内的媒体面板图标（ ）来打开它。如果你愿意，可以使用媒体面板中电影图像下方的控件来预览电影。

这里不想在电影未播放时显示其第一帧，而指定要显示的海报图像。

> **注意**：在阅读器中，播放视频前显示静态的海报图像。

（5）将预览窗口下方的滑块拖曳到最右边附近。这部电影的最后几秒显示一个警句，你将把选定的帧指定为默认的海报图像。在媒体面板中，从"海报"下拉列表中选择"通过当前帧"。单击"单击可将当前帧作为海报"按钮（ ）以选择当前帧，并在电影框架中显示它，如图 15.21 所示。

（6）单击媒体面板底部的"预览跨页"按钮。在 EPUB 交互性预览面板中，单击"播放预览"

按钮，导航到第 2 页（为此可单击前面创建的导航按钮，也可使用 EPUB 交互性预览面板中的导航控件），再单击电影控制器中的"播放 / 暂停"按钮播放和暂停该电影，如图 15.21 所示。在电影控制器中，还有一个调整音量的控件。

图15.21

> **Id** **注意**：每个阅读器包含的视频播放控件都不同，导出为 EPUB 后，务必在不同的阅读器中测试视频播放器。

（7）关闭 EPUB 交互性预览面板，再选择菜单"文件" > "保存"。

15.6.2 添加声音

在页面中添加声音与添加电影没什么不同，但控制声音显示和播放方式的选项与用于修改电影的选项稍有不同，这是因为电影和声音是不同类型的媒体。

图15.22

下面在封面中添加声音，再将该页面中的一个对象转换为按钮，以便用户单击它时播放声音。你还将隐藏声音对象，使其在页面上不可见。

（1）切换到第 1 页。选择菜单"文件" > "置入"，选择文件夹 Lesson15\Links 中的声音文件 BckgMusic.mp3，再单击"打开"按钮。

（2）单击页面左上角外面的粘贴板，如图 15.22 所示。对于声音，你无须关心其置入位置，因为后面会隐藏这个对象。

（3）使用选择工具调整声音框架的位置，将其移到帽子图形上面。

（4）打开多媒体面板，并注意其中与声音文件相关的选项，如图 15.23 所示。如果你愿意，可以使用播放 / 暂停按钮来预览声音。保留默认设置不变。

图15.23

注意：对于置入的声音文件，默认情况下会显示一个控制器。在媒体面板中，没有让你能够隐藏声音文件控制器的选项。

这就是添加声音所需做的全部工作，但在这里，你不想在显示声音控件（如果你让声音对象原封不动，就会显示声音控件），而要缩小并隐藏它，再配置一个播放它的按钮。

（5）在控制面板中，将声音框架的宽度和高度都改为 30（像素）。

（6）选择菜单"对象" > "排列" > "置为底层"，如图 15.24 所示。

图15.24

（7）使用选择工具选择帽子图形，它现在位于声音框架前面。

（8）打开按钮和表单面板。在这个面板中，从"类型"下拉列表中选择"按钮"，并在"名称"文本框中输入 Play Music。

（9）确保在"事件"下拉列表中选择了"在释放或点按时"。单击"动作"旁边的加号并选择"声音"。由于这个页面只有一个声音，因此在"声音"下拉列表中自动选择了它。确保在"选项"下拉列表中选择了"播放"，如图 15.25 所示。

（10）单击"预览跨页"按钮。在 EPUB 交互性预览面板中，单击"播放预览"按钮，再在帽子图形中单击以播放置入的声音。这个音频剪辑将播放一次后停止（时长大约 30 秒）。

（11）关闭 EPUB 交互性预览面板，再选择菜单"文件" > "存储"。

图15.25

15.6.3　创建幻灯片

幻灯片是一系列堆叠的图像，每当用户点按"Previous"或"Next"按钮时，都显示上一张或下一张图像。本课的示例文档已包含创建交互式幻灯片所需的图形。你将重新排列这些图形，将它们转换为一个多状态对象，再配置让读者能够在幻灯片之间导航的按钮。

（1）切换到文档的第 2 页。

（2）使用选择工具选择电影框架右边最上面的哪张小狗图像（5 个叠在一起的图形框架中最前面的那个）。

（3）按住 Shift 键，再按从前到后的顺序依次单击其他 4 个叠在一起的图形框架。选择全部 5 个框架后再松开 Shift 键，如图 15.26 所示。

（4）选择菜单"窗口" > "对象和版面" > "对齐"。在对齐面板中，从"对齐"下拉列表（▦）

中选择"对齐选区"（如果还没有选择它的话）。单击"左对齐"按钮（ ），再单击"底对齐"按钮（ ），然后关闭对齐面板。

图15.26

（5）在依然选择了这些图形框架的情况下，选择菜单"窗口">"交互">"对象状态"打开对象状态面板，你也可以单击停放区的对象状态面板图标（ ）来打开它。在这个面板中，单击底部的"将选定范围转换为多状态对象"按钮（ ）。如果有必要，增大这个面板的高度，以便显示所有对象的名称（执行转换前，这个面板是空的）。

（6）在对象状态面板中，在"对象名称"文本框中输入"Guest Quotes"并按回车键，如图 15.27 所示。

选定的图形框架被合并为一个多状态对象。在对象
状态面板中，每个对象就像是一个独立的状态

图15.27

> **提示**：对于多状态对象的每个状态，都可以给它命名。这里的状态栈就像图层栈，要调整状态的排列顺序，可上下拖曳它们。

创建多状态对象后，你将提供一种让读者能够在对象之间导航的途径。

（1）使用选择工具选择多状态对象左下角下方的红色箭头，再打开按钮和表单面板。这个按钮将用于在幻灯片中向后导航。

（2）在按钮和表单面板中，单击底部的"转换为按钮"按钮（ ），在"名称"文本框中输入"Previous"。

（3）单击"动作"旁边的加号并从下拉列表中选择"转至上一状态"（多状态对象"Guest Quotes"被自动添加到动作列表中）。

> **提示**：在页面包含多个多状态对象时，你可能需要在按钮和表单面板中从下拉列表"对象"中选择正确的多状态对象。在这里，InDesign 自动选择了多状态对象"Guest Quotes"，因为当前页面中只有这个多状态对象。

（4）不要选择复选框"在最初状态停止"（如图 15.28 所示），这样用户在选择了第一个状态的情况下单击这个按钮时，将选择最后一个状态。

（5）选择指向右边的红色箭头，并重复第 2 ~ 4 步配置一个名为"Next"的按钮。为让这个

按钮在幻灯片中向前导航，在单击"动作"旁边的加号时从下拉列表中选择"转至下一状态"，再选择复选框"在最终状态停止"（也可以不选择这个复选框，如何做由你决定）。

（6）打开 EPUB 交互性预览面板，单击"播放预览"按钮，再单击刚创建的"Previous"和"Next"按钮来查看幻灯片。

（7）关闭 EPUB 交互性预览面板，再选择菜单"文件"＞"存储"。

图15.28

15.6.4　创建超链接

超链接让读者能够跳转到文档的其他位置以及其他文档和网站。超链接包含一个源元素（文本、文本框架或图形框架）和一个目标（超链接跳转到的 URL、电子邮件地址、页面或文本锚点）。下面使用图形框架创建一个到网站的超链接。

（1）使用选择工具选择第 2 页右下角的图形框架（它包含照片"Cat Spa"）。该图形框架的右下角有一个动画图标，因为它（还有该页面底部的其他图形框架）被配置为在页面载入时飞入。

（2）选择菜单"窗口"＞"交互"＞"超链接"打开超链接面板，也可单击停放区的超链接面板图标（🐾）来打开它。

（3）从超链接面板菜单中选择"新建超链接"。

（4）从下拉列表"链接到"中选择 URL，并在文本框"URL"中输入一个 URL（本课示例文档使用的是 http://www.humanesociety.org）。取消选择复选框"共享的超链接目标"，再单击"确定"按钮，结果如图 15.29 所示。

（5）打开 EPUB 交互性预览面板，单击"播放预览"按钮，再单击你给它添加了超链接的图形框架，将启动浏览器并访问美国动物保护协会网站的主页。

（6）返回 InDesign 并切换到文档的第 1 页。

（7）关闭 EPUB 交互性预览面板，再选择菜单"文件"＞"存储"。

图15.29

15.7　导出为 EPUB 文件

就像"打印"对话框中的设置决定了打印出来的页面的外观一样，将 InDesign 文档导出为 EPUB 时，你所做的设置决定了 EPUB 文件的外观。

（1）选择菜单"文件"＞"导出"。

（2）在"导出"对话框中，从下拉列表"保存类型"（Windows）或"格式"（MacOS）中选择"EPUB（固定版面）"。

（3）在文本框"文件名"（Windows）或"存储为"（MacOS）中，将文件命名为 15_

FixedLayout.epub，将存储位置指定为硬盘文件夹 InDesignCIB\Lessons\Lesson15，再单击"保存"按钮。

（4）在"EPUB—固定版面导出选项"对话框的"常规"部分，注意到自动显示了版本 EPUB 3.0，这是唯一一个支持固定版面 EPUB 的版本。确保选择了如下选项（如图 15.30 所示）。

- 导出范围：所有页面。
- 封面：格栅化首页。
- 导航 TOC：无。
- 跨页控制：停用跨页。

图15.30

 注意："格栅化首页"创建一幅图像，以供在电子图书阅读器和电子图书店面中用作出版物图标。

（5）在"EPUB—固定版面导出选项"对话框中，单击左边列表中的"元数据"。在"标题"文本框中输入"Multimedia Brochure"，并在文本框"创建程序"中输入你的姓名，如图 15.31所示。

 提示：如果你的 EPUB 将正式出版，在"元数据"部分指定的信息将非常重要。电子图书网站要求必须提供这些信息。请从出版社网站下载元数据规范。

图15.31

（6）在"EPUB—固定版面导出选项"对话框中，单击左边列表中的"转换设置"。从下拉列表"格式"中选择"PNG"，确保在导出的 EPUB 中能够正确地显示编组对象中的图形。

（7）在"EPUB—固定版面导出选项"对话框中，单击左边列表中的"查看应用程序"。

系统默认的查看应用程序随操作系统而异。本课将把"Adobe Digital Editions"作为查看应用程序（电子图书阅读器）。如果你安装了"Adobe Digital Editions"但没有列出来，可单击"添加应用程序"按钮，并从文件夹 Program Files（Windows）或 Applications 中选择它，再将它作为首选查看应用程序，如图 15.32 所示。当然，你也可以选择其他能够阅读 EPUB 的程序。当 EPUB 导出后，将自动在选定的程序中打开。Adobe Digital Editions 可从 Adobe 官网免费下载。

图15.32

（8）单击"确定"按钮导出为固定版面的 EPUB。如果出现警告对话框，指出有些对象导出后外观可能与预期的不一致，单击"确定"按钮继续导出并查看导出的 EPUB。

如果你的计算机上安装了 Adobe Digital Editions，将自动打开导出的 EPUB 文件，而你可以通过导航查看其内容，并使用你创建的多媒体和交互式元素。你也可以在任何支持 EPUB 格式的设备上打开这个 EPUB 文件。

请注意，不同电子图书阅读器的界面（框架、控件的样式和位置、适合窗口等）也不同，如图 15.33 所示。在创建诸如固定版面 EPUB 等数字出版物时，必须在目标读者可能使用的各种设备上对其进行测试。

 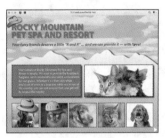

在Adobe Digital Editions中打开　　　　　　在iBooks中打开

图15.33

（9）返回到 InDesign。

（10）选择菜单"文件">"存储"。

祝贺你制作了一个固定版面的 EPUB 文件，它包含多媒体和交互式元素，且在所有查看设备上的版面都相同。

15.8　练习

为进行更多的实践，请尝试完成下面的练习。你可以继续处理本课的示例文档，并保存所做的修改，也可选择菜单"文件">"存储为"将该文档另存到文件夹 Lesson15 中。

15.8.1　动画计时

在本课中，你使用了计时面板来配置第 1 页中 3 个在载入页面时自动播放的动画的计时。通过使用计时面板中的控件，还可以按任何顺序播放动画，甚至结合使用同时播放和顺序播放。

（1）切换到这个文档的第 2 页，确保没有选择任何对象，再打开计时面板。

（2）从"事件"下拉列表中选择"载入页面"，将列出 5 个动画，它们是按创建顺序排列的。单击第 1 个动画以选择它，再按住 Shift 键并单击最后一个动画以选中全部 5 个动画。单击面板底部的"一起播放"按钮（ ），如图 15.34 所示。

图15.34

（3）单击这个面板底部的"预览跨页"按钮，以预览页面看看结果如何。

（4）再次选中所有的动画，再单击计时面板底部的"单独播放"按钮（）。

（5）继续调整计时面板中的设置。"延迟"让你能够在动画之间暂停。为尝试使用它，选择各个动画并指定延迟值，每次修改后都预览页面。

（6）继续尝试创建不同的同时播放和顺序播放组合。例如，让两个动画先一起播放，延迟一段时间后，让其他所有动画一起播放。

InDesign CC联机发布

InDesign CC提供了联机发布功能，让你能够将InDesign文档的数字版本分发到互联网上。对于联机发布的文档，可以在任何台式机和移动设备上查看，还可轻松分享到Facebook和Twitter。你可以在电子邮件中轻松地提供到这些文档的超链接，还可将这些超链接嵌入网页中。

从外观上看，联机发布的InDesign文档与原始版面完全相同，同时包含所有的交互功能。

（1）要联机发布当前显示的文档，可单击应用程序栏中的Publish Online按钮，也可选择菜单"文件">"Publish Online"。

> **提示：** 你也可以在打印文档时联机分发文档，为此可在选择菜单"文件">"打印"打开的"打印"对话框的"常规"部分选择"打印后联机发布"。

（2）在"联机发布你的文档"对话框的"常规"部分，使用默认的名称或在"标题"文本框中输入新名称。你还可以添加说明。

（3）在这个对话框的"高级"部分，可选择封面以及指定图像导出设置，如图15.35所示。在这个对话框中，根据需要修改设置，再单击"发布"按钮。

图15.35

提示：如果你不想联机发布文档，可以隐藏所有与联机发布相关的命令和控件，为此可在"首选项"对话框的"Publish Online"部分选择复选框"停用Publish Online"。

在文档上传过程中，将出现一个窗口，其中显示了第1页的预览、文档名和说明（如果提供了的话），同时还有一个显示上传进度的状态条。另外，你还可取消上传。

（4）在上传完毕后，你可以单击"查看文档"在Web浏览器中显示文档，可单击"复制"按钮将URL复制到剪贴板。你还可以单击Facebook、Twitter或电子邮件按

图15.36

钮，将链接分享到社交网络，如图15.36所示。请在浏览器中测试交互功能。请注意，可能需要几分钟才能加载这两个页面。另外，界面与电子图书阅读器中看到的不同（如图15.37所示），而且随浏览器而异。

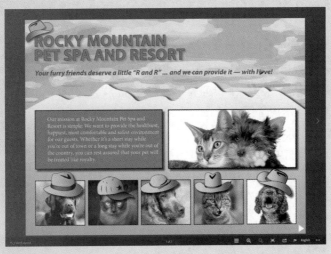

图15.37

（5）在线查看文件后返回到InDesign，单击"关闭"按钮关闭"Publish Online"窗口并返回到文档。

在联机发布文档后，可在InDesign中轻松地访问最近发布的5个文档，为此可选择菜单"文件">"最近发布"（仅当你至少发布了一个文档后，才会出现菜单项"最近发布"），如图15.38所示。然后，从列表中选择一个文档，这将在Web浏

览器中打开它。

Publish Online...
最近发布(P)   >
Publish Online 功能板...

图15.38

　　Publish Online功能板让你能够查看、分享和删除发布的文档。要删除联机发布的文档，可选择菜单"文件" > "Publish Online功能板"，这将在默认浏览器中打开一个网页，其中的列表按时间顺序列出了你上传的文档——最近上传的排在前面。要删除发布的文档，可将鼠标指针指向它，再单击右边出现的垃圾桶图标。

15.8.2　添加声音控制按钮

　　在媒体面板中，可对声音文件进行控制。在本课中，你导入了一个声音文件，并配置了一个用于播放它的按钮。你还隐藏了这个声音对象，这同时隐藏了声音控制器。如果不隐藏声音对象，结果将如何呢？

　　（1）将文件夹 Lesson15\Links 中的声音文件 BckgMusic.mp3 置入到粘贴板中，再将其拖曳到任何一个页面中。

　　（2）在控制面板中，在文本框"X 缩放百分比"或"Y 缩放百分比"中输入 300 并按回车键。通过放大这个对象，可让导出的 EPUB 文件中的声音控件更容易看清楚，也更容易操作。

　　（3）在媒体面板中，从"海报"下拉列表中选择"标准"，这将在 InDesign 页面（以及导出的EPUB 文件）中的框架中显示声音图标。

　　（4）在 EPUB 交互性预览面板中预览页面。使用声音控制器中的控件播放/暂停声音以及打开/关闭声音。你还可导出为固定版面的 EPUB，并在查看应用程序中看到声音控件是如何显示和起作用的，如图 15.39 所示。

图15.39

在平板电脑上查看 EPUB

　　对在平板电脑等设备上使用电子图书阅读器阅读 EPUB 的体验进行测试很重要。为此，首先在设备上安装一个或多个电子图书阅读器，如 Adobe Digital Editions。要在 iPad 或 Android 平板电脑上查看 EPUB，最简单的方式是作为电子邮件附件发送给自己。再在平板电脑上打开电子邮件并点按附件以下载它，再选择设备上安装的电子图书阅读器（如 Adobe Digital Editions 或 iBooks）来打开它（具体的步骤随你使用的设备和电子邮件应用而异）。然后，在电子图书阅读器中测试交互性功能。

　　知道出版物的目标读者后，最好在这些读者最有可能使用的电子图书阅读器中对出版物进行测试，并在必要时调整出版物。

15.8.3 创建滑入字幕

在本节中，你将学习如何使用本书（尤其是本课）介绍的方法创建滑入字幕。你将修改"我们的使命"（Our mission）文本框中使用的图形，再通过设置它们来创建这种效果。你将使用图层面板来选择对象组以及其中的对象，还将创建多状态对象和按钮并应用动画效果。

虽然创建这种效果需要很多步骤，看起来很复杂，但请花点时间按下面的步骤做。这里需要用到的技巧都学过。

（1）要查看最终的效果，请打开文件夹 Lesson15 中的文件 15_FixedLayout-Alternate.indd。在这个文件中，将原来包含宗旨的红色框改成了滑入字幕。

（2）打开 EPUB 交互性预览面板（选择菜单"窗口" > "交互" > "EPUB 交互性预览"，单击猫狗照片左边的文字 Our Mission 上方的红色三角形，一个包含宗旨的文本框将从左向右滑入到猫狗照片上面，如图 15.40 所示。

图15.40

（3）再次单击这个红色三角形，包含宗旨的文本框将向左滑动，恢复到最初的状态。关闭 EPUB 交互性预览面板。

如果你愿意，可以让文件 15_FixedLayout-Alternate 打开，供接下来创建滑入字幕时参考。

1. 设置图形

首先，需要修改宗旨框架中既有的对象，并创建生成滑入字幕效果所需的对象。

（1）选择菜单"文件" > "打开"，再打开文件夹 Lesson15 中的文件"15_FixedLayoutPartial"。

（2）选择菜单"文件" > "存储为"，将文件命名为"15_FixedLayout_Slide-in.indd"，并存储到文件夹 Lesson15 中。

（3）使用选择工具选择包含宗旨的文本框架。打开图层面板，按住 Alt（Windows）或 Option（macOS）键，将图层面板中的蓝色方框向上拖曳到图层 Buttons 中，在这个图层中创建宗旨文本框架的拷贝。单击图层"Buttons"的可视性图标，将这个图层隐藏。

（4）在图层面板中，选择图层 Layer 1，再重新选择红色文本框架。使用文字工具选择其中所有的文本，再删除它们。

（5）按 Esc 键切换到选择工具。在工具面板、控制面板或色板面板中选择填色框，再选择"[纸色]"；选择描边框，再选择"[无]"。

（6）选择菜单"对象" > "内容" > "图形"，将这个文本框架转换为图形框架。选择菜单"文件" > "置入"，再选择文件"Friends-Mission.jpg"并单击"打开"按钮。

（7）选择菜单"对象" > "适合" > "内容识别调整"。

（8）选择这个框架（不是图像），并拖曳左边缘上的手柄，使框架的左边缘与页面左边缘对齐，再选择菜单"对象" > "适合" > "内容居中"。

（9）选择菜单"文件" > "存储"。

下面来修改宗旨以及包含它的文本框架的格式。

（1）在图层面板中，锁定图层"Layer 1"，以免无意间修改它。单击图层"Button"的可视化框，以重新显示这个图层。

（2）使用选择工具选择包含宗旨的红色文本框架。打开色板面板，并单击"格式针对文本"按钮，再将文本填色设置为"Dark Gray"；单击"格式针对容器"，并将填色设置为"[纸色]"，将描边设置为"[无]"。

（3）在依然选择了这个文本框架的情况下，选择文字工具。选择菜单"文字" > "字符"打开字符面板，将字体改为"Myriad Pro Bold"，将字体大小改为"18 点"，再关闭字符面板。

（4）选择菜单"对象" > "文本框架选项"。在"常规"选项卡的"内边距"部分，单击"将所有设置设为相同"图标，再单击任何一项设置的向下箭头两次，将这些设置都指定为"10 像素"，再单击"确定"按钮。

（5）再次选择选择工具，并按下面这样缩放这个文本框架：在控制面板中，将参考点设置为中心，并在"高度"文本框中输入"185px"；将参考点设置为左上角、左边缘的中心或左上角，并在"宽度"文本框中输入"425px"。

（6）选择菜单"窗口" > "效果"打开效果面板，从面板菜单中选择"清除效果"将投影效果删除。单击字样"填充："，并将不透明度改为64%，结果如图15.41所示。

下面来添加垂直文本"Our mission"，它将成为触发字幕移动的按钮。为减少几个步骤，在左边的粘贴板中放置了一个垂直文本框架，供直接使用。

（7）按住空格键，再单击并向右拖曳以显示页面左边的粘贴板，如图15.42所示。使用选择工具选择包含"Our mission"的文本框架，按住Shift键将这个文本框架水平地拖曳到宗旨文本框架的右边。这个文本框架还包含一个矢量对象（红色三角形），用于引导读者单击或点按这里。

图15.41

图15.42

（8）选择菜单"文件" > "存储"。

2. 复制对象组

滑入字幕效果是通过将多个相同的对象组移到不同的地方实现的。下面来创建这些对象组。

（1）使用矩形框架工具创建一个空（没有描边和填色）的图形框架，它覆盖包含红色三角形的垂直文本框架，并比后者大写，这样容易看清边缘，易于将文本框架与图形框架区分开来。这个图形框架将成为读者可单击或点按的区域。

（2）拖曳出一个与宗旨文本框架、垂直文本框架和空图形框架重叠的小型选择框（如图 15.43 所示），以选择它们，再选择菜单"对象">"编组"。

（3）选择菜单"编辑">"复制"，再选择菜单"编辑">"原位粘贴"两次，以创建总共 3 个堆叠在一起的对象组拷贝。

（4）打开图层面板，并将其拖离停放区，使其始终是打开的。在这个练习中，你将频繁地使用图层面板来选择对象组以及其中的对象，因此让它始终打开可提高效率。

图15.43

（5）现在，图层"Buttons"中有很多对象。为确保处理的是正确的对象组，再创建一个图层并将其命名为"Mission"。

> **Id** 提示：另一种组织对象组的方式是将其重命名。为此，可单击对象组的名称 3 次，再单击并输入新的名称。

（6）单击图层 Buttons 左边的箭头（∨）以显示其对象列表，开头 3 个对象组就是你刚创建的。为确认这一点，可在显示和隐藏它们之间进行切换。单击其中的一个对象组，再按住 Shift 键并单击其他两个对象组，以同时选中全部 3 个对象组，再将它们拖曳到图层"Mission"中，如图 15.44 所示。单击图层组"Buttons"左边的箭头（∨）将其折叠起来，因为后面将只使用图层"Mission"。

图15.44

（7）选择这 3 个对象组中的两个，方法是在图层面板中单击一个对象组右边的方框，再按住 Shift 键并单击另一个对象组右边的方框。

（8）将选定的对象组向左拖曳，以指定滑入效果的起始位置，如图 15.45 所示。选定的对象组应在页面外面，但其中的"Our mission"框架例外，它将作为按钮，供用户单击来显示字幕。

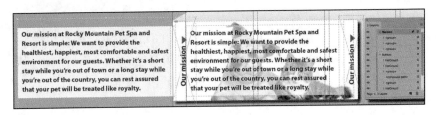

图15.45

3．创建多状态对象

下一步是将这些对象组转换为对象状态。

（1）在图层面板中，选择图层 Mission 中的全部 3 个对象组，方法是单击其中一个对象组右边的方框，再按住 Shift 键并单击其他两个对象组右边的方框。

（2）打开对象状态面板，并从面板菜单中选择"新建状态"，结果如图 15.46 所示。新建的多状态对象由 3 个状态组成，它们除位置外其他方面都相同。请单击每个状态，并注意其位置。状态 1 和状态 2 的位置相同，大部分都在页面外面，而状态 3 在页面中。

（3）下面给状态命名，以便接下来创建效果时能够区分它们。要修改状态的名称，可单击它 3 次。将状态 1 命名为"Begin"，将状态 2 命名为"End"，将状态 3 命名为"Middle"。请注意，当前状态"Begin"和"End"完全相同，要实现的效果要求这些状态完全相同，但后面将给它们添加不同的动画。

（4）将多状态对象本身命名为"Mission Caption"，如图 15.47 所示。

图15.46

图15.47

（5）让对象状态面板始终保持打开将更方便，因此将其拖离停放区。

4. 在多状态对象中创建按钮

下面来创建供读者用来打开和关闭字幕的按钮。

（1）在对象状态面板中，选中状态"Begin"，将自动选择这个状态中的对象。使用选择工具双击覆盖文本框架"Our mission"的框架，它没有描边，也没有填充色。

（2）选择菜单"窗口">"交互">"按钮和表单"打开这个面板。单击"动作"右边的加号并选择"转至状态"，从"状态"下拉列表中选择"Middle"，指定用户单击或点按这个按钮时将切换到状态"Middle"，如图 15.48 所示。

（3）按 Esc 键 3 次以选择父对象。

（4）在对象状态面板中，选择状态"End"。使用选择工具双击覆盖文本框架"Our mission"的框架，它没有描边，也没有填充色。

图15.48

（5）在按钮和表单面板中，将"动作"设置为"转至状态"，并从"状态"下拉列表中选择"Middle"，将这个按钮命名为"End Button"。

（6）按 Esc 键 3 次以选择父对象。

（7）在对象状态面板中，选择状态"Middle"。使用选择工具双击这个状态中覆盖文本框架"Our mission"的框架，它没有描边，也没有填充色。

（8）在按钮和表单面板中，将"动作"设置为"转至状态"，并从"状态"下拉列表中选择"End"。

将这个按钮命名为"Middle Button"。

（9）按 Esc 键 3 次以选择父对象。

总而言之，"Begin"按钮转至状态"Middle"，"End"按钮转至状态"Middle"，而"Middle"按钮转至状态"End"，如图 15.49 所示。

图15.49

（10）打开 EPUB 交互性预览面板，单击"播放预览"按钮，再单击"Our mission"按钮，将显示宗旨。再次单击"Our mission"按钮，宗旨将消失；下一节将使用动画更平滑地显示宗旨。关闭 EPUB 交互性预览面板。

5. 给多状态对象中的对象添加动画

这里将使用 InDesign 动画预设来平滑地显示和隐藏宗旨。

（1）确保在对象状态面板中依然选中了状态"Middle"。

（2）在图层面板中，单击对象组"Middle"左边的箭头（⌄）将其展开，再单击其中一个对象右边的方框以选择该对象。请选择对象而不是状态本身，这很重要。如果你选择的是状态，生成的效果将不同。首先选择对象"Middle Button"，如图 15.50 所示。

图15.50

（3）打开动画面板并选择预设"从左侧飞入"。对于"事件"，确保选择了"载入状态"（默认应该选择了它）。单击"属性"旁边的箭头（⌄）以显示更多控件。从"制作动画"下拉列表中选择"结束时回到当前位置"，从"从不透明度"下拉列表中选择"无"，如图 15.51 所示。

Id **注意**：将不透明度设置改为"无"后，预设设置将变成"自定（从左侧飞入）"，因为你修改了预设"从左侧飞入"的一项设置。

（4）在图层面板中，选择状态"Middle"中的下一个对象，在动画面板中指定与前面一样的设置。对第 3 个对象做同样的处理。

（5）打开计时面板。确保从下拉列表"事件"中选择了"载入状态"。按住 Shift 键并单击列出的所有对象，再单击面板右下角的"一起播放"按钮，如图 15.52 所示。

（6）不断按 Esc 键直到选择了父对象。在对象状态面板中，选择状态"End"。

图15.51

（7）在图层面板中，单击对象组"End"左边的箭头（ˇ）将其展开，再单击其中一个对象右边的方框以选择该对象。首先选择对象"End Button"，如图15.53所示。

图15.52

图15.53

（8）在动画面板中选择预设"从右侧飞入"。对于"事件"，确保选择了"载入状态"。从"制作动画"下拉列表中选择"结束时回到当前位置"，从"从不透明度"下拉列表中选择"无"，如图15.54所示。

（9）在图层面板中，选择状态"End"中的下一个对象，在动画面板中指定与前面一样的设置。对第3个对象做同样的处理。

（10）打开计时面板。确保从下拉列表"事件"中选择了"载入状态"。按住Shift键并单击列出的所有对象，再单击面板右下角的"一起播放"按钮，如图15.55所示。

（11）打开EPUB交互性预览面板，单击"播放预览"按钮，再单击"Our mission"按钮，现在字幕平滑地出现并移动；再次单击"Our mission"按钮，字幕也平滑地移动并消失。

（12）关闭EPUB交互性预览面板，再选择菜单"文件"＞"存储"。

祝贺你创建了很有用也引人注目的滑入字幕！你可轻松地修改这个效果，让对象沿其他方向滑入和滑出。

图15.54

图15.55

15.9　复习题

1. 可重排 EPUB 和固定版面 EPUB 的主要差别是什么？
2. InDesign 提供了两种将动画应用于对象的方式。请问是哪两种？它们有何不同？
3. 在默认情况下，动画按创建顺序播放。如何修改动画的播放顺序？如何同时播放多个动画？
4. 在 InDesign 中，如何预览多媒体和交互式元素？
5. 如何创建幻灯片？

15.10　复习题答案

1. 可重排 EPUB 允许 EPUB 阅读器根据显示设备优化内容的排列方式。例如，查看可重排 EPUB 时，读者可调整文本的显示字号，这将影响给定页面包含的文本量以及文本排列方式。在固定版面 EPUB 中，保持原始 InDesign 页面的尺寸和分辨率不变。
2. 要将动画应用于对象组，可在动画面板中选择移动预设，也可创建自定义移动路径。移动路径由两部分组成：要应用动画的对象或对象组以及对象沿它移动的路径。
3. 计时面板中的控件让你能够控制动画将如何播放。所有动画都有与之相关联的事件，如载入页面。你可以在列表中拖曳动画名来调整动画的播放顺序。要同时播放多个动画，可选择它们，再单击"一起播放"按钮（ ）。
4. EPUB 交互性预览面板让你能够预览和测试多媒体和交互式元素。在动画面板、计时面板、媒体面板、对象状态面板以及按钮和表单面板中，都包含"预览跨页"按钮，单击它可打开 EPUB 交互性预览面板；你还可以选择菜单"窗口">"交互">"EPUB 交互性面板"来打开这个面板。
5. 要创建幻灯片，首先需要创建一系列堆叠在一起的对象，再使用对象状态面板将它们转换为一个多状态对象。接下来，创建并配置两个按钮：一个显示多状态对象的上一状态，另一个显示下一状态。